普通高等教育“十二五”规划教材

计算机文化基础教程

主　编　刘志刚　陈维娜
副主编　何　璐　高珍冉

北　京
冶金工业出版社
2014

内容简介

面对知识经济浪潮的冲击，大学教育应注重学生对计算机基础知识的掌握与应用能力的培养，使学生在以后的工作中能更好地运用办公手段，提高工作效率。根据教育部高等学校计算机基础课程教学指导委员会制定的大学计算机基础大纲，我们组织编写了本书。本书主要内容为：计算机基础知识、Windows 7操作系统、文字处理软件 Word 2007、表处理软件 Excel 2007、演示软件 PowerPoint 2007、计算机网络基础与计算机安全技术等，并配有相应练习题。

本书内容丰富，表述通俗易懂，图文并茂，可操作性强，便于学生学习和巩固所学的知识。本书既可以作为普通高校计算机基础课程教材，也适合作为高职高专、成人教育及社会辅导班或自学的参考书。

图书在版编目(CIP)数据

计算机文化基础教程/刘志刚，陈维娜主编．—北京：冶金工业出版社，2014.4

普通高等教育“十二五”规划教材

ISBN 978-7-5024-6007-5

Ⅰ.①计…　Ⅱ.①刘…　②陈…　Ⅲ.①电子计算机—高等学校—教材　Ⅳ.①TP3

中国版本图书馆 CIP 数据核字（2014）第 051760 号

出 版 人　谭学余
地　　址　北京北河沿大街嵩祝院北巷 39 号，邮编 100009
电　　话　(010)64027926　电子信箱　yjcbs@cnmip.com.cn
责任编辑　李　梅　美术编辑　吕欣童　版式设计　孙跃红
责任校对　禹　蕊　责任印制　李玉山
ISBN 978-7-5024-6007-5
冶金工业出版社出版发行；各地新华书店经销；北京百善印刷厂印刷
2014 年 4 月第 1 版，2014 年 4 月第 1 次印刷
787mm×1092mm　1/16；11 印张；263 千字；165 页
26.00 元

冶金工业出版社投稿电话：(010)64027932　投稿信箱：tougao@cnmip.com.cn
冶金工业出版社发行部　电话：(010)64044283　传真：(010)64027893
冶金书店　地址：北京东四西大街 46 号(100010)　电话：(010)65289081(兼传真)
（本书如有印装质量问题，本社发行部负责退换）

前　言

目前，计算机已经渗透到人类社会生活的方方面面，计算机的应用已成为各学科发展的基础。学习和掌握计算机基础知识已成为人们的迫切要求，只有熟练掌握计算机应用的基本技能和操作技巧，才能站在时代的前列，适应社会发展的要求，成为一个新型的有用人才。

本书作者们长期从事高等学校的计算机文化基础教学与研究工作，综合多年在计算机专业教学实践中积累的丰富经验，参考众多该领域相关教材与前沿论文，紧跟计算机技术的潮流，编写了本书。本书主要分6章：第1章讲述计算机基础知识，主要内容包括计算机的发展和应用、数据与编码、基本结构与组成以及多媒体技术等；第2章介绍Windows 7操作系统，通过具体的案例介绍Windows 7中的基本概念、Windows 7中文件的概念及基本操作；第3章介绍文字处理软件Word 2007，主要包括文字的录入和编辑、文档格式的编排、图文混排以及表格的编辑和处理等；第4章讲述电子表处理软件Excel 2007，主要包括电子表格的创建、编排和格式的设置；第5章主要讲述演示软件PowerPoint 2007应用制作；第6章讲述计算机网络基础，主要介绍了有关网络的基本概念、Internet的发展和应用、IE搜索引擎的使用、电子邮件的知识以及网络安全方面的知识。

本书由刘志刚和陈维娜任主编，何璐和高珍冉担任副主编，参编人员具体分工如下：第1章由陈维娜编写，第2章由顾保虎编写，第3章由高珍冉编写，第4、6章由刘志刚编写，第5章由何璐编写。全书由刘志刚负责统稿，由南昌大学胡兆吉教授审稿。

在本书编写过程中，得到了南昌大学、南昌工学院、江西科技学院、南阳防爆电气研究所、云南省水利水电科学研究院、国家超级计算深圳中心、云南大学、西南林业大学、武汉理工大学、华东交通大学、南京农业大学等单位领导和教师的大力支持，在此一并表示诚挚的谢意。本书也是南昌大学博士科研启动经费项目（No. 06301043）、西南林业大学计算机与信息学院《大学计算机基础与计算思维》课题组和南阳防爆电气研究所博士后项目的成果之一，感谢课题组成员的辛勤工作。特别感谢武汉理工大学文法学院吴振东同志在资料收集中承担了大量工作。同时，对书中所引用参考文献的作者们表示衷心的感谢。

由于编者水平有限，加之计算机文化基础改革速度太快，书中不妥之处敬请专家与读者批评指正。如果教学过程中需要课件或者有建议与意见，可以联系冶金工业出版社发行部。

编 者

2014 年 2 月

目　录

1 计算机基础知识

本章要点：

计算机是一种处理信息的工具，它能自动、高速、精确地对信息进行加工和存储。计算机的广泛应用，推动了社会的发展与进步，对人类社会生产乃至生活的各个领域都产生了极其深刻的影响。可以这样说，当今世界是一个丰富多彩的计算机世界，计算机知识已融化到了人类文化中，成为人类文化不可缺少的一部分。在跨入信息时代的今天，学习计算机知识，掌握使用计算机已成为每一个人的迫切需求。本章主要内容包括：

· 电子计算机的发展与应用

· 计算机中信息的表示

· 计算机系统的基本结构与组成

· 多媒体技术

本章主要介绍计算机的一些基本知识，包括计算机的发展与应用，计算机文化与信息社会，计算机中信息的表示方法等内容，使读者对计算机在现代社会中的地位、作用有一个初步的认识。

1.1 计算机的发展和应用

20世纪最伟大、最卓越的科学技术发明之一是计算机的诞生。在它诞生后，计算机科学及其应用技术便以惊人的速度向前发展，在世界范围内形成了一场伟大的信息革命，掀起了工业自动化、农业自动化、办公自动化和家庭自动化的狂潮。计算机的飞速发展扩展了计算机的应用，而计算机的应用反过来又促进了计算机的发展。本节主要介绍计算机的发展及计算机的主要应用领域。

1.1.1 计算机发展简介

人类文明的历史，在一定意义上，也可以认为是计算技术发展的历史。从古至今，由简单的石块、贝壳计数，到唐代的算盘，从算盘又到欧洲发明的手摇计算器，以至后来又相继出现了计算尺、袖珍计算器等，直到今天的电子计算机，记录了人类计算工具的发展史。因此，电子计算机是人类计算技术的继承和发展，是计算工具发展至当今时代的具体形式，是现代人类社会生活中不可缺少的基本工具。

1.1.1.1 计算机的发展历史

1946年，美国研制出世界上第一台名为ENIAC（Electronic Numerical Integrator and Calculator）的电子计算机，宣告了人类计算机时代的到来。ENIAC大约使用了18000个电子管，1500个继电器，重30t，占地面积170m²，每秒能作5000次加、减运算。ENIAC的功能虽远不如今天的计算机，但它的诞生宣告了人类计算机时代的到来，是人类科技史上的一次飞跃。

在ENIAC诞生后短短的50多年中，计算机所采用的基本电子元器件已经经历了电子管、晶体管、中小规模集成电路、大规模或超大规模集成电路四个发展阶段，通常称为计算机的四代。

计算机发展的四个阶段见表1-1。

表1-1 计算机发展的四个阶段

代次	起止年份	所用电子元器件	数据处理方式	运算速度	应用领域
第一代	1946—1957	电子管	汇编语言、代码程序	几千~几万次/秒	国防及高科技
第二代	1958—1964	晶体管	高级程序设计语言	几万~几十万次/秒	工程设计、数据处理
第三代	1965—1970	中、小规模集成电路	结构化、模块化程序设计、实时处理	几十万~几百万次/秒	工业控制、数据处理
第四代	1970以后	大规模、超大规模集成电路	分时、实时数据处理、计算机网络	几百万~上亿条指令/秒	工业、生活等各方面

1946年，美国科学家冯·诺依曼提出了程序存储式电子数字自动计算机的方案，并确定了计算机硬件体系结构的五个基本部件：输入器、输出器、控制器、运算器、存储器。从计算机的第一代至第四代，一直没有突破这种冯·诺依曼的体系结构。近年来，科学家开始研制新一代“智能”计算机，其核心思想是把程序设计的过程改变为逻辑设计过程，在硬件结构方面采用非冯·诺依曼结构，如光电子计算机或生物电子计算机，使计算机能像人一样具有听、说、看、思考等智能活动。未来的计算机将是半导体技术（也称为微电子技术）、光学技术、超导技术、电子仿生技术、人工智能技术等多学科互相结合的产物，它将具有更为广阔的应用前景。

1.1.1.2 我国计算机的发展

我国的计算机事业始于20世纪50年代。1952年我国的第一个电子计算机科研小组在中科院数学所成立。1960年，我国第一台自行研制的通用电子计算机107机问世。1964年，我国研制了大型通用电子计算机119机，用于我国第一颗氢弹研制工作的计算任务。20世纪70年代以后，我国生产的计算机进入了集成电路计算机时期。1974年，我国设计的DJS-130机通过了鉴定并投入批量生产。进入20世纪80年代，我国又研制成功了巨型机。1982年，我国独立研制成功了银河Ⅰ型巨型计算机，运算速度为每秒1亿次，1997年6月研制成功的银河Ⅲ型巨型计算机，运算速度为每秒130亿次。这些机器的出现，标志着我国的计算机技术水平踏上了一个新的台阶。

1.1.1.3 计算机的发展方向

目前，计算机技术正以迅猛的速度向前发展，其发展的方向可以归纳为如下几个方面：

（1）巨型化。是指发展高速度、大容量、功能强大的超级计算机，用于处理庞大而复杂的问题。例如，宇航工程、空间技术、石油勘探、人类遗传基因等现代学技术和国防尖端技术，都需要利用具有很高速度和很大容量的巨型计算机进行数据处理。巨型计算机一般又分为超级计算机和超级服务器两种。一个国家研制巨型机的技术水平体现了该国的综合国力，因此，高性能巨型计算机的研制是各国在高技术领域竞争的热点。

（2）微型化。是指发展体积小、功能强、价格低、可靠性高、适用范围广的计算机系统。其特点是将 CPU 中央处理器集成在一块芯片上。目前，膝上型、笔记本型、掌上型等微型计算机备受广大用户的喜爱。微型化是大规模集成电路出现后发展最迅速的技术之一。

（3）网络化。是指利用通信线路将分布在不同地点的多台计算机互联起来，组成能相互交流信息的计算机系统。目前，网络技术已在交通、金融、管理、教育、商业、国防等各行各业得到广泛的应用。覆盖全球的国际互联网 Internet 已进入普通人家庭，正在日益改变着人们的生活、学习与工作习惯。

（4）智能化。研制"智能"计算机是计算机技术发展的一个重要方向，让计算机能够模拟人类的智能活动，包括感知、判断、理解、学习、问题求解等内容。智能计算机的研究，将导致传统程序设计方法发生质的飞跃，使计算机突破"计算"这一含义，从本质上扩充计算机的能力。

（5）多媒体化。所谓媒体也称媒质或媒介，是传播和表示信息的载体。多媒体是将文字、图形、影像、声音、动画等各种媒体相互结合的一种应用。多媒体技术的产生是计算机技术发展历史中的又一次革命，它把图、文、声、像融为一体，统一由计算机来处理，它是微型计算机发展的一个新阶段。目前，多媒体已成为一般微型机的基本功能。多媒体与网络技术相结合，可以实现计算机、电话、电视的"三位一体"，使计算机系统更加完善，从而彻底淡化人机界面的概念。

1.1.2 计算机的主要应用领域

计算机是人类计算工具发展到现代社会的最高形式，它具有任何其他计算工具无法比拟的功能和特点，这些优良的功能和特点使得计算机具有广阔的应用领域。

1.1.2.1 计算机的特点

计算机有许多特点，其中最重要的有如下几点：

（1）处理速度高。计算机由电子器件构成，具有很高的处理速度，这是计算机最显著的特点。这不仅极大地提高了工作效率，而且使时限性强的处理可以在限定的时间内完成。值得提出的是，用人工长时间进行单调的运算或某种重复的处理，很容易使人感到乏味和厌倦，而计算机却不怕重复，也不会因"疲劳"而出错。许多相当麻烦或重复性高的工作，改用计算机后即变得轻而易举。

（2）运算精度高。一般计算工具，如算盘、计算尺、手摇计算器，都只有几位有效数字，而一台普通微型计算机的有效位数就可达到十几位，如有必要，通过一定的技术手段，可以实现任何精度要求。

（3）记忆能力强。计算机的存储器可以"记忆"大量的数据和计算机程序。早期的计算机因为存储容量小，存储器常常成为限制计算机应用的"瓶颈"。今天，一台普通的微型计算机的内存可达几十兆甚至几百兆，能支持运行几乎所有的窗口应用程序。当然，一些数据量特别大的应用程序，如卫星图像处理，仍需使用具有更大存储容量的计算机，如大型机或巨型机。微型机的外存储器的容量更大，目前一台微型计算机系统的硬盘的容量可达几十吉甚至上百吉（1G=1024M）。

（4）具有逻辑判断能力。逻辑判断是计算机的又一基本功能，也是计算机能实现信息处理自动化的重要原因。冯·诺依曼结构计算机的思想是将程序预先存储在计算机中，在程序执行过程中，计算机根据上一步的处理结果，能运用逻辑判断能力自动决定下一步应该执行哪一条指令。这样，除了遇到输入、输出指令时略有停顿外，其余过程均可在程序控制下连续运行，并做出处理过程中的正确选择，保证了信息的高度自动化。

（5）具有友好的人-机交互界面。所谓“友好”，即方便自然，易于操作。计算机系统配有各种输入、输出设备和相应的驱动程序，可支持用户进行方便的人-机交流。以广泛使用的鼠标为例，用户手握鼠标，只需用手指轻轻一点，计算机即可随之完成某种操作功能。当这种交互性与声像技术结合形成多媒体用户界面时，更可使用户的操作环境变得自然、方便、丰富多彩。

1.1.2.2 计算机的主要应用领域

在20世纪50年代，计算机主要用于科学计算，20世纪60年代，计算机应用扩展到工业、交通、军事部门的实时控制和大公司、大银行的数据处理，20世纪70年代，许多中、小企业和事业单位也用上了计算机。这一方面扩展了计算机在事务管理和工程控制方面的应用；另一方面在计算机辅助设计、数据库应用，乃至图形处理、专家系统等人工智能领域也开发了不少新用途。随着第四代计算机朝巨型化和微型化两极的发展，计算机应用进一步向各行各业渗透，上至高尖端技术，下至家庭生活与各种电器的应用，计算机几乎无处不在。由于计算机应用领域十分广泛，以至很难逐一介绍。按其应用特点，大体可归纳为如下几大类：

（1）科学计算。科学计算是计算机应用的鼻祖。第一批问世的计算机最初取名Calculator，就是因为它们当时全都用作快速计算的工具。科学计算在计算机应用中所占的比重虽不断下降，但是在天文、地质、生物、数学、军事等基础科学研究，以及空间技术、新材料研制、原子能研究等高、新技术领域中，仍占有重要的地位。在某些科学计算应用领域中，对计算的速度和精度仍不断提出更高的要求。

（2）数据处理。20世纪60年代初期，大银行、大企业和政府机关纷纷用计算机来处理账务，管理仓库，统计报表，从数据的收集、存储、整理到数据的处理与检索统计，计算机在数据处理中的应用范围很快超过了科学计算。随着计算机在数据处理中应用的扩大，在硬件上刺激了大容量存储器和高速度输入、输出设备的发展，在软件方面推动了数据库管理、表处理软件、绘图软件以及用于分析和预测等软件包的开发。

（3）自动控制。由于计算机不仅支持高速运算，而且具有逻辑判断能力，所以很适用于冶金、机械、电力、石油化工等产业中的过程控制。其工作过程为，首先用传感器在现场采集受控对象的数据，求出它们与设定数据的偏差，接着由计算机按控制模型进行计算，然后产生相应的控制信号，驱动伺服装置对受控对象进行控制或调整。自动控制系统的应用不仅能通过连续监控提高生产的效率和安全性，同时也提高了产品的质量，降低了生产成本，提高了自动化水平，减轻了劳动强度。

（4）人工智能。人工智能有时也译为智能模拟，它是研究解释和模拟人类智能、智能行为及其规律的学科，其主要目的是用计算机来模拟人的智能。研究的主要内容有专家系统、机器人、模式识别和智能检索等。除此之外，人工智能的应用领域还涉及自然语言的识别、机器翻译、定理的自动证明等方面。

（5）数据库应用。在早期的数据处理中，人们已注意到要积累有用的数据，并把它们存入文件。随着数据量的快速增长，同一单位不同部门的数据往往大量重复，以致数据冗余度很高。于是提出了数据库的思想，其目的是要实现数据的共享，减少数据的冗余。所谓数据库即是按一定的组织结构长期存放在计算机的存储介质中、可以共享的数据集合。当今任何一个工业化国家从国民经济信息系统和跨国经济情报网到个人的通信、银行账目、社会保险、图书馆等都与数据库有关。

（6）网络应用。IBM 公司的董事长 Gerstner 1996 年 3 月在北京的一次演讲中说："我们正在进入以网络为核心的新时代，先进的网络技术的应用，将会引发信息产业的又一次革命"。作为信息革命的支柱，数字化和网络化将成为知识经济时代的基本特征。在知识经济时代，谁能最快获得最新的信息，谁就能创造财富，把握未来，这已成为人们的共识。因此，发展网络技术是计算机应用的又一个必然的趋势。例如，以网络应用为基础的电子商务对经济的增长有着巨大的推动作用。公司与公司之间的业务变得方便迅速，同时还免去了公司业务人员出差的辛劳与费用；人们在网上购物、消费、支付，比传统的方法更轻松快捷。根据联合国贸易和发展会议的统计，截至 2011 年，全球电子商务交易达到 40.6 万亿美元，绝大部分的国际贸易额以网络贸易形式实现。又例如，以网络技术为基础，采用现代远程教育技术实现网上交互式远程教学，为有效地扩大高等教育规模创造了条件，使学生可在异地通过中国教育和科研网或中国公众多媒体网，随时上网点播网络课程进行学习交流，并可在当地远程教学点进行实时交互式听课学习。

1.2 计算机中的数据与编码

信息（Information）与数据（Data）是一对孪生的术语。有些作者视它们为同义词，如信息处理也可称数据处理，信息检索也可称数据检索。但另一些作者则认为，数据来源于信息，信息来源于社会，数据是信息在计算机内部的表示形式。

1.2.1 计算机中常用的名词

计算机中常用的名词如下：

（1）位。计算机中所有的数据都是以二进制来表示的，一个二进制代码称为一位，记为 bit。位是计算机中最小的信息单位。

（2）字节。在对二进制数据进行存储时，以八位二进制代码为一个单元存放在一起，称为一个字节，记为 Byte。字节是计算机中次小的存储单位。

（3）字。一条指令或一个数据信息，称为一个字。字是计算机进行信息交换、处理、存储的基本单元。

（4）字长。字长是 CPU 能够直接处理的二进制数据位数，它直接关系到计算机的精度、功能和速度。字长越长处理能力就越强。目前，常见的微型计算机字长为 32 位和 64

位。字长是衡量计算机性能的一个重要技术指标。

（5）指令。指挥计算机执行某种基本操作的命令称为指令。一条指令规定一种操作，由一系列有序指令组成的集合称为程序。

（6）容量。容量是衡量计算机存储能力常用的一个名词，主要指存储器所能存储信息的字节数。常用的容量单位有 B，KB，MB，GB，它们之间的关系是：1KB = 1024B，1MB = 1024KB，1GB = 1024MB。

（7）运算速度。运算速度是指计算机每秒所能执行的指令条数，一般用 MIPS 为单位。它是计算机的主要技术指标之一。

（8）主频。主频是指计算机的时钟频率，单位用 MHz 表示。它是计算机的主要技术指标之一。

（9）软件配置。包括操作系统、计算机语言、数据库语言、数据库管理系统、网络通信软件、汉字支持软件及其他各种应用软件。

1.2.2 计算机中常用的数制及相互之间的转换

在日常生活中，人们使用最多的是十进制。在计算机中，由于所有电器元件具有两个稳定的状态，用这两个状态来模拟二进制数中的“0”和“1”较易实现，故计算机使用的是二进制数以及与二进制有密切关系的八进制数和十六进制数。

1.2.2.1 进位计数制的特点

无论哪种进位计数制都有两个共同点，即按基数来进、借位；用位权值来计数。

（1）基数。不同的计数制是以基数（Radix）来区分的，若以 R 代表基数，则：

$R=10$ 为十进制，可使用 0，1，2，…，9 共 10 个数符。

$R=2$ 为二进制，可使用 0，1 共两个数符。

$R=8$ 为八进制，可使用 0，1，2，…，7 共 8 个数符。

$R=16$ 为十六进制，可使用 0，1，2，…，9，A，B，C，D，E，F 共 16 个数符。

所谓按基数进、借位，就是在执行加法或减法时，要遵守“逢 R 进一，借一当 R”的规则。如十进制数规则为“逢十进一，借一当十”；二进制数的规则为“逢二进一，借一当二”。值得注意的是，基数 R 的大小同时也说明了 R 进制中拥有不同数符的个数。

（2）位权值。在任何一种数制中，一个数的每个位置上各有一个“位权值”（Position Weight Value）。例如，十进制数 3333.33，小数点前从右往左共有 4 个位置，分别为个、十、百、千或 10^0，10^1，10^2，10^3。此处的 10^0，10^1，10^2，10^3 即称为这 4 个位置的位权值。类似地，小数点后从左往右的两个位置的位权值分别为 10^{-1}，10^{-2}。所谓“用位权值计数”的原则，即每个位置上的数符所表示的数值等于该数符乘以该位置上的位权值。如十进制数 3333.33 可以表示成：$(3333.33)_{10}=3\times10^3+3\times10^2+3\times10^1+3\times10^0+3\times10^{-1}+3\times10^{-2}$。

1.2.2.2 不同数制的相互转换

（1）十进制与计算机常用数制间的转换。

1）二、八、十六进制转换为十进制。给出一个二、八或十六进制数，可计算出相应的十进制数。例如：

$$(1101.01)_2=1\times2^3+1\times2^2+0\times2^1+1\times2^0+0\times2^{-1}+1\times2^{-2}=8+4+0+1+0+0.25=(13.25)_{10}$$

$(237.4)_8=2\times8^2+3\times8^1+7\times8^0+4\times8^{-1}=128+24+7+0.5=(159.5)_{10}$

2）十进制转换为二、八、十六进制。将一个十进制数转换为 R 进制数（$R=2$ 或 8，或 16）的转换规则为：

· 整数部分：用除 R 取余法进行转换（先余为低，后余为高）。

· 小数部分：用乘 R 取整法进行转换（先整为高，后整为低）。

[例 1.1]　求 $(5.6875)_{10}=(?)_2$。

[解]　对整数部分用除 2 取余：

5 除 2，上 2…余数 1
2 除 2，上 1…余数 0
1…余数 1

对小数部分用乘 2 取整：

$0.6875\times2=1.375$…取出整数 1
$0.375\times2=0.75$…取出整数 0
$0.75\times2=1.50$…取出整数 1
$0.5\times2=1.00$…取出整数 1

将转换后的整数与小数相拼有：

$(5.6875)_{10}=(101.1011)_2$

[例 1.2]　求 $(92.5)_{10}=(?)_8$。

[解]　对整数部分用除 8 取余：

92 除 8，上 11…余数 4
11 除 8，上 1…余数 3
1…余数 1

对小数部分用乘 8 取整：

$0.5\times8=4.0$…取出整数 4

余数为 0，转换结束。

转换后的整数与小数部分相拼有：

$(92.5)_{10}=(134.4)_8$

（2）二进制与八、十六进制间的转换。

1）八、十六进制转换为二进制。根据表 1-2 或表 1-3 将每位八或十六进制数码展开为 3 或 4 位二进制数码，再去掉首、尾的“0”即可。

表 1-2　二进制和八进制之间的转换

二进制	0	1	10	11	100	101	110	111
八进制	0	1	2	3	4	5	6	7

表 1-3　二进制和十六进制之间的转换

二进制	0	1	10	11	100	101	110	111	1000	1001	1010	1011	1100	1101	1110	1111
十六进制	0	1	2	3	4	5	6	7	8	9	A	B	C	D	E	F

[例 1.3]　求 $(364.54)_8=(?)_2$。

[解] (364.54)8=011 110 100.101 100=将每位展开为3位(11110100.1011)2。去掉首、尾的“0”。

[例 1.4] 求(583B.C)16=(?)2。

[解] (583B.C)16=0101 1000 0011 1011.1100=将每位展开为4位(101100000111011.11)2。去掉首、尾的“0”。

2）二进制转换为八、十六进制。转换原则：以小数点为中心，分别向左、向右每3（或4）位分成一组，不足3（或4）位时用“0”补足，将每组二进制数转换成八（或十六）进制数即可完成二进制转换为八（或十六）进制数。

[例 1.5] (11010101.1011)2=(?)8。

[解] (11010101.1011)2=011 010 101.101 100=3位分为一组，用0补足(325.54)8。写成八进制。

1.2.3 计算机中数的表示方法

计算机中的数据包括数值型（Numeric）和非数值型（Non-numeric）两大类。数值型数据指的是可以参加算术运算的数据，如（182）10，（32.56）8，（1101.101）2等都是数值型数据。非数值型数据是不能参与算术运算的数据，如字符串数据“长沙市五一路132号”、“4×3=12”都是非数值型数据。下面仅介绍数值型数据在计算机中的表示方法。

1.2.3.1 有关概念

在计算机中表示一个数值型数据，要考虑如下3个问题。

（1）确定数的长度。在数学中，数的长度是指它用十进制表示时所占用的实际位数，如9632的长度为4。在计算机中，数的长度按“比特”（bit）来计算。bit是英文binary digit（二进制位）的缩写。但因存储容量常以“字节”（byte，等于8bit）为计量单位，所以数据长度也常以字节为单位计算。值得指出的是，数学中的数的长度有长有短，如135的长度为3，9632的长度为4，有几位就写几位。但在计算机中，同类型的数据（如同属整型数的两个数据）的长度常常是统一的，不足的部分用“0”填充。这样便于统一处理。换句话说，计算机中同一类型的数据具有相同的数据长度，与数据的实际长度无关。

（2）确定数的符号。由于数据有正负之分，在计算机中必然要采用一种方法来描述数的符号。一般总是用数的最高位（左边第一位）来表示数的正负号，并约定以“0”表示正，以“1”表示负。

（3）小数点的表示方法。在计算机中表示数值型数据，其小数点的位置总是隐含的，即约定小数点的位置，这样可以节省存储空间。

1.2.3.2 定点数表示方法

在定点数的表示方法中，小数点的位置一旦约定，就不再改变。常用的定点数表示方法有以下两种。

（1）定点整数。即小数点的位置约定在最低数值位的后面，用于表示整数。例如，假设计算机使用的定点数的长度为两个字节（即16位二进制数），则（-193）10在机内的表示形式如下：

1000000011000001

注意到(193)10=(11000001)2，由于 11000001 不足 15 位，故前面补足 7 个 0，最高位用 1 表示负数。

（2）定点小数。即小数点的位置约定在数符位和数值部分的最高位之间，用以表示<1 的纯小数。例如，假定定点数的长度仍为两个字节，则（0.6876）10 在机内用定点数表示的形式如下：

0101100000000011

实际上，(0.6876)10=(0.1011000000001101…)2，由于最高位用以表示符号，故两个字节可以精确到小数点后第 15 位。

1.2.3.3 浮点数表示方法

浮点数的思想来源于数学中的指数表示形式：$N=M\times R^{C}$。例如：(256)10可以表示为 0.256×10^{3}；(0.482)10可以表示为 0.482×10^{0}；(0.000295)可以表示为 0.295×10^{-3}。

类似地，二进制数(1011011)2可以表示为 0.1011011×2^{111}；(0.00110101)2可以表示为 0.110101×2^{-010}。

（1）浮点表示法中的尾数与阶码。对于一个 R 进制数，只要惟一确定 M 与 C 的值（$|M|<1$），则该数的值就惟一确定了，即 $N=M\times R^{C}$ 的值就惟一确定了。因此，在计算机中，对于一个二进制的浮点数（$R=2$），只需要存储 M 与 C 的值就可以了。M 与 C 分别称为尾数与阶码。

1）尾数 M（Mantissa）。尾数为<1 的纯小数，表示方法与定点数中的纯小数表示方法相似，其长度将影响数的精度，其符号将决定数的符号。

2）阶码 C（Characteristic）。阶码相当于数学中的指数，它应当是一个整数，其表示方法与定点数表示一个整数的方法类似。

（2）浮点数的表示形式。假定一个浮点数用 4 个字节来表示，则一般阶码占用一个字节，尾数占用 3 个字节，且每部分的最高位均用以表示该部分的正负号。例如，-0.11011×2^{-011}在机内的表示形式如下：

1 0 0 0 0 0 1 1 1 1 1 0 1 1 0 0 0 0 0 0 0 0 0 0 0 0 0 0 0 0 0 0

值得一提的是，即使用 4 个字节来表示一个定点数，4 个字节表示的浮点数的精度和表示范围都远远大于定点数，这是浮点数的优越之处。但在运算规则上，定点数比浮点数简单，易于实现。因此，一般计算机中同时具有这两种表示方法，视具体情况进行选择应用。

1.2.4 信息编码

信息在计算机中的存储表现为数据。正如前面所介绍的那样，在计算机中，任何数据都只能采用二进制数的组合方式来表示，所以需要对信息中用到的全部字符按照一定的规则进行二进制数的组合编码。也就是说，在计算机中，为了表示各种不同性质的信息，对数值型数据和非数值型数据（如各种字符、汉字等）都要进行二进制数的组合编码。数值型数据、字符、汉字的二进制编码是计算机中最重要，应用也最广泛的三大类编码。

1.2.4.1 数值型数据的编码

在计算机中，数值型数据的编码有若干种形式。一种是前面介绍的纯二进制数形式，如定点数、浮点数等。为了使数据操作尽可能简单，人们又提出了补码、反码的编码方式以及 8421BCD 码编码方式，下面分别予以简单介绍。

（1）反码与补码。前面介绍的定点和浮点表示形式的编码，都是用最高位来表示数的符号，用其后的各位表示数（包括尾数与阶码）的绝对值。由于原码表示的数有正有负，所以运算时常要进行一些判断，从而增加了运算的复杂性。

1）反码。对于正数，反码与原码相同；对于负数，其反码是将其原码的符号位不变，其他位取反而得到的。

［例 1.6］　求-117 的反码（用一字节表示）。

［解］　-117 的原码为 11110101。符号位的 1 不变，其他位取反，有：-117 的反码为 10001010。

2）补码。对于正数，补码与原码相同；对于负数，其补码为其反码再加“1”。

［例 1.7］　求-117 的补码（用一字节表示）。

［解］　-117 的反码为 10001010，故反码加“1”得补码为 10001011。

（2）8421BCD 编码。将一位十进制数用四位二进制数编码来表示，以四位二进制数为一个整体来描述十进制的十个不同符号 0~9，仍采用逢十进“组”的原则（四位二进制数为一组）。这样的二进制编码中，每四位二进制数为一组，组内每个位置上的位权值从左至右分别为 8，4，2，1。故称为 8421BCD（Binary Coded Decimal Number）编码。以十进制数 0~16 为例，它们的 8421BCD 编码对应关系见表 1-4。

表 1-4　十进制和 8421BCD 编码之间的转换

十进制	0	1	2	3	4	5	6	7
8421BCD 编码	0000	0001	0010	0011	0100	0101	0110	0111
十进制	8	9	10	11	12	13	14	15
8421BCD 编码	1000	1001	1010 0000	1011 0001	1100 0010	0001 0011	0001 0100	0001 0101

由于 8421BCD 编码与十进制数之间的转换十分简单，在运算时采用“逢十进组”的原则也容易实现，故 8421BCD 码也是一种常用的编码形式。

1.2.4.2 字符数据的编码

在计算机中，字符型数据占有很大比重。字符数据包括各种文字、数字与符号等，它们需用二进制数进行编码才能存储在计算机中进行处理，主要采用西文字符和汉字字符的编码方法。

（1）西文字符的 ASCII 编码。ASCII 编码的全名为美国标准信息交换码（American Standard Code for Information Interchange）。它最初是美国国家标准，供不同计算机在相互通信时用作共同遵守的西文字符编码标准，后被 ISO 及 CCITT 等国际组织采用。表 1-5 列出了 ASCII 编码的编码表。

表 1-5 ASCII 编码表

ASCII 值	控制字符	ASCII 值	控制字符	ASCII 值	控制字符	ASCII 值	控制字符
0	NUT	32	(space)	64	@	96	、
1	SOH	33	!	65	A	97	a
2	STX	34	”	66	B	98	b
3	ETX	35	#	67	C	99	c
4	EOT	36	$	68	D	100	d
5	ENQ	37	%	69	E	101	e
6	ACK	38	&	70	F	102	f
7	BEL	39	,	71	G	103	g
8	BS	40	(	72	H	104	h
9	HT	41	)	73	I	105	i
10	LF	42	*	74	J	106	j
11	VT	43	+	75	K	107	k
12	FF	44	,	76	L	108	l
13	CR	45	-	77	M	109	m
14	SO	46	.	78	N	110	n
15	SI	47	/	79	O	111	o
16	DLE	48	0	80	P	112	p
17	DCI	49	1	81	Q	113	q
18	DC2	50	2	82	R	114	r
19	DC3	51	3	83	S	115	s
20	DC4	52	4	84	T	116	t
21	NAK	53	5	85	U	117	u
22	SYN	54	6	86	V	118	v
23	TB	55	7	87	W	119	w
24	CAN	56	8	88	X	120	x
25	EM	57	9	89	Y	121	y
26	SUB	58	:	90	Z	122	z
27	ESC	59	;	91	[	123	{
28	FS	60	<	92	\	124	|
29	GS	61	=	93	]	125	}
30	RS	62	>	94	^	126	~
31	US	63	?	95	—	127	DEL

ASCII 编码具有如下特点：

1）每个字符的二进制编码为 7 位，故共含 $2^7=128$ 种不同字符的编码。

2）表内有 33 种控制码，位于表的左首两列和右下角位置上。主要用于：打印或显示时的格式控制；对外部设备的操作控制；进行信息分隔；在数据通信时进行传输控制等。

3）其余 95 个字符为可打印或可显示字符，包括英文大小写字母共 52 个，0~9 的数字共 10 个和其他标点符号、运算符号等共 33 个。

4）通常一个 ASCII 码占用一个字节（即 8 个 bit），其最高位为 0。

（2）汉字字符的编码。英文为拼音文字，所有的字均由 52 个英文大小写字母拼组而成，加上数字及其他标点符号，常用的字符仅 95 种，故 7 位二进制数编码已经够用了。而汉字就不同了，汉字是象形文字，每个汉字字符都有自己的形状。所以，在计算机中每个汉字都有一个二进制代码。除此之外，为了利用计算机系统中现有的西文键盘来输入汉字，还要对每个汉字编一个西文键盘输入码（简称输入码）；为了完成汉字的显示或打印，针对每个汉字还要编制一个“汉字字型编码”。下面对这几种汉字编码分别予以简单介绍。

1）汉字交换码。1981 年，我国颁布了《信息交换用汉字编码字符集 · 基本集》（代号 GB 2312—1980），又称国标码。它共包含 6763 个常用汉字，以及英、俄、日文字母及其符号共 687 个。

国标码规定，每个字符的编码占用两个字节，每个字节的最高位为 0。这样的编码空间为 $2^7 \times 2^7 = 128 \times 128 = 16384$，即可以表示 16384 个不同的字符。国标码中仅含 7000 多个不同字符，所以足够用了。例如，“大”字的国标码为：0011010001110011。

2）汉字机内码。国标码从理论上说可以作为汉字的机内编码，但为了避免与英文字符的编码相混淆（因为可能会误把一个汉字编码视为两个西文字符的编码），故需对国标码稍加修改才能作为汉字的机内编码。注意到 ASCII 码的机内码的最高位为 0，为与之相区别，将国标码的两个字节的最高位均改为 1，这样就得到了汉字字符的机内编码，简称机内码。如“大”字的机内码为：1011010011110011。

3）汉字输入码。西文输入时，想输入什么字符便按什么键，输入码与机内码总是一致的。汉字输入则不同，如要输入“大”字时，键盘并没有“大”字这个键。如果采用“拼音输入法”，则需依次按下“d”和“a”两键，那么在拼音输入法中，“da”即为“大”字的输入编码。汉字的输入编码方法有很多，最常见的有拼音编码和五笔字型编码。

值得指出的是，无论采用哪种汉字输入码，当用户输入汉字时，存入计算机中的总是汉字的机内码，与所采用的输入法无关。实际上，无论采用哪种输入法，在输入码与机内码之间都存在着一个一一对应的转换关系，因此，任何一种输入法都需要一个相应的完成这种转换的转换程序。

4）汉字字形码。显示或打印汉字时还要用到汉字字形编码。字形编码即字的形状的二进制数编码。中国的“中”字的 16×16 点阵的字形与字形编码实例如图 1-1 所示。

○○○○○○○●●○○○○○○○
○○○○○○○●●○○○○○○○
○○○○○○○●●○○○○○○○
○○○○○○○●●○○○○○○○
○●●●●●●●●●●●●●●○
○●●○○○○●●○○○○●●○
○●●○○○○●●○○○○●●○
○●●○○○○●●○○○○●●○
○●●○○○○●●○○○○●●○
○●●●●●●●●●●●●●●○
○○○○○○○●●○○○○○○○
○○○○○○○●●○○○○○○○
○○○○○○○●●○○○○○○○
○○○○○○○●●○○○○○○○
○○○○○○○●●○○○○○○○
○○○○○○○●●○○○○○○○

图 1-1 16×16 点阵字形与字形编码实例

根据显示或打印的质量要求，汉字字形编码有 16×16，24×24，32×32，48×48 等不同密度的点阵编码。点数越多，显示或打印的字体越美观，但编码占用的存储空间也越大。例如，一个 16×16 的汉字点阵字形编码需占用 32 个字节，一个 24×24 的汉字点阵字形编码需占用 72 个字节。

当一个汉字需显示或打印输出时，需将汉字的机内码转换成字形编码，它们之间也是一一对应的关系。在计算机中，所有汉字的点阵字形编码的集合称为汉字库。汉字库可作成硬字库或软字库。硬字库俗称汉卡；软字库以文件形式存储在软盘、硬盘或光盘上。

随着多媒体技术与信息处理技术的不断发展，目前已出现了汉字语音输入方式和汉字手输入方式，以及汉字印刷体自动识别输入方式，其正确输入率正在逐步提高，其应用推广的市场前景看好。但无论是采用什么输入方式，最终存储在计算机中的还是汉字机内码；当汉字需输出时，仍是采用的汉字字形码。

1.3 计算机系统的基本结构与组成

1.3.1 计算机系统组成原理

根据计算机的应用领域和结构功能，计算机可以划分为大、中、小型机和微型机，但就组成原理而言，微型计算机与一般计算机没有什么本质区别。

1.3.1.1 计算机系统组成

一个完整的计算机系统由硬件系统和软件系统两部分组成。硬件系统是构成计算机系统的各种物理设备的总称。软件系统是运行、管理和维护计算机的各类程序和文档的总称。通常把不装备任何软件的计算机称为“裸机”，计算机之所以能够渗透到各个领域，是由于软件的丰富多彩，能够出色地按照人们的意志完成各种不同的任务。硬件是计算机系统的物质基础，软件是它的灵魂。

1.3.1.2 计算机工作原理

计算机的基本工作原理是由美籍匈牙利科学家冯·诺依曼于 1946 年首先提出来的，60 多年过去了，虽然现在计算机的设计及制造技术有了很大的发展，但基本结构仍属于冯·诺依曼体系范畴。它的思想可概括为三点：

（1）采用二进制形式表示数据和指令。指令是人对计算机发出的完成一个最基本操作的工作命令，是由计算机硬件来执行的。指令和数据在代码的外形上并无区别，都是由 0 和 1 组成的代码序列，只是各自约定的含义不同。采用二进制，使信息数字化容易实现，并可以用二值逻辑工具进行处理。

（2）采用存储程序方式。这是冯·诺依曼思想的核心内容。程序是人们为解决某一实际问题而写出的有序的一条条指令的集合。设计及书写程序的过程称为程序设计。存储程序方式意味着事先编制程序并将程序（包含指令和数据）存入主存储器中，计算机在运行程序时就能自动地、连续地从存储器中依次取出指令并执行。计算机的工作体现为执行程序，计算机功能的扩展很大程度上体现为存储程序的扩展。

（3）计算机由运算器、存储器、控制器、输入设备、输出设备五大部件组成。其各部分关系如图 1-2 所示。

1）运算器。运算器也称算术逻辑单元（ALU，Airthmetic and Logic Unit），是进行算术运算和逻辑运算的部件。算术运算是指按算术运算规则进行运算，如加、减、乘、除

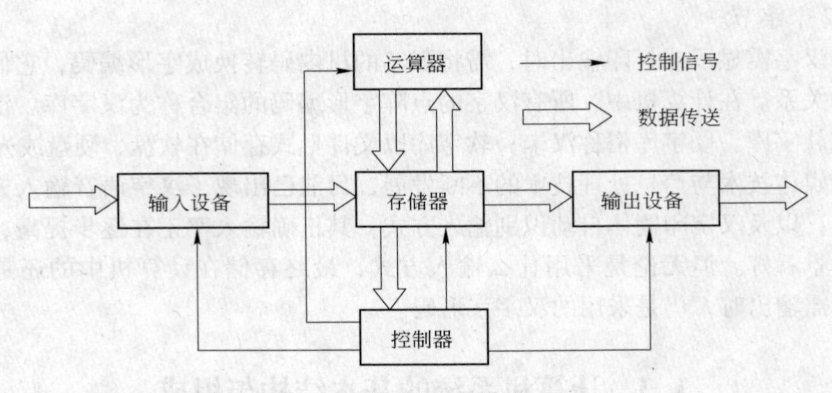

图 1-2 计算机各部分关系图

等。逻辑运算泛指非算术运算，如比较、移位、布尔逻辑运算（与、或、非）等。在控制器的控制下，运算器从内存中取出数据进行运算，再将运算结果送回内存。

2）控制器。控制器是计算机的控制中心。它由程序计数器（PC）、指令寄存器（IR）、指令译码器（ID）和操作控制器所组成。启动工作时，控制器根据 PC 中的地址，从存储器中取出指令，送到 IR 中，经 ID 译码，再由操作控制器发出一系列命令信号，送到有关硬件部位，引起相应动作，完成指令所规定操作。然后 PC+1，取出下一条指令，又重复上述过程。计算机指令执行流程图如图 1-3 所示。

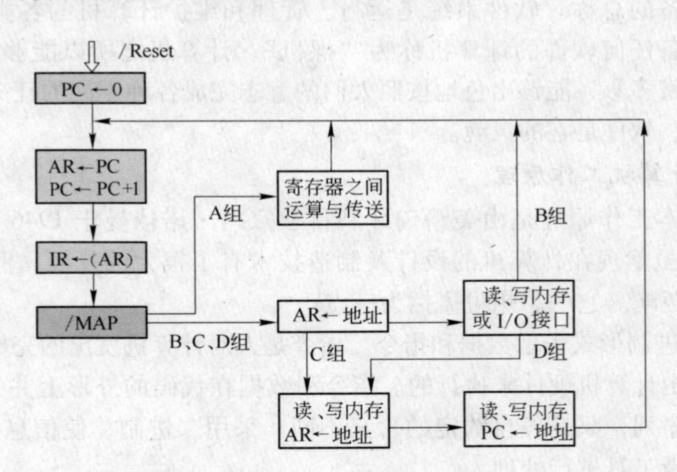

图 1-3 指令执行流程图

运算器和控制器一起称为中央处理器（CPU）。在微型机上中央处理器通常是一块超大规模集成芯片，如 8086，80286，80386，80486，Pentium 都是微型机上的 CPU 芯片。

3）存储器。存储器（Memory）的主要功能是存储程序和数据。它可分为内存储器和外存储器。一个存储器有成千上万个存储单元，每个单元存放一组二进制信息。对存储器的基本操作是信息的写入或读出，统称为内存访问。为了便于存入、取出信息，存储器所有单元均按顺序依次编号，每个单元的编号称为内存地址，当要从存储器某单元读取数据或写入数据时，必须要给定访问单元的内存地址。

4）输入设备。其功能是将程序、数据及其他信息转换成计算机能接受的信息形式，并输入计算机内部。常见的输入设备有键盘、鼠标、数字化仪、扫描仪、光笔等。

5）输出设备。输出设备的功能是将计算机内部的运算结果转换成人或其他设备能接受和识别的信息形式。常见的输出设备有显示器、打印机、绘图仪、声音输出设备等。硬盘既是输入设备，又是输出设备。

1.3.2 微型计算机硬件系统

目前微型计算机的硬件系统结构普遍采用总线结构。所谓总线（BUS），就是一组公共信息传输线路，由三部分组成：数据总线（Data BUS，DB）、地址总线（Address BUS，AB）和控制总线（Control BUS，CB），三者在物理上是一体的，工作时各司其职。数据总线是双向的，它是CPU同各部分交换信息的通路，其位数（总线宽度）与微处理器的位数相对应。地址总线是单向的，负责传送地址码，它由CPU送到内存单元或接口电路，地址总线的位数与所寻址的范围有关，如寻址1MB地址需要20条地址线（$2^{20}=1MB$）。控制总线是传送控制信号的，其中包括CPU送到内存和接口电路的读写信号、中断响应信号等，也包括其他部件送给CPU的信号，如时钟信号、中断申请信号、准备就绪信号等。

微型计算机硬件系统由微处理器、存储器、各种输入/输出（I/O）接口电路以及系统总线组成，图1-4所示是微型机的三总线结构图。

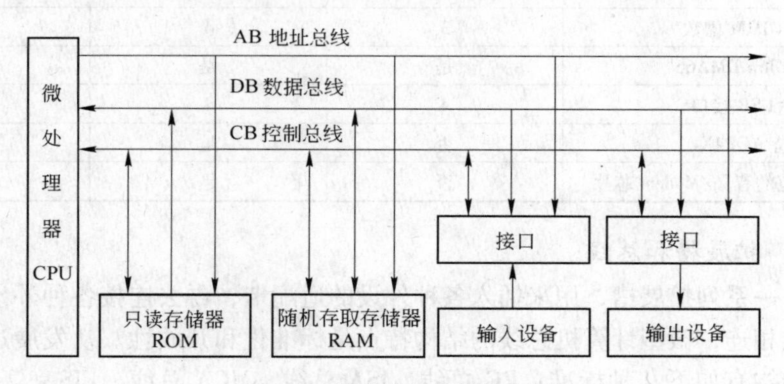

图1-4 微型机三总线结构图

从外观上看一台微型计算机由主机和外部设备组成，PC机主机箱一般安装有主板（包括CPU和内存、总线扩展槽）、外存（软、硬盘驱动器和CD-ROM驱动器）、输入/输出接口电路（显示适配卡、声卡、调制解调卡Modem）等。

1.3.2.1 主板

主板（Mainboard）也称系统板、母板，是位于主机箱底部的一块大型印刷电路板。大致说来主板由以下几部分组成：CPU插槽/插座，内存插槽，局域总线和扩展总线，高速缓存，时钟和CMOS主板BIOS，软/硬盘，串口、并口等外设接口，控制芯片等。现在主板厂商非常多，常见品牌有：Intel、LEO（大众）、QDI（联想）、华硕、技嘉等。图1-5所示为一个实际的ATX主板的布局结构及外形图。

主板的性能主要由其采用的芯片组决定。当前芯片组基本都来自于Intel，VIA，AMD这几家公司，当前几款主流芯片组的技术指标比较见表1-6。

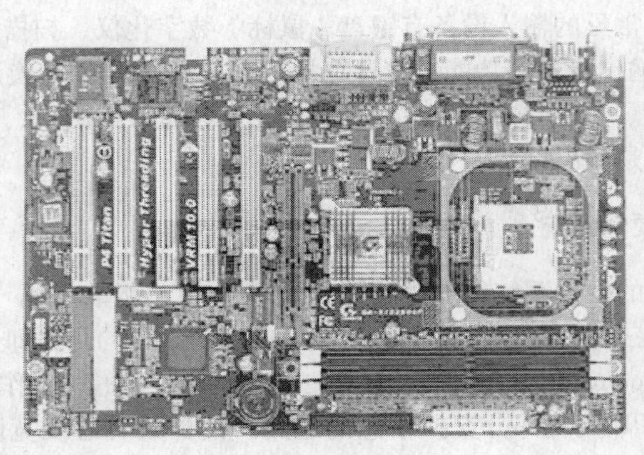

图 1-5 ATX 主板

表 1-6 几款主流芯片组的技术指标比较

芯片组	AMD-750	VIA Apollo KX133	Intel 820
总线频率/MHz	200	200	100/133
支持内存频率/MHz	66/100	66/100/133	100/600/700/800
最大支持内存	768MB	2GB	N/A
支持 PC133 规范	否	是	否
支持 DIMM 槽数	3	4	3
支持 Ultra DMA66	是	是	是
支持 USB 接口	4	4	2
支持 AGP4X	否	是	是
内置 AC97 规范的音频/Modem 芯片	否	是	是

1.3.2.2 扩展槽和总线

主板上有一系列扩展槽，用来插入各种外设的适配卡，再去连接各种外设。这些扩展槽与系统总线相连，微型计算机总线的结构特点是标准化和开放性。从发展过程看，微型计算机总线结构有如下几种标准：PC 总线、ISA 总线、MCA 总线、EISA 总线、VESA 总线、PCI 总线等标准。微型计算机总线的标准见表 1-7。

表 1-7 微型计算机总线的标准

总线名称	推出时间	工作频率/MHz	传输率/MB·s^{-1}	数据宽度/位	特点
PC 总线	1981	4.77	1	8	PC 机扩充总线，CPU 与总线时钟频率同步，速度低，已淘汰
ISA	1985	8	8	16	PC/AT 机总线，CPU 与总线时钟频率分开
MCA	1987	10	40	16/32	CPU 总线宽度为 16/32
EISA	1988	8	33	16/32	兼容 ISA，CPU 与内存数据宽度为 32 位，与外设为 16 位
VESA	1992	33	132	32	数据传输快，但局限于 Intel 386、486 系列
PCI	1993	33	132	32/64	PCI 总线独立于 CPU，为新一代标准

老的总线标准随 CPU 的发展而逐步淘汰，被新推出的 PCI 总线所代替。PCI 总线宽度为 32 位，可扩充到 64 位，所以其数据传输带宽达 132~264MB/s，PCI 总线带负载能力很强，并且支持总线上所带外部设备与 CPU 并行工作。

USB（Universal Serial BUS）通用串行总线是由 Intel 公司提出的一种新型接口标准。USB 接口是为了解决现行 PC 与各种外设的通用连接而设计的，其目的是使所有低速外设都可以连接到统一的 USB 接口上。该接口提供电源，支持热插拔，具有“即插即用”功能，现已成为最受欢迎的总线接口标准。

1.3.2.3 中央处理器——CPU

CPU 是微型计算机的核心部件。CPU 芯片决定微型计算机的档次，在评价 PC 机时，首先看其 CPU 是哪一类型，在同一档次内还要看其主频，主频越高，性能越高。X86 系列产品是 Intel 公司建立的，8086，80286 和 80386 芯片只有 Intel 一家公司生产，但到 486 时代，AMD，Cyrix，IBM 等公司都开始生产与 Intel CPU 兼容的产品。目前市场上的主流 CPU 是 Intel 公司的 PentiumⅢ，PentiumⅡ，Celeron；AMD 公司的 K3-2，K3-3，K7；Cyrix 的 6X86mx，6X86m2。CPU 的外观如图 1-6 所示。

图 1-6 CPU 的正面和反面

从这些流行的 CPU 来看，大致分为两类：一类是传统的针脚式 Socket 类型；一类是插卡式的 Slot。Socket 类型 CPU 有 Pentium MMX，AMDK6，AMDK3-2，AMDK3-3，Cyrix MⅡ，370 Celeron；Slot 类型有 PentiumⅡ，PentiumⅢ，PⅡ/PⅢCeleron，AMD K7。表 1-8 给出了不同发展时期 Intel CPU 的主要性能指标及 AMD，Cyrix 公司的对应兼容芯片。

表 1-8 Intel CPU 主要性能指标

CPU 型号	推出时间	字长/位	芯片集成度/万·片$^{-1}$	主频/MHz	寻址范围	性能说明	对应 AMD 产品
8086	1978-06	16	2.9	4.7~10	1MB		
8088	1979-06	准 16	2.9	4.7~10.0	1MB	PC/XT	
80286	1982-02	16	13.4	6~25	16MB	PC/AT	
80386SX	1988-06	准 32	27.5	16~40	4GB	内部 32 位，外部 16 位	
80386DX	1985-10	32	27.5	16~40	4GB		
80486SX	1991-04	32	120	25~100	4GB	不含协处理器	
80486DX	1989-04	32	120	25~100	4GB	含协处理器	
Pentium	1993-03	32	310	60~233	4GB	内部 32 位，外部 64 位，一级 Cache 16KB	
Pentium MMX	1997-01	32	310	60~233	4GB		
Pentium Pro	1995-11	32	550	66~233	64GB	一级 Cache 32KB，二级 Cache 512KB，不支持 MMX	K6-PR
PentiumⅡ	1997-05	32	750	233~450	64GB	MMX+Pentium Pro	K6-2

续表 1-8

CPU 型号	推出时间	字长/位	芯片集成度/万·片$^{-1}$	主频/MHz	寻址范围	性能说明	对应 AMD 产品
Celeron A	1998-06	32	750	300~450	64GB	PⅡ简化版，二级 Cache 只有 128KB	
PentiumⅢ	1999-02	32	950	500~1000	64GB	MMX2. 3D 功能	K6-3
新 Celeron	2000	32	950	533~700	64GB	PⅢ内核	
Pentium 4	2001	64	4200 以上	1000~2000	64GB	一级 Cache 32KB，二级 Cache 512KB，支持 MMX，SSE	K7Athlon

1.3.2.4 主存储器

主存储器又称为内存储器，用于存放计算机进行信息处理所必需的原始数据、中间结果、最后结果以及指示计算机工作的程序。内存储器也是微型计算机主要性能指标之一，内存大小直接影响程序运行情况。

(1) 主存储器的主要技术指标。

1) 存储器容量。在主存储器中含有大量存储单元，每个存储单元可存放八位二进制信息，这样的存储单元称为一个字节（Byte）。存储器容量是指存储器中包含的字节数。通常以 KB，MB 和 GB 作为存储器容量单位。其中：1KB = 1024 字节，1MB = 1024KB，1GB = 1024MB。

2) 读写时间。从存储器读一个字或向存储器内写入一个字所需的时间为读写时间。该指标反映存储器的存取速度，早期的 FPM 内存存取周期有 60ns（纳秒），70ns，80ns 几种，当今内存有 7ns，8ns，10ns 几种。

(2) 主存储器的分类。目前，微型计算机的主存储器均是半导体存储器，可分为随机存储器（RAM）和只读存储器（ROM）。随机存储又分为静态随机存取存储器（SRAM）和动态随机存取存储器（DRAM）。下面对这三类存储器及高速缓冲存储器（Cache）进行介绍。

1) 静态随机存取存储器（SRAM）。SRAM 存储单元电路以双稳态电路为基础，其状态稳定，不需要刷新，只要不掉电，信息不会丢失。特点是功耗大，集成度低，生产成本高。

2) 动态随机存取存储器（DRAM）。DRAM 中存储的信息是以电荷形式保存于小电容器中，由于电容器的放电缘故，为保证数据不丢失，必须对 DRAM 进行定时刷新。现在微型计算机内存均采用 DRAM 芯片，内存条容量有 16MB，32MB，64MB，128MB 及 250MB 等。内存引脚有 30 线、72 线、168 线几种标准，对应主板上的内存扩槽，前两种标准现已趋淘汰。

3) 只读存储器（ROM）。与 SRAM，DRAM 不同，ROM 中存储的信息在断电后能保持不丢失。ROM 中的信息在正常使用时固定不变，只能读出不能写入。系统主板上装有 ROM，将系统引导程序、自检程序、输入/输出程序固化在其中。目前常用的只读存储器还有可擦除、可编程的紫外线擦除的 EPROM 和电擦除的 EEPROM，另外闪速存储器（Flash Memory）是 Intel 公司推出的新型只读存储芯片，其主要特点是既可在不加电的情况下长期保存信息，又能在线进行快速擦除和重写。

4）高速缓冲存储器（Cache）。在32位、64位的微型计算机中，为提高运算速度，普遍在CPU与常规内存之间增设一级或二级高速小容量存储器，称为高速缓冲存储器（Cache）。这大大缓解了高速CPU与低速内存的速度匹配问题。Cache的读取速度是DRAM的10倍以上，但其价格昂贵，其容量相对内存要小得多，一般为128KB，256KB或512KB。

1.3.2.5 外存储器

外存储器既是输入设备，又是输出设备，用于存放等待运行或处理的程序或文件。存放在外存储器中的程序必须调入内存储器中才能执行，因此外存储器主要用于和内存储器交换信息。与内存储器比较，外存储器的主要特点是：存储容量大，价格便宜，切断电源后信息不会丢失，但存取速度慢。

A 软磁盘存储器

软磁盘存储器由软盘、软盘驱动器和驱动器接口电路组成。

a 软盘

软磁盘有5.25in（1in = 2.54cm，下同）的1.2MB软盘和3.5in 1.44MB的软盘，前者已淘汰。图1-7所示为3.5in软盘结构示意图，其写保护口中有一小拨块，当移动拨块露出方孔时，软盘处于写保护状态，此时只能读出盘上信息，不能写入新信息。

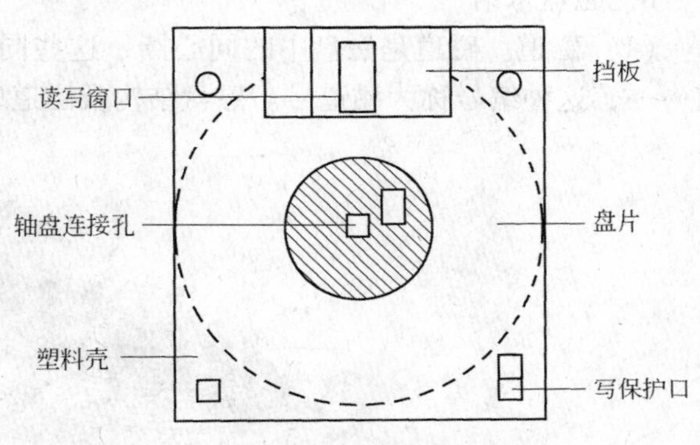

图1-7 软盘结构示意图

b 软盘驱动器

软盘驱动器简称为软驱，安装在主机箱上，在DOS状态下总是以A：>或B：>出现。它是软盘的载体，计算机通过它向插入其中的软盘进行数据读写。根据软盘的尺寸，软驱同样分为5.25in和3.5in两种，目前微型计算机一般配置一个3.5in软驱。当软驱正在对软盘进行读写操作时（软盘指示灯亮），不能将软盘从软驱中抽出，否则将丢失数据或损坏软盘。

B 硬磁盘

硬磁盘的盘片是由铝合金制成的，在两面镀镍钴合金后再涂上磁性材料。目前使用最多的是固定在主机箱内的3.5in温彻斯特盘，其特点是盘片组及磁头等密封在一个腔体内，如图1-8所示。

图1-8 硬磁盘

a　硬盘接口标准

硬盘接口标准有 IDE，EIDE，UATA/33，UATA/66，SCSI 等。表 1-9 给出了硬盘接口标准性能对比。

表 1-9　硬盘接口标准性能对比

接口类型	最大数据传输率/MB · s^{-1}	接口电缆	导　线	循环冗余校验 CRC
IDE	11	40-pin IDE	40-pin	No
EIDE	16.6	40-pin IDE	40-pin	No
UATA/33	33.3	40-pin IDE	40-pin	Yes
UATA/66	66.6	40-pin IDE	80-pin	Yes
SCSI	80	68Pin	80Pin	Yes

b　磁盘术语

（1）磁道。磁道是磁盘中的同心圆，这些同心圆从外至内依次编号为 0 道、1 道、2 道……，这种编号称为磁道号。磁盘结构及磁道扇区划分如图 1-9 所示。

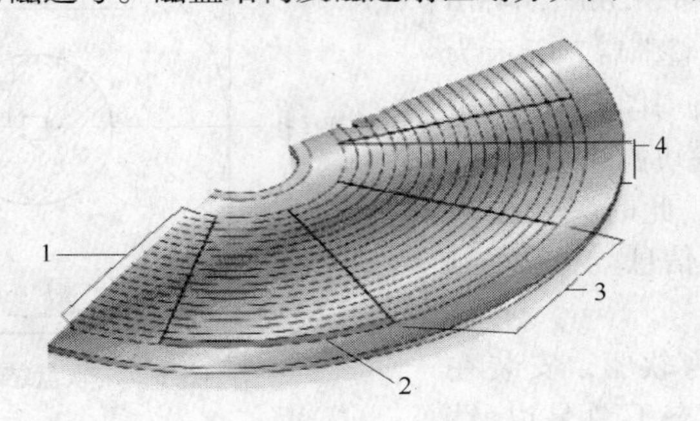

图 1-9　磁盘结构及磁道扇区划分

1—格式化过的磁盘被分成许多圆形的磁道；2—磁道上的一个扇区可以存储 512 个字节的数据，≤512 个字节的文件存储在一个扇区中，大文件被分割存储在许多个扇区中；3—磁道被分成楔形的扇区；4—磁盘的外部边缘和内部边缘不存储数据

（2）盘面。对一张软盘而言，有两个面，依次为 0 面、1 面，对于由多张磁盘构成的硬盘而言，则从上至下依次编号为 0 面、1 面、2 面……，这种编号称为盘面号。硬盘盘面示意图如图 1-10 所示。

（3）柱面。对于由多张磁盘构成的硬盘来说，从 0 面到第 M 面上所有第 0 道的磁道构成一个柱面，所有第 1 道的磁道也构成一个柱面……，这样所有柱面从外向内编号，依次为 0 柱面、1 柱面、2 柱面……，这种编号称为柱面号，如图 1-10 所示。一个硬盘的柱面数应等于该张磁盘的磁道数。

（4）扇区。为了记录信息的方便，把每个磁道又分为多个小区段，每个区段称为一个扇区。每个磁道上的扇区数是相同的，依次给这些扇区编号为 0 区、1 区、2 区……，这种编号称为扇区号。一般一个扇区内字节数为 512 个。磁盘的容量是由以上参数决定的，计算公式为：

$$软盘容量=磁道数\times面数\times扇区数\times每扇区字节数$$
$$硬盘容量=柱面数\times面数\times扇区数\times每扇区字节数$$

例如：3.5in 软盘磁盘数为 80，面数为 2，扇区数为 18，每个扇区字节数为 512B（0.5KB）。3.5in 软盘容量 $=80\times2\times18\times0.5\text{KB}=1.44\text{MB}$。

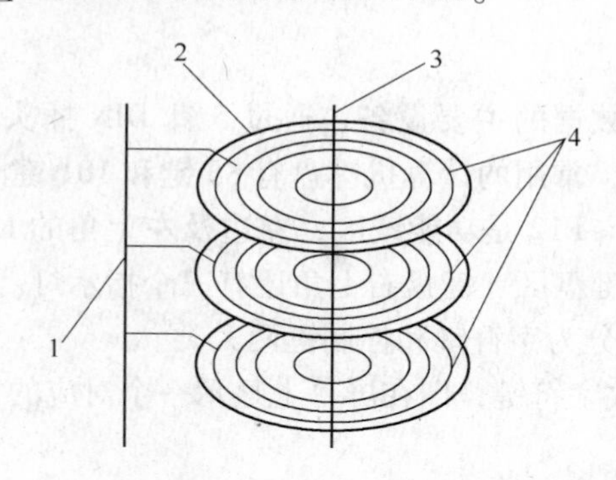

图 1-10 硬盘盘面示意图

1—磁头读写机构。每个盘面都有一个读写磁头，在磁头读写机构的带动下沿盘片边缘向盘心方向来回移动，读写所有磁道上的信息；2—一个盘片；3—硬盘轴。带动所有盘片一起旋转；4—一个柱面。每个盘面上的同心圆构成一个柱面

c 主要技术指标

（1）平均等道时间。指磁盘磁头移动到数据所在磁道所用的时间，一般要选 10ms 以下的硬盘。

（2）数据传输率。指磁头至硬盘缓存间最大数据传输率。一般取决于盘片转速和盘片数据线密度，其单位为 Mb/s。

（3）主轴转速。指硬盘内主轴转动速度，是区别硬盘档次的重要标志之一。目前 IDE 硬盘主流转速是 5400r/min 和 7200r/min，而 SCSI 硬盘转速可达 1000r/min。

（4）高速缓存（Cache）。指在硬盘内部的高速存储器，目前容量一般为 128KB～2MB。Cache 对硬盘的性能有较大影响，就像 CPU 中的 Cache 对 CPU 性能的影响一样。

当今主流产品一般采用 UATA/33 接口标准或 UATA/66 接口标准，转速为 5400r/min 或 7200r/min，硬盘 Cache 为 512KB 以上，容量为 10GB，20GB，30GB 不等。

C 光盘存储器

光盘用盘面的凸凹不平表示“0”和“1”信息，光驱利用其激光头产生激光扫描光盘盘面，从而读出“0”和“1”信息。图 1-11 所示为光盘的存储原理。透过显微镜可以看到光盘表面上的微小凹陷区，每个微小凹陷的直径大约是 1μm。

光盘的特点是记录密度高，存储容量大，数据保存时间长（可达 50 年以上）。

目前光盘主要有三类：只读型光盘，一次写入型光盘和可擦型光盘。

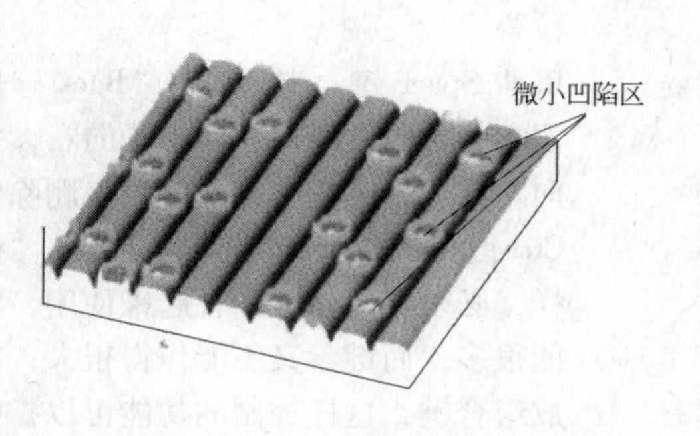

图 1-11 光盘的存储原理

只读型光盘（CD-ROM）其上面信息只能读出，不能写入，可提供680M存储空间。一次写入型光盘（CD-R）只能写一次，写后不能修改。可擦型光盘（CD-RW）是可以重复读写的光盘，但需要用光盘刻录机操作。

1.3.2.6 外部设备

A 键盘

键盘是向计算机输入数据的主要设备，通过5针DIN插头与主机连接，插头标准有AT大口和PS/2小口两种，常用的计算机键盘有83键和101键两种。例如：101键的键盘分为四个部分：上边的F1~F12是功能键区，左边及左上角的Esc键是主键盘区，中间是光标控制键区，右边是小键盘区。键盘右上角还有三个指示灯。

（1）主键盘区中的键分为字符键和控制键两大类。

1）字符键。每按一次字符键，即在屏幕上显示一个对应的字符。按住一个字符不放，屏幕上即连续显示该字符。

字符键又可分成单字符键与双字符键两种。英文字母键都是单字符键，其余的字符键都是双字符键。同一个双字符键的键帽上标有上、下两个字符，直接按双字符键，屏幕上显示下面的那个字符。

2）控制键。现将几组常用的控制键介绍如下：

· Enter键：回车键。在通常情况下，每键入一条命令后，必须按一下Enter键，计算机才开始执行刚才键入的命令，否则计算机是不动作的。当计算机用于文本或文字编辑时，这个键就成了换行键，即按一下这个键，光标就跳到下一行的起始处。

· Shift键：上、下挡换挡键。在主键盘区的左右各有一个，它们的作用相同。当需要输入双字符键的上面字符时，可在按住Shift键的同时再按下有关字符键，例如：按住Shift键不放，再按8键，就可以得到星号“*”。

· Caps Lock键：大小写字母锁定键。“Caps”的意思是“大写字母”，“Lock”的意思是锁定，这是一个开关键。开机时，该键的默认状态是小写（键盘右上角的Caps Lock指示灯灭），即按键后显示在屏幕上的字母都是小写字母。若按一下Caps Lock键（Caps Lock指示灯亮）再按字母键，显示在屏幕上的字母就成了大写字母，若再按一次Caps Lock键，则字母键又被设置为小写状态。

· 空格键：在键盘下方有一个最长的键，称为空格键，英文名为“Space Bar”，意思是空格棒。它的作用是在当前光标位置上产生空格，光标向右移动一个字符的位置。

· Back Space键：退格键。“Back”是退位，“Space”是空格，这个键也产生空格，但它的方向是向左，而不是向右，每按一次，它就把光标前的那个字符删除，光标向左移一个字符。该键可用来删除错误的输入。

· Ctrl键：控制键。“Ctrl”是英文“Control”的缩写，意为控制。这个键与Shift键一样，必须与其他键配合起来使用，而不能单独使用。这是因为计算机需要用到的功能很多，而键盘又不能作得很大，因此就采用两个键或三个键组合起来的办法，形成组合键，这样控制的功能可以扩大。

· Esc键：强行退出键。“Esc”是英文“Escape”的缩写，中文意思为退出。它经常被用于退出正在运行的系统，在有多层菜单的软件中，往往用于返回上一层菜单或退回到DOS状态。

· Tab键：标记键，制表键。“Tab”键的中文意思为标记。它经常被用在制作图表中，用于定位。有时也被用于同一个屏幕左右两个显示区的切换，或显示在屏幕上的几个可选命令的切换。

（2）功能键区。功能键有F1，F2，…，F12，“F”是英文“Function”的缩写，意为功能。每一个功能键往往对应一串字符，以便减少使用者的按键次数。在不同的软件中，功能键的定义各不相同。

（3）小键盘区。小键盘区的数字键都有双重功能。开机后Num Lock键指示灯亮，这时按各个数字键，均可显示数字。当按一次数字锁定键，Num Lock键（Num是英文Number缩写，意为数字）后，Num Lock键指示灯熄灭，此时2，4，6，8等数字就变成了控制光标移动的键。

（4）光标控制键区。它除了有4个标有不同方向的光标移动键以外，还有6个编辑键。

· Insert键：Insert意为插入，它是开关键，用于插入和替换字符两种功能的切换。常用于文字编辑的软件中。如果系统处于插入工作状态，此时可在光标位置插入字符；否则输入的字符将替换光标所在处的字符。

· Delete键：Delete意为删除，该键可用于删除光标所在位置的字符。

· Home键：Home意为生长地或家，该键用于把光标移到所在行的开始位置。

· End键：End意为终点。该键用于把光标移到所在行的末尾。

· Page Up键：Page意为页，Up是向上的意思。该键用于翻页，把上一页的内容显示在屏幕上。

· Page Down键：Page意为页，Down是向下的意思。该键用于翻页，把下一页的内容显示在屏幕上。

B 鼠标

鼠标也是一个输入设备，广泛用于图形用户界面使用环境。鼠标通过RS-232C串行口或PS/2口与主机连接。其工作原理是：当移动鼠标时，它把移动距离及方向的信息变成脉冲信号送入计算机，计算机再将脉冲信号转变为光标的坐标数据，从而达到指示位置的目的。目前常用鼠标有机械式和光电式两种，上面一般有2~3个按键，对鼠标的操作有移动、单击、双击、拖曳几种。

C 显示器

显示器用于显示输入的程序、数据或程序的运行结果。能以数字、字符、图形和图像等形式显示运行结果或信息的编辑状态。

（1）显示器的分类。

1）按显示颜色：显示器有单色、彩色显示器之分，现在多使用彩色显示器。

2）按显示器件：有阴极射线管显示器（CRT）、液晶（LCD）、发光二极管（LED）、等离子体（PDP）、荧光（VF）等平板型显示器，CRT用于台式机，平板型显示器多用于笔记本计算机，其中LCD用得最普遍。

（2）显示器的主要技术参数。

1）屏幕尺寸：矩形屏幕的对角线长度，以英寸为单位，表示显示屏幕的大小。主要有14in、15in、17in和20in几种规格。

2）点距（Dot Pitch）：点距是屏幕上荧光点间的距离，它决定像素的大小以及屏幕能达到的最高显示分辨率，点距越小越好。现有的点距规格有0.20mm，0.25mm，0.26mm，0.28mm，0.31mm，0.39mm等。

3）显示分辨率（Resolution）：指屏幕像素的点阵。通常写成（水平点数）×（垂直点数）的形式。常用的有640×480，800×600，1024×768，1024×1024，1600×1200等。目前1024×768较普及，更高的分辨率多用于大屏幕，做图像分析。

4）刷新频率（Refresh Rate）：每分钟内屏幕画面更新的次数称为刷新频率。刷新频率越高，画面闪烁越小。一般是75~200Hz。

D 打印机

打印机是将输出结果打印在纸张上的一种输出设备。按打印颜色有单色、彩色之分。按工作方式分为击打式打印机和非击打式打印机。击打式打印机常为点阵打印机（针式打印机），非击打式打印机常为喷墨打印机和激光打印机。打印机的主要技术指标有：

（1）打印速度：CPS（字符/s）表示。

（2）打印分辨率：DPI（点/in）表示。非击打式打印机一般超过600DPI。

（3）最大打印尺寸：一般为210mm×297mm，有的可打297mm×420mm。

一般来说，点阵式打印机打印速度慢，噪声大，价格便宜。非击打式打印机打印速度快，噪声小，价格贵。

E 扫描仪

扫描仪是一种光机电一体化的输入设备，它可以将图文形象转换成可由计算机处理的数字数据。目前使用普遍的是CCD（电荷耦合）阵列组成的电子扫描仪，其主要技术指标有分辨率、扫描幅面、扫描速度。

F 绘图仪

绘图仪是一种输出图形的硬复制设备，常用于计算机辅助设计（CAD）系统中。绘图仪主要有笔式、喷墨式、发光二极管（LED）式三种类型。

1.3.2.7 网络设备

（1）网络适配器。网络适配器简称为网卡，是微型计算机进行网络通信的输入/输出接口，一般插在主板的总线插槽上，传输数据速率有10Mbit/s和100Mbit/s两种，提供的接口有BNC或RJ-45两种标准。

（2）调制解调器（Modem）。Modem的功能是将计算机的数字信息转换成模拟信号或反之，以便利用电话线路进行网络数据通信，一般用于办公室或家庭通过电话拨号上互联网。Modem分为外置式、内置式和PC卡式三种。外置式与计算机的串行口相连，内置式插在主板的扩展槽上，PC卡式专用于笔记本电脑。Modem的传输速率有28.8Kbit/s，33.6Kbit/s和56Kbit/s。

1.3.2.8 微型计算机的主要性能指标

（1）字长。字长是指CPU能够同时处理数据的二进制数的位数。它直接关系到计算机的运算速度、精度和功能。有8位、16位、32位、64位之分，当前主流产品为32位。

（2）运算速度。运算速度是指每秒钟所能执行的指令个数。一般用百万次/s（MIPS）来描述。

（3）时钟频率（主频）。时钟频率是指CPU在单位时间内（秒）发出的脉冲数。通常以兆赫（MHz）为单位，如PentiumⅢ800是指其主频为800MHz，主频越高，运算速度越快。

（4）内存容量。内存容量反映内存存储数据的能力，内存容量越大，其运算速度越快，一些操作系统和大型应用软件常对内存容量有要求，如Windows 98最低内存配置为32MB，建议内存配置64MB，Windows Xp最低内存配置为64MB，建议内存配置为128MB。

1.3.3 微型计算机软件系统

计算机系统是在硬件系统“裸机”的基础上，通过软件系统的支持，才能向用户呈现出强大的功能和友好的使用界面。所谓软件是指指挥计算机工作的程序、程序运行时所需的数据以及与这些程序和数据有关的说明文档资料。软件系统是计算机上可运行的全部程序的总和。通常将软件分为系统软件和应用软件两大类。

1.3.3.1 系统软件

系统软件是用于计算机管理、监控、维护和运行的软件。通常包括操作系统、语言处理系统、数据库管理系统和各种服务程序。

（1）操作系统。操作系统（Operating System，简称OS）是对计算机全部软、硬件资源进行控制和管理的大型程序，是直接运行在“裸机”上的最基本的系统软件，其他软件必须在操作系统的支持下才能运行，它是软件系统的核心。操作系统一般包括进程与处理器管理、作业管理、存储管理、设备管理、文件管理五大功能。常用单用户操作系统有DOS，Windows 3.x/95/98，网络操作系统有Unix，NetWare，Windows NT，Windows Xp。

（2）程序设计语言和语言处理程序。计算机是在程序控制下工作的，人们利用计算机解决实际问题时需要编制相应的程序。程序设计语言就是用户用来编写程序的语言，它是人与计算机交换信息的工具。程序设计语言一般分为机器语言、汇编语言、高级语言三类。

1）机器语言。计算机内部是以二进制代码表示数据和指令的。机器语言是以二进制代码表示的指令的集合，是计算机唯一能直接识别和执行的语言。用机器语言编写的程序称为机器语言程序，其优点是占用内存少、执行速度快，缺点是难编写、难阅读、难修改、难移植。

2）汇编语言。汇编语言是将机器语言的每条二进制代码指令用便于记忆的符号形式表示出来的一种语言，所以它又称为符号语言。采用汇编语言编制的程序称为汇编语言程序，其特点相对于机器语言程序而言易阅读、易修改。

3）高级语言。机器语言和汇编语言都是面向机器的语言，一般称为低级语言。低级语言对机器依赖性大，程序通用性差，用户较难掌握。高级语言是一种比较接近于自然语言和数学表达式的语言。其特点是面向问题、移植性强。用高级语言编写的程序便于阅读、修改及调试。高级语言已成为目前普遍使用的语言，从结构化程序设计语言到当今广泛使用的面向对象的程序设计语言有上百种之多，表 1-10 列出了最常用的几种高级语言及其应用领域。

表 1-10 常用高级语言及其应用领域

语言名称	应用领域	语言名称	应用领域
BASIC	数学、科学计算	COBOL	商业管理
FORTRAN	科学及工程计算	VISUAL C++	面向对象程序开发
PASCAL	专业数学、科学计算	JAVA	网络编程
C	科学计算、数据处理、系统开发		

用汇编语言和高级语言编写的程序称为“源程序”，不能被计算机直接执行，必须把它们翻译成机器语言程序，机器才能识别及执行。这种翻译也是由程序实现的，不同的语言有不同的翻译程序，这些翻译程序称为语言处理程序。

通常翻译有两种方式：解释方式和编译方式。解释方式是通过相应语言解释程序对源程序逐条翻译成机器指令，每译完一句立即执行一句，直至执行完整个程序，如 BASIC 语言。其特点是便于查错，但效率较低。编译方式是用相应语言编译程序将源程序翻译成目标程序，再用连接程序将目标程序与函数库等连接，最终生成可执行程序，才可在机器上运行。

（3）数据库管理系统。20 世纪 60 年代开发出的数据库系统（Data Base System，简称 DBS），使得数据处理成为计算机应用的一个重要领域。数据库系统主要由数据库（DB）和数据库管理系统（DBMS）组成，数据库是按一定方式组织起来的数据集合，数据库管理系统是对数据库进行有效管理的系统，可分为层次型、关系型和网络型三种。其中关系型数据库管理系统应用广泛，常见的有 DBASE，FOXBASE，FOXPRO，ACCESS，ORACLE 等。

（4）服务程序。服务程序是指一些公用的工具类程序，以方便用户对计算机的使用及维护管理。主要有编辑程序（如 DOS 下的 EDIT，Windows 下的记事本等）、诊断程序（如 QAPLUS）等。

1.3.3.2 应用软件

应用软件是针对某个应用领域的具体问题而开发和研制的程序。它具有很强的实用性、专业性，正是由于应用软件的特点，才使得计算机的应用日益渗透到社会的各行各业。常见的应用软件有以下几类：

（1）办公自动化软件。

（2）信息管理软件。

（3）文字处理软件。

（4）辅助设计软件（CAD）和辅助教学软件（CAI）。

（5）网络处理软件。

（6）各种软件包。

（7）多媒体处理软件。

1.4 多媒体技术

自20世纪90年代以来，随着计算机技术的发展以及数字化音频、视频技术的进步，多媒体技术和应用得到迅猛发展。在多媒体技术的推动下，计算机的应用进入一个崭新的领域，计算机从传统的单一处理字符信息，发展为同时能对文字、声音、图像和影视等多媒体信息进行综合处理和集成，实现计算机的多媒体化。

1.4.1 多媒体技术概述

（1）媒体（Medium）。人们在信息交流中需要用到各种媒体，日常生活中常用的媒体有语言、音乐、图片、书籍、电视、广播、报纸等。多媒体技术中的媒体是指信息的载体和表示形式，载体有磁盘、光盘、半导体存储器等。信息的表示形式有数值、文字、声音、图像和影视等。

（2）多媒体（Multimedia）。多媒体是指用计算机中的数字技术和相关设备交互处理多种媒体信息的方法和手段，多媒体具有几个关键特性：

1）多样性：即各种信息媒体的多样化。

2）交互性：它向用户提供更加有效的控制和使用信息的手段。

3）集成性：各种信息媒体集成为一体而不是分离，各种信息媒体多通道统一获取，统一存储与组织。

4）数字化：多媒体中的各个单媒体都是以数字形式存放在计算机中。

目前存在的具有声、文、图像等一体化的电视机、收录机等都不具备交互性和数字化，故不能称其为多媒体。

（3）多媒体技术。多媒体技术是指利用计算机综合集成地处理文字、图形、声音、动画、视频等媒体，从而形成一种全新的信息传播和处理技术，是基于计算机技术的综合技术，它包括数字信号处理技术、计算机软/硬件技术、视/音频技术、通信技术、图像处理技术、人工智能和模式识别技术等，是一门综合性高新技术。

（4）多媒体计算机系统。多媒体计算机是多媒体技术走向实用化的具体体现。多媒体计算机系统是在个人计算机基础上，能综合处理多媒体信息，并具有交互性的计算机系统。一般可分为多媒体计算机硬件系统和多媒体计算机软件系统。其硬件系统是指在个人计算机基础上，增加各种多媒体输入/输出设备及其接口卡。软件系统是以操作系统为基础，另有多媒体压缩/解压缩软件、多媒体通信软件及多媒体开发软件包等。

（5）多媒体计算机标准。多媒体计算机简称为MPC（Multimedia PC）。1990年由Microsoft，Philips等企业组成了一个多媒体计算机市场联盟。该联盟成立的目的是建立MPC标准，到目前已先后建立的4种MPC技术标准，见表1-11。

表1-11 MPC技术标准

项　目	MPC 1	0MPC 2	0MPC 3	0MPC 4
CPU	80386SX	1680486SX	25Pentium	75Pentium133

续表 1-11

项 目	MPC 1	0MPC 2	0MPC 3	0MPC 4
内存容量/MB	2	4	8	16
硬盘容量	80MB	160MB	850MB	16GB
CD-ROM 速度	1x	2x	4x	10x
声卡	8 位	16 位	16 位	16 位
图像	256 色	65535 色	16 位真彩	32 位真彩
分辨率	640×480	640×480	800×600	1280×1024
软驱/MB	144	144	144	144
操作系统	Windows 3. x	Windows 3. x	Windows 95	Windows 95

1.4.2 多媒体计算机的主要硬件设备

多媒体计算机与通用计算机相比，其增加的主要硬件设备有声频卡（Avdio Card）、视频卡（Video Card）、CD-ROM 光驱。

（1）声频卡。声频卡（声卡）即音频卡，它是实现声波与数字信号相互转换的硬件电路。要让一台普通计算机能够录制和播放声音必须给其装上声卡。声卡有集成在主板上的，也有插在主板扩展槽中的。

1）声卡的主要技术指标。

①采样频率：指录音设备在 1s 内对声音的采样次数。采样频率越高，声音的还原效果越好。采样频率共分为 11kHz，22. 05kHz，44. 1kHz，48kHz。当前主流声卡的采样频率为 44. 1kHz 以上。

②采样值的二进制编码位数：也称采样位数，有 8 位、16 位、32 位三种。位数越高，声音还原越真实。16 位声卡是当今主流产品。

2）MIDI 接口及音乐合成技术。

①MIDI（Musical Instrument Digital Interface）意为音乐设备数字接口，是一种电子乐器与计算机之间以及电子乐器相互之间的一种统一的交流协议。MIDI 文件是一种描述性的“音乐语言”，它将所要演奏的乐曲信息用字节表述下来，是乐谱的数字表示。

②音乐合成技术分为 FM 合成和波表合成。FM 合成是将硬件产生的正弦信号，经过处理合成为音乐。波表合成（WAV）文件来自对声音波形的采样编码，波表合成是将真实的各种乐器的声音样本通过采样并编码录制下来，存储为一个个波表文件，并存放在声卡的 ROM 芯片中。MIDI 文件播放时，则根据其记录的乐曲信息向波表 ROM 发出指令，从中逐一找出相对应的乐器声音信息，经合成、加工后回放出来。

（2）视频卡。视频卡的作用是实现对视频模拟信号的采集、编码、压缩、存储、解压和回放等快速处理和解决标准化问题，并提供各种视频设备的接口和集成能力。视频卡按功能可分为视频播放卡（Video Broadcasting Adaptor），视频捕获卡（Video Capture Adaptor），视频转换卡。

（3）CD-ROM。CD-ROM 光盘的存储容量很大，而且便于携带。多媒体信息，特别是声音和活动图像文件，即使是经过压缩，其数据量仍然很大，所以 CD-ROM 成为了这些多媒体信息的重要存储设备。CD-ROM 驱动器主要性能是数据传输率，单倍速 CD-ROM 驱动器数据传输率为 150KB/s，当今主流光驱为 45 倍速以上。

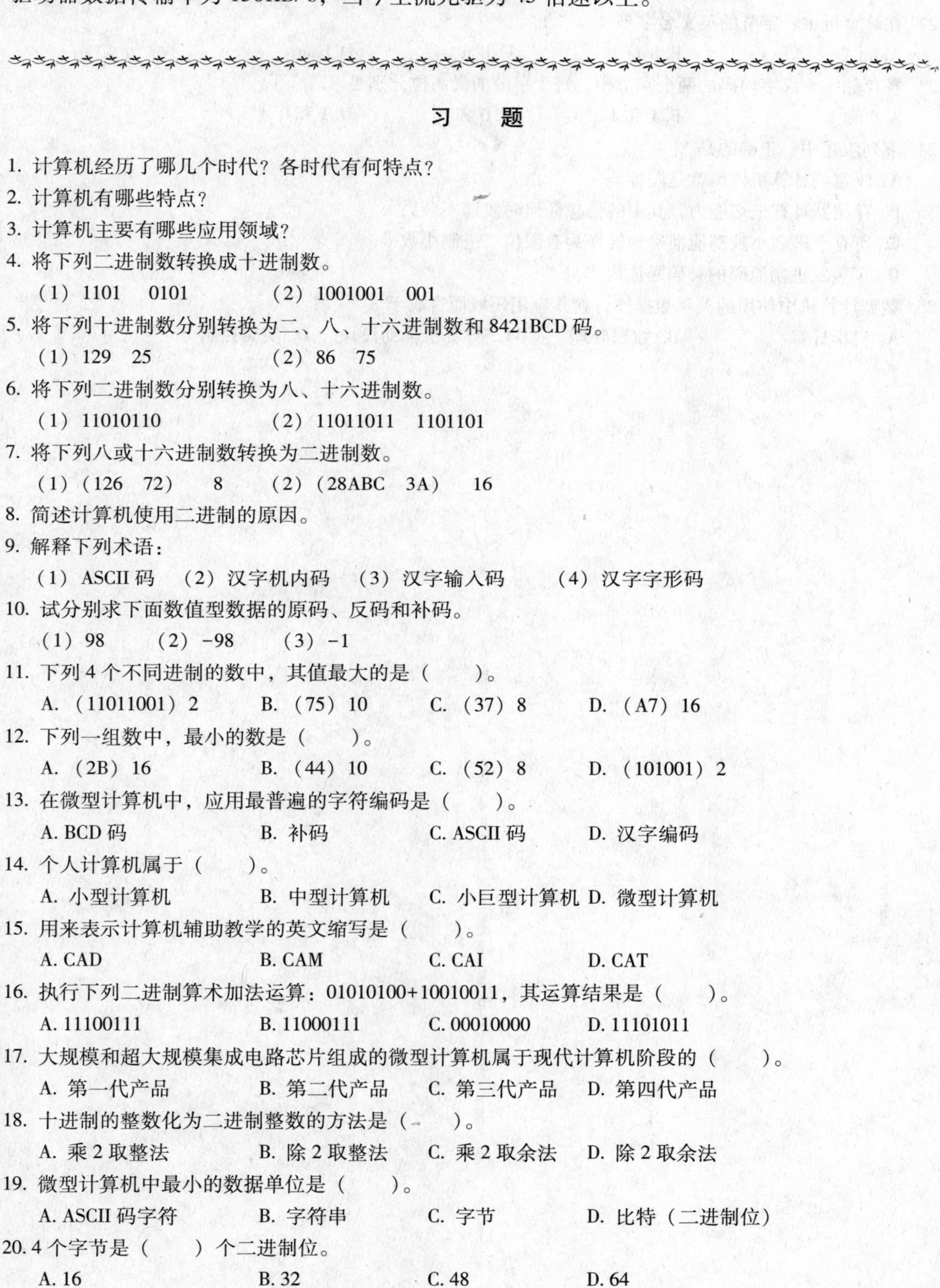

习　题

1. 计算机经历了哪几个时代？各时代有何特点？
2. 计算机有哪些特点？
3. 计算机主要有哪些应用领域？
4. 将下列二进制数转换成十进制数。
   （1）1101　0101　　　　（2）1001001　001
5. 将下列十进制数分别转换为二、八、十六进制数和 8421BCD 码。
   （1）129　25　　　　（2）86　75
6. 将下列二进制数分别转换为八、十六进制数。
   （1）11010110　　　　（2）11011011　1101101
7. 将下列八或十六进制数转换为二进制数。
   （1）（126　72）　8　　　　（2）（28ABC　3A）　16
8. 简述计算机使用二进制的原因。
9. 解释下列术语：
   （1）ASCII 码　（2）汉字机内码　（3）汉字输入码　（4）汉字字形码
10. 试分别求下面数值型数据的原码、反码和补码。
   （1）98　（2）−98　（3）−1
11. 下列 4 个不同进制的数中，其值最大的是（　　）。
   A.（11011001）2　B.（75）10　C.（37）8　D.（A7）16
12. 下列一组数中，最小的数是（　　）。
   A.（2B）16　B.（44）10　C.（52）8　D.（101001）2
13. 在微型计算机中，应用最普遍的字符编码是（　　）。
   A. BCD 码　B. 补码　C. ASCII 码　D. 汉字编码
14. 个人计算机属于（　　）。
   A. 小型计算机　B. 中型计算机　C. 小巨型计算机　D. 微型计算机
15. 用来表示计算机辅助教学的英文缩写是（　　）。
   A. CAD　B. CAM　C. CAI　D. CAT
16. 执行下列二进制算术加法运算：01010100+10010011，其运算结果是（　　）。
   A. 11100111　B. 11000111　C. 00010000　D. 11101011
17. 大规模和超大规模集成电路芯片组成的微型计算机属于现代计算机阶段的（　　）。
   A. 第一代产品　B. 第二代产品　C. 第三代产品　D. 第四代产品
18. 十进制的整数化为二进制整数的方法是（　　）。
   A. 乘 2 取整法　B. 除 2 取整法　C. 乘 2 取余法　D. 除 2 取余法
19. 微型计算机中最小的数据单位是（　　）。
   A. ASCII 码字符　B. 字符串　C. 字节　D. 比特（二进制位）
20. 4 个字节是（　　）个二进制位。
   A. 16　B. 32　C. 48　D. 64

21. IMB 是（ ）Bytes。

A. 100×100　　B. 1000×1024　　C. 1024×1000　　D. 1024×1024

22. 在计算机中，字节的英文名字是（ ）。

A. bit　　B. byte　　C. bou　　D. baud

23. 在存储一个汉字内码的两个字节中，每个字节的最高位分别是（ ）。

A. 0 和 1　　B. 1 和 1　　C. 0 和 0　　D. 1 和 0

24. 下列叙述中，正确的是（ ）。

A. 汉字的计算机内码就是国标码

B. 存储器具有记忆能力，其中的信息任何时候都不会丢失

C. 所有十进制小数都能准确地转换为有限位二进制小数

D. 正数二进制原码的补码是原码本身

25. 微型计算机中使用的关系数据库，就其应用领域而言属于（ ）。

A. 科学计算　　B. 数据处理　　C. 计算机辅助设计　　D. 实时控制

2 操作系统

本章要点：

操作系统（Operating System，简称 OS）是管理和控制计算机硬件与软件资源的计算机程序，计算机的灵魂是它所运行的软件，而软件的核心就是操作系统。本章将简要介绍操作系统的产生、发展、组成、工作原理等内容。

本章重点如下：

· 操作系统的定义

· 操作系统的发展和分类

· Windows 7 操作系统基本使用方法

2.1 操作系统介绍

操作系统是用户和计算机的接口，同时也是计算机硬件和其他软件的接口。操作系统的功能包括管理计算机系统的硬件、软件及数据资源，控制程序运行，改善人机界面，为其他应用软件提供支持等，使计算机系统所有资源最大限度地发挥作用，提供各种形式的用户界面，使用户有一个好的工作环境，为其他软件的开发提供必要的服务和相应的接口。实际上，用户是不用接触操作系统的，操作系统管理着计算机硬件资源，同时按着应用程序的资源请求，为其分配资源，例如，划分 CPU 时间，内存空间的开辟，调用打印机等。

如图 2-1 所示，操作系统是介于系统硬件和各种应用程序之间的软件。任何应用程序如果想操纵系统硬件，都要经过操作系统。例如，浏览器就是浏览网页用的应用程序，它要联网就需要用到网卡这一硬件设备，但浏览器并不能直接操纵网卡，必须经过操作系统来协助它完成这一操作。就像一个人由肉体和精神两部分组成，一台计算机由硬件和软件两部分组成。如果把一台计算机比作一个人的话，那么计算机的 CPU 和内存就类似于人的大脑，具备“思考和记忆”的能力。而计算机软件就可以比作是人的思想和精神，它决定了计算机能“思考和记忆”些什么东西，也就决定了计算机能完成什么样的工作。没装任何软件的计算机就像一个头脑空空的人，除了外表，别无他用。

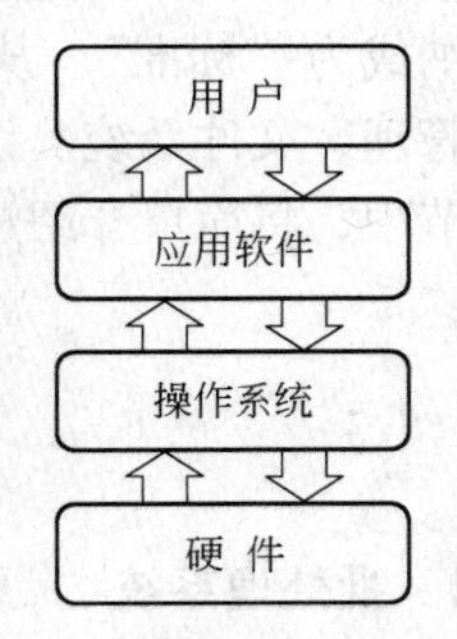

图 2-1　操作系统在计算机系统中所处的位置

是否可以抛开操作系统，让浏览器直接操作网卡，这样做不是更省事吗！的确，假如在计算机系统里只有浏览器这一个应用程序要用到网卡的话，那么完全可以抛开操作系统，让浏览器直接操作网卡。但实际情况是，你的系统里除了浏览器，还有网络电视、网络音乐、网络聊天、网络游戏等很多应用程序都要用到网卡。多个程序同时抢用一块网卡，这就好比在一个繁忙的十字路口，既无交通警察，又无红绿灯，秩序必然发生混乱，同时造成严重事故。操作系统并不仅仅只是个"交通警察"。试想，如果你的世界的确"简单而完美"，系统里真的只有浏览器使用网卡，也就是说，你的浏览器可以抛开操作系统，直接操作网卡的话，那么你还要面对另一个问题，你的浏览器必须有能力与不同厂家、不同型号的网卡和谐工作，否则，一旦你换了网卡，而你的浏览器不支持，你就无法上网。负责让网卡工作的那部分软件，通常把它称为网卡驱动程序。让浏览器里包含所有厂家的所有型号的网卡驱动程序显然是不太现实的。回到这个既不简单，又不完美的世界，系统里有那么多网络应用程序，让它们都各自携带一大堆同样的网卡驱动程序，显然也是不明智的。

为了防止大家同时抢用硬件设备，为了避免每个应用程序都携带同样的一大堆硬件驱动程序，专家们在应用程序和硬件之间插入了一层特殊的软件，即操作系统。操作系统负责整个计算机系统的管理、调度、控制，同时还携带着所有的硬件驱动程序。操作系统的功用还远不止这些。操作系统对计算机类似一个政府，它是：

（1）资源管理者。所谓资源，笼统讲就是所有的系统硬件，包括 CPU、内存、网卡、声卡、显卡、键盘、鼠标，它们的共同特点就是紧缺，系统中的众多应用程序都要"抢用"这些硬件资源。操作系统要负责协调应用程序之间的资源竞争。当然，它本身也要消耗掉一部分系统资源以维持自身的正常运转。一个低消耗、高效率的政府才会受欢迎，操作系统也是一样。

（2）系统控制者。操作系统控制着系统中程序的运行，一旦发现有程序出错，或有程序非法使用系统资源，就要及时处理，以保障系统能安全、有序、高效地工作。

（3）公共服务提供者。正如上面说到的，所有硬件的驱动程序只要在操作系统里保留一份就可以了，不必要每个应用程序里都携带相同的驱动程序。

给操作系统下的这个定义并不那么严格。而且，目前为止还没有哪一个定义被大家普遍采纳成为"标准"。从专业角度来说，操作系统的功能通常包括进程管理、中断处理、内存管理、文件系统、设备驱动、网络协议、系统安全、输入、输出等许多方面。在下面的章节中，将简单介绍这些功能模块。

2.2 操作系统的发展

2.2.1 批处理系统

如前文所述，如果你的计算机是一个单任务系统，也就是说，在同一时间它只需要（或者只能够）做一件事情，那么操作系统是可以被抛到一边的。这就好比大马路上只跑一辆汽车，是不需要交通警察的。在计算机诞生之初，情况的确就是这样，计算机只能完成单一的工作。现在还常看见的简单的计算器就是这样的单任务系统。那么，如果两个程序员写了两个不同的程序，都要在计算机上运行，那该怎么办呢？很简单，两个程序员按先来后到排队。等第一个程序员的程序运行结束了，再把第二个程序员的程序放进去就可以了。如果两个程序员都比较急躁，抢着要先运行自己的程序，那该怎么办呢？很简单，雇用一个专职的计算机操作员，由他来负责接收、管理程序员们的程序，并按顺序输入到计算机就可以了。这位操作员就是最早的“操作系统”，他完成的工作称为任务调度。他完成工作的方式称为批处理。也就是说他手头上有“一批”程序，由他逐一地送到计算机里去处理。

“大马路上只跑一辆汽车”这太奢侈浪费了吧。为了摆脱这种低效率的资源利用，计算机专家们开始研究如何能够“同时在大马路上跑多辆汽车”。这一研究在20世纪60年代取得了长足进展，现代意义上的操作系统——多任务、分时系统，就此诞生了。

2.2.2　分时系统

所谓多任务、分时系统，就是让一个CPU能够“同时”运行多个程序。当然，这个带引号的“同时”不是真的同时，只是看起来“同时”。例如，现在有A、B、C三个任务需要处理。那么操作系统可以先把CPU分配给A程序，运行20ms之后，再把CPU分配给B，也是20ms，再给C，还是20ms。然后，再回过头来运行20ms A程序、20ms B程序、20ms C程序……，如此循环往复，这就称为分时（专业领域称之为时分复用技术），给用户一个A、B、C“同时”运行的印象。当然，CPU的时间不一定要平均分配，操作系统可以根据不同的情况，如任务优先级的高低，来分配一次运行时间的多少。

2.2.3　形形色色的操作系统

自20世纪60年代分时系统诞生以来，时光已跨过了50多年。随着计算机硬件技术的突飞猛进，操作系统这一和硬件形影不离、息息相关的软件，也发生着沧海桑田的巨变。1969年诞生的UNIX操作系统只有寥寥四千两百余行代码，而今天它的分支系统已遍布天下，其中Linux系统内核的代码量已超过了一千五百万行。

除了通常所见的计算机上的操作系统，随着硬件技术和网络技术的发展，各种特殊用途的操作系统也应运而生。下面介绍一下形形色色的操作系统。

2.2.3.1　实时嵌入式操作系统

随着硬件技术（尤其是集成电路）的发展，越来越多的电器设备中都“嵌入”了一个“专用计算机”，能够自动、精确控制设备的运转。这些专用计算机都非常小巧，小到可以放进一个厘米见方的晶片里，这就是所谓的单片机。装在这些小巧晶片里的操作系统软件称为嵌入式系统。嵌入式系统不像PC机里的系统那么庞大、复杂，它们通常是用在一些特定的设备上，在不需要人为干预的情况下完成一些相对单一的工作，例如，微波炉、电视机、汽车、DVD机、手机、MP3播放器里都有这样的小系统。

嵌入式系统几乎都是实时操作系统。实时系统比普通操作系统的响应速度更快。系统收到信息后，没有丝毫延迟，马上就能做出反应，所以才称为实时。实时系统被广泛用于对时间精度要求非常苛刻的领域，例如，科学实验的精准控制，医疗图像系统，工业控制系统，某些有特殊要求的显示系统，汽车燃料注入控制系统，家用电器设备，武器控制系统等，都需要用到实时嵌入式系统。

实时系统的运作有严格的时间要求，必须在特定时间之内完成特定动作，并返回正确的结果，否则整个系统的任务就会失败。举例来说，如果一个机器人手臂收到“停”的指令之后，不能马上停下来，那么它刚刚组装好的汽车就可能被它自己打个稀巴烂。

比较而言，一个时分系统当然也是反应越快越好，但是这个“越快越好”是没有苛刻的时间要求的，也就是说，反应慢点系统也不会出什么毛病。类似地，一个批处理系统在时间方面通常也没有什么限制。

2.2.3.2 分布式操作系统

近半个世纪以来，随着网络技术的出现与发展，操作系统和网络的联系日趋紧密。网络不仅可以让远隔千里的计算机共享资源，还可以让它们相互传递信息，协调工作，共同完成某一特定的运算任务。换句话说，大量联网的计算机可以通过网络通信，相互协调一致，共同组成一个大的运算系统。这个大系统称为“分布式计算系统”，这个系统中的每台计算机都有独立的运算能力。同时，在这些计算机上运行的操作系统还具有让大家协调工作的功能。这种具有协调功能的操作系统就是分布式操作系统。在分布式操作系统的支持下，各个计算机内运行的“分布式程序”之间相互传递信息，彼此协调，共同完成特定的运算任务。

分布式系统具有可靠性高和扩展性好的优点。系统中任何一台（或多台）机器发生故障，都不会影响到整个系统的正常运转。同时，整个系统的结构是可以动态变化的。也就是说，随时可以有新的计算机加入到系统中来，也随时可以有机器被从系统中移除。而且系统中的计算机可以是多种多样的，网络连接形式也可以是多种多样的。

2.2.3.3 云计算

云计算是近年来比较流行的高科技时髦词汇。云计算所涉及的技术繁杂，设备多样，服务广泛，实在很难给这项新兴技术一个确切的描绘。它就像云彩一样难以说清、难以看清、难以画清。而且它依赖于互联网。互联网也是一个不太容易画出来的东西，专业技术人员通常是随手画一个大云朵来代表互联网。于是，这个基于互联网的“高科技新宠”干脆就被称为云计算了。

基于网络的计算，很容易让人们想到上面提过的“分布式系统”。分布式系统就是大量计算机通过网络连接相互传递信息，协调工作，并共同完成一个大的运算任务。甚至可以说，分布式系统就是云计算的基础设施。云计算是在分布式系统的支撑之下诞生的一个更为复杂、多样、灵活的服务平台。图 2-2 所示为云计算逻辑图。

2.2.4 声名显赫的操作系统家族

作为一个普通的计算机使用者，并不直接接触操作系统。图 2-3 所示为桌面个人计算机，用户只使用应用程序，应用程序才需要和操作系统打交道。

目前，操作系统的种类和数量多如牛毛，笼统地说，常见的操作系统可以分为三类：

（1）UNIX 家族操作系统。

（2）Windows 家族操作系统。

（3）其他操作系统。

2.2.4.1 UNIX 家族操作系统

（1）UNIX 诞生于 1969 年。一开始，美国计算机科学家 Ken Thompson 自己发明了一

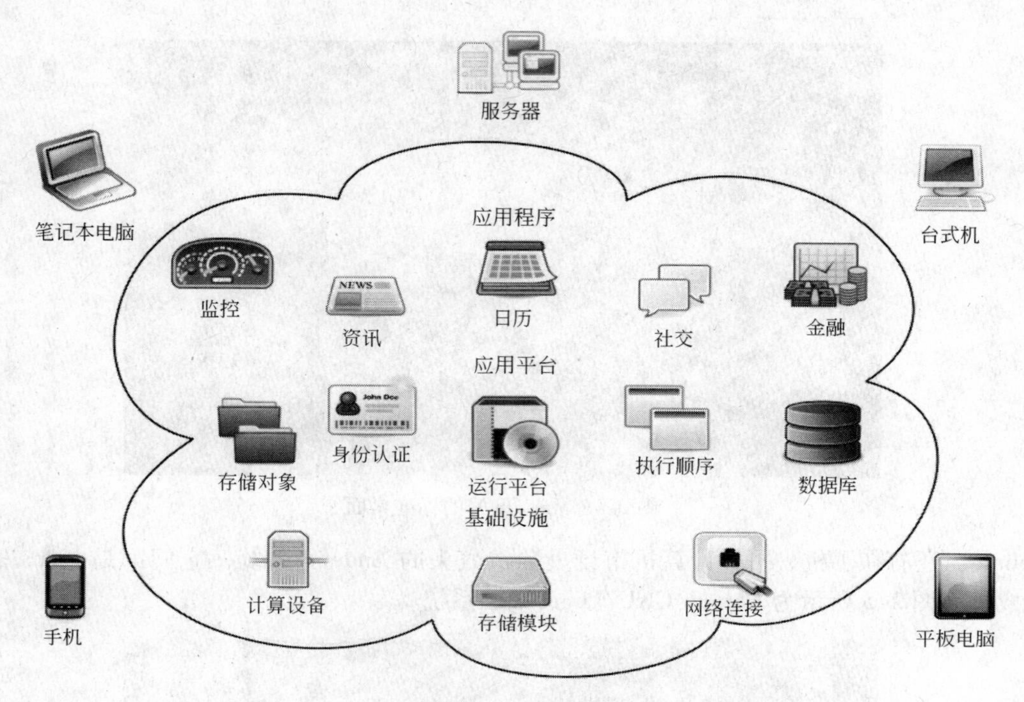

图 2-2 云计算逻辑图

个编程语言，称为 B 语言，并用它写出了 UNIX。但他发现 UNIX 的性能很不理想，于是，他的同事 Dennis Ritchie 又重新开发了一个编程语言，这就是著名的 C 语言。他们用 C 语言重写了 UNIX。之后，UNIX 逐渐发展成为一个庞大的操作系统家族，对现代操作系统的发展一直产生着重大的影响。UNIX 被认为是 20 世纪 IT 行业最伟大的发明。当年 Thompson 和 Ritchie 的四千余行程序代码，至今仍被认为是世界上最有影响力的软件。

图 2-3 桌面个人计算机

早在 1974 年，美国加州大学伯克利分校就已经用上了 UNIX 系统。该校计算机科学系的师生们以 UNIX 为基础，做了大量的学习、研究、开发工作。1978 年，该校 Bill Joy 同学在 UNIX 第六版的基础上推出了自己的 1BSD 系统，它标志着 BSD 家族的诞生。Bill Joy 同学实非等闲之辈，1982 年，他与人合作开创了自己的公司，这就是大名鼎鼎的 SUN Microsystem。

BSD 家族里还有一个不太起眼的分支 NeXTSTEP。后来，NeXT 公司被苹果公司收购。苹果在 NeXTSTEP 的基础上开发出了今天炙手可热的 Mac OS X 系统。图 2-4 所示是 Mac OS X 的标准桌面。

（2）GNU/Linux 对很多同学来讲，是一个陌生、奇怪而拗口的名字。但它却是 UNIX 家族中最为兴旺发达的一个大家庭。它的家庭成员之多，应用之广，远远超过了现有的任何操作系统家族（或家庭）。大到世界上最强大的超级计算机，小到手机，甚至手表上都可以看到 Linux 的身影。广受企业用户欢迎的 Red Hat（红帽子），拥有百万桌面用户的

图 2-4　Mac OS X 的标准桌面

Ubuntu，还有在手机、平板计算机市场上独占鳌头的 Android 系统，它们都是 Linux 家族的成员。图 2-5 所示为 Ubuntu GNU/Linux 桌面系统。

图 2-5　Ubuntu GNU/Linux 桌面系统

Linux 最大的优势就是推动它前进的巨大开发热情。一旦有新硬件问世，Linux 内核就能快速被改进以适应它。例如，Intel Xeon 微处理器才问世几个星期，Linux 新内核就跟上来了。它还被用在了 Alpha、ARM、MAC、PowerPC 等几十种硬件架构上。目前，Linux 是世界上支持硬件架构最多的操作系统。

2.2.4.2　Windows 家族操作系统

1980 年 7 月，IBM 为了即将推出的 IBM PC 机来找微软公司，希望微软能为他们写一个 BASIC 解释器。同时，比尔·盖茨得知 IBM 向另一家公司购买操作系统的谈判刚刚失败，希望微软能帮他们作一个操作系统。精明的比尔·盖茨没有坐失商机，他迅速地花五万美金从一个西雅图黑客手里买了一个简陋的操作系统，略加改进就满足了 IBM 的需求。从此，微软和 IBM 建立了重要的伙伴关系。IBM 卖出的每一台 PC 机里都装上了微软操作系统 MS-DOS。

盖茨并没有把 DOS 系统的版权卖给 IBM，因为精明的他相信其他计算机硬件厂家很快就会克隆 IBM 的系统。果不其然，在很短的时间内，各种 IBM 兼容机如雨后春笋般纷纷上市，它们装的都是廉价的 MS-DOS 系统。凭借着聪明的市场策略，这个简陋的操作系统悄悄渗透到了世界的每一个角落。

1985 年 11 月，微软为 MS-DOS 添加了一个简单的图形界面，并将它取名为“Windows”，这就是微软视窗系统的开端。之后的十余年，Windows 系统不断地改进完善。1990 年微软推出 Windows 3.0，1992 年推出 Windows 3.1，这两个版本在虚拟内存等方面都做了显著的改进，被认为是 Windows 系统发展的一个里程碑。Windows 的下一个里程碑是 1995 年的 Windows 95 和 1998 年的 Windows 98。它们支持 32 位应用程序，在用户界面设计上采用了面向对象技术，而且支持长文件名和即插即用硬件。

在个人计算机市场上，微软系统凭借其价格优势，很快就取代了苹果计算机的主导地位。2000 年前后的十年间，MS-Windows 一直占据着超过 90%的桌面计算机市场份额，成为桌面计算机市场上名符其实的霸主。直到近年，随着 Linux 和 Mac OS X 系统的逐渐流行，MS-Windows 的市场份额开始下降。2012 年 7 月份的网上调查显示，MS-Windows 的市场占有率已下降到了 85%左右。

Windows 7 是微软 2009 年推出的个人计算机操作系统，市场反映相当不错。目前，Windows 8 的开发也已经完成，已在 2012 年底推入市场。Windows 7 桌面和 Windows 8 桌面如图 2-6 所示。

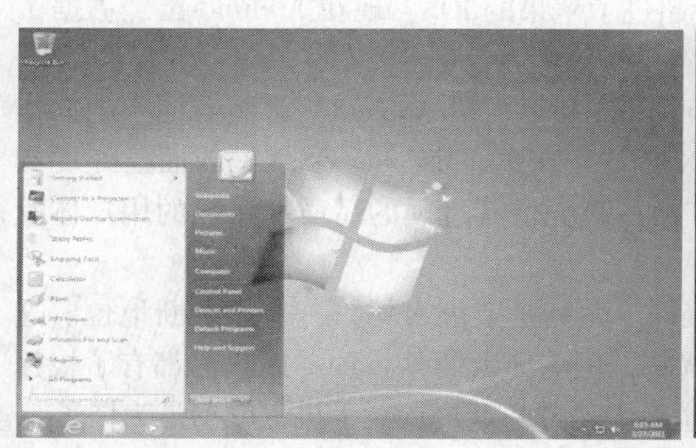

图 2-6 Windows 7 桌面和 Windows 8 桌面

为了走向服务器市场，微软在 1993 年开始推出它的 Windows NT 多用户操作系统。随后，Windows NT 系列中的 Windows 2000，Windows Server 2003 渐次推出，并取得了巨大的商业成功。

2.2.4.3 其他操作系统

随着硬件技术的发展，计算机越作越小巧。现在一提到计算机，人们脑子里出现的已经不止是台式机和笔记本，还有智能手机、平板电脑、PDA 等，它们也都是功能强大的计算机设备，里面也装备着一个功能完备的操作系统。

智能手机、平板电脑和PDA都称之为移动设备。移动设备里的操作系统自然也称之为移动设备操作系统，西洋人称 Mobile OS。Mobile OS 在传统 PC 操作系统的基础上又加入了触摸屏、移动电话、蓝牙、WiFi、GPS、近场通信等功能模块，以满足移动设备所特有的需求。图 2-7 所示为世界范围内的手机市场份额。

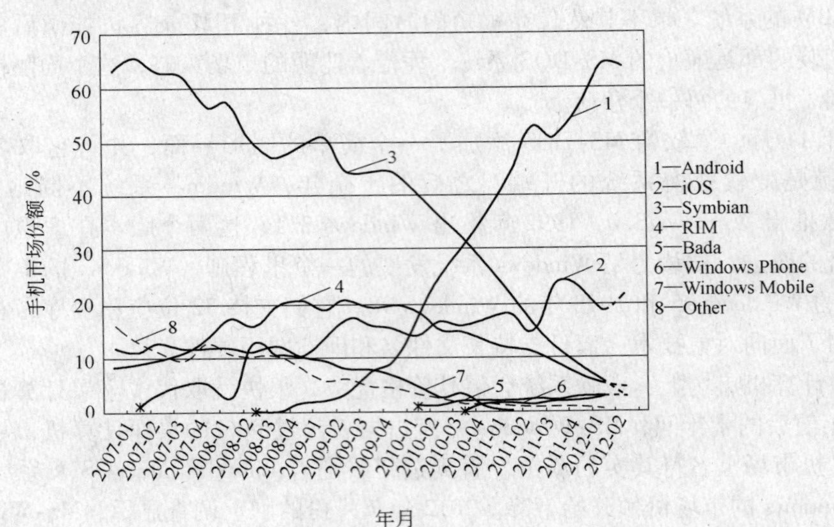

图 2-7 世界范围内的手机市场份额

（1）Android。Android 是 Google 开发的一个 Linux 分支系统，它也是开源的自由软件，是 UNIX 大家族的一员。从 2007 年问世以来，Android 系统增长迅速，从 2009 年到 2010 年的一年间，市场份额增长了 850%，很快就超过了苹果的 iOS。现在 Android 已经占据了超过 60%的移动平台市场。

（2）iOS。苹果生产的 iPhone，iPod touch，iPad 和第二代 Apple TV 都装着同样的操作系统，那就是 iOS。iOS 是从苹果的 Mac OS X 分支出来的。而 Mac OS X，前面已经提到过，它也是 UNIX 的一个分支系统。苹果的产品一直凭借其过硬的品质和出色的用户体验保有着一个庞大而忠实的用户群体。

（3）Windows。微软系统在桌面计算机市场，尤其是亚洲市场，一直居垄断地位。这可以说是微软进一步拓展其移动市场的先天优势，因为庞大的 Windows 用户群都有了根深蒂固的使用习惯。在选择手机系统的时候，他们优先考虑 Windows 手机也就不足为怪了。

早在 20 世纪末，微软就推出了它的移动操作系统 WinCE，并在亚洲取得了相当不错的市场业绩。但随着 iOS 和 Android 的相继问世，微软的移动市场份额一落千丈。到 2010 年第二季度，其市场占有率已经下滑到了 5%。鉴于严峻的市场形势，微软逐步放弃了 WinCE，转而研发一个新的操作系统和软件平台——Windows Phone。Windows Phone 于 2010 年 2 月 15 日推出，它集成了微软的全套服务，如 Windows Live，Zune，Xbox Live 和 Bing。同时也支持一些非微软的服务，如 Facebook 和 Google。

微软已在 2012 年 10 月推出它的 Windows 8。同时，微软还有一个 Windows RT 在开发之中。它是专门针对 ARM 处理器设计的操作系统。微软希望凭借 Windows Phone，Windows 8 和 Windows RT 在移动平台市场再赢得一场胜利。

2.3 中文 Windows 7 的运行环境、安装及使用

2.3.1 中文 Windows 7 的运行环境

2.3.1.1 Windows 7 的配置

在安装 Windows 7 之前，必须保证计算机具有最基本的配置，关闭在安装过程中可能引起问题的软件。要运行 Windows 7 中文版，计算机系统必须具有以下的基本配置：

· CPU，1.6GHz 及以上。
· 内存，256M 及以上。
· 硬盘，12GB 以上可用空间。
· 显卡，集成显卡 64MB 以上。

更加高效运行的 Windows 7 中文版，计算机系统的推荐配置：

· CPU，2.0GHz 及以上（Windows 7 包括 32 位及 64 位两种版本，如果希望安装 64 位版本，则需要更高性能 CPU 的支持）。
· 内存，1G 以上。
· 硬盘，20GB 以上可用空间。
· 显卡，DirectX9 显卡支持 WDDM1.1 或更高版本（显存大于 128MB）。

安装期间所选择的安装方法和选项不同，所需要的硬盘空间大小也不相同。

· 全新安装，FAT16 文件系统：225~310MB（通常为 250MB）。
· 全新安装，FAT32 文件系统：200~270MB（通常为 245MB）。
· 若用户需要访问 Internet，还要安装调制解调器（Modem）。
· 若用户需要音响效果，还要安装声卡和扬声器、耳机或 USB 扬声器（计算机须支持 USB）。
· 对于 DVD 视频，则还需要安装 DVD-ROM 驱动器和兼容的 DVD 解码卡（或 DVD 解码软件）。
· 对于广播电视的接收，用户需安装 Pentium 处理器和兼容的 TV 调制卡。

2.3.1.2 Windows 7 的安装

为了顺利安装 Windows 7，必须避免安装过程中的软件冲突。反病毒软件和内存管理软件 可能会破坏安装过程，因此，在安装 Windows 7 之前，必须关闭自动反病毒保护软件和 BIOS 级反病毒软件。中文 Windows 7 可按下列步骤安装：

（1）在 CD-ROM 驱动器中插入中文 Windows 7 安装光盘；

（2）运行安装光盘上的 SETUP.EXE 程序，进入安装向导，开始安装 Windows 7；

（3）整个安装过程分为五个阶段：Windows 7 安装程序开始运行、搜集计算机相关信息、将 Windows 7 文件复制到计算机、重新启动计算机、安装硬件并完成设置。在安装过程中只要根据安装向导的提示，进行几个简单的选择，就可完成安装过程。

2.3.2 Windows 7 的启动和退出

Windows 7 的启动与退出操作非常简单，但正确的操作对系统来说非常重要。

（1）Windows 7 的启动 。一般来说，只要安装了 Windows 7，启动计算机就会自动进入 Windows 7 的桌面。如果是第一次启动 Windows 7，系统会提示用户登录到 Windows；如果计算机是联网的，系统还会提示登录到网络上。然后在屏幕上弹出一个“输入 Windows 口令”对话框，要求用户输入用户名和口令。

注意：如果是第一次输入口令，系统将提示再输入一次。如果不想在登录时使用口令，则不要在口令框中输入任何字母，直接选择“确定”按钮，这样以后就不会再出现登录提示。

（2）Windows 7 的退出 。在关闭或重新启动计算机之前，一定要先退出 Windows 7，否则可能会破坏一些没有保存的文件和正在运行的程序。用户可按以下步骤安全地退出系统：

1）关闭所有正在运行的应用程序。

2）单击“开始”按钮，然后单击“关闭系统”，出现如图 2-8 所示的“关闭计算机”对话框。

3）根据需要选定一个单选按钮，然后单击“是”。如果忘记了保存更改后的文件，系统会提示用户保存。

4）当屏幕上出现“现在可以安全地关闭计算机了”，就可以关闭计算机电源了。

图 2-8 “关闭计算机”对话框

2.3.3 Windows 7 基本使用和基本操作

操作 Windows 7 可以使用鼠标或键盘。本节主要介绍鼠标操作，但也列出了经常使用的键盘操作命令。使用鼠标器是操作 Windows 7 最简便的方式。一般来说，鼠标器有左、中、右三个按钮（有的只有左、右两个按钮），中间的按钮通常是不用的。通过控制面板中的鼠标图标可以交换左、右按钮的功能。下面是有关鼠标操作的常用术语：

（1）单击：按下鼠标左按钮，立即释放。需要读者特别注意的是，“单击”是指单击左按钮。

（2）单击右键：按下鼠标右按钮，立即释放。单击鼠标右键后，通常出现一个快捷菜单，快捷菜单是选择命令的最方便的方式。几乎所有的菜单命令都有对应的快捷菜单命令。

（3）双击：是指快速地进行两次单击（左键操作）。

（4）指向：在不按鼠标按钮的情况下，移动鼠标指针到预期位置。“指向”操作通常有两种用法：一是打开了菜单，例如，当用鼠标指针指向“开始”菜单中的“程序”时，就会弹出“程序”菜单。二是突出显示，当用鼠标指针指向某些按钮时会突出显示一些文字，说明该按钮的功能。例如，在 Microsoft Word 中当鼠标指针指向“磁盘”按钮时，就会突出显示“保存”。

（5）拖曳：在按住鼠标按钮的同时移动鼠标指针。拖动前，先把鼠标指针指向想要拖动的对象，然后拖动，结束拖动操作后松开鼠标按钮。除特别说明外，拖曳时应按住鼠标左键。在某些特殊的场合，使用键盘操作可能要比使用鼠标操作来得方便。用得最多的键盘命令形式 是“键名1”+“键名2”，如 Alt+Tab，表示按住第一个键（如 Alt）不放，再按第二个键（如 Tab），然后再释放这两个键。

2.3.4 Windows 7 桌面简介

Windows 7 中文版桌面的基本元素有：

（1）“开始”按钮和“任务栏”。“开始”按钮是运行 Windows 7 应用程序的入口，这是执行程序常用的方式。若要启动程序 、打开文档、改变系统、查找特定信息等，都可以用鼠标单击该按钮，然后再选择具体的命令。

用鼠标单击“开始”按钮，弹出图 2-9 所示的“开始”菜单，它包含了使用 Windows 7 所需的全部命令。要启动某个程序，就把鼠标指向“程序”；要获得帮助，就单击“帮助”。

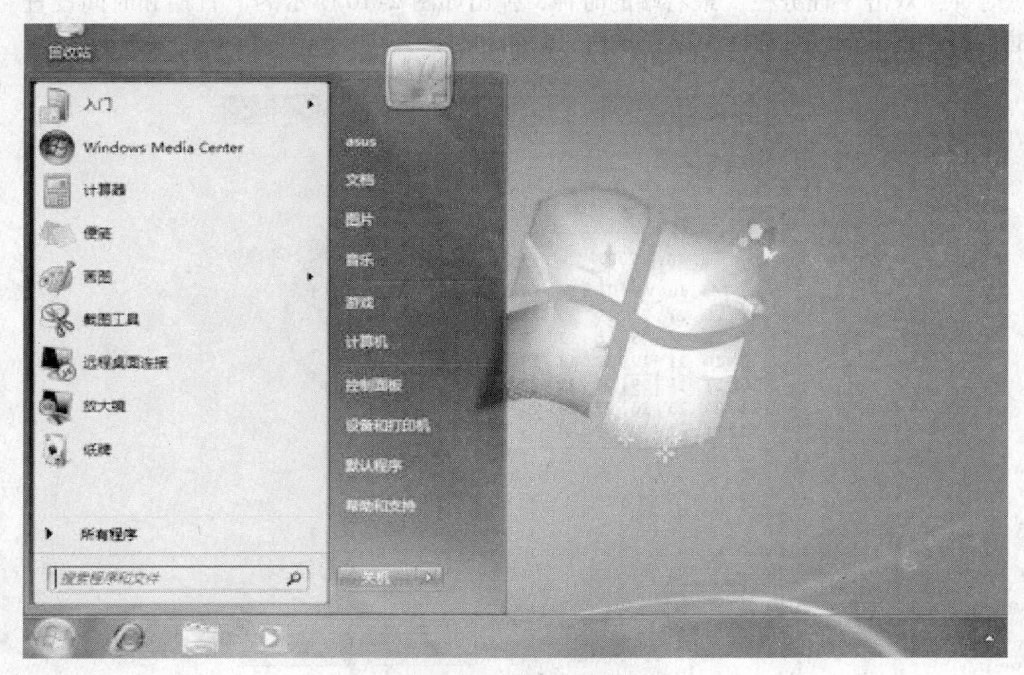

图 2-9 “开始”菜单

关于“开始 ”菜单，将在本章后面详细介绍，表 2-1 列出了“开始”菜单中各个命令的功能。

表 2-1 “开始”菜单中的命令功能

命　令	功　能
程序	显示可运行程序的清单
收藏夹	显示个人喜爱的 Internet 站点
文档	显示以前打开过的文档清单
设置	显示更改系统设置的组件清单

续表 2-1

命　令	功　能
查找	查找文件、文件夹等信息
帮助	启动"Windows 7 帮助"
运行	运行程序或打开文件夹
注销	关闭所有正在运行的程序，并且作为另一个不同的用户登录
关闭系统	关闭、重新启动计算机或进入 MS-DOS 方式

当用户打开程序、文档或窗口后，在"任务栏"上就会出现一个相应的按钮。如果要切换窗口，只需单击代表该窗口的按钮。在关闭一个窗口之后，其按钮也将从"任务栏"上消失。

时钟：双击"任务栏"最右端的时钟，弹出如图 2-10 所示的"日期和时间设置"对话框，用户可以在该对话框中设置日期、时间和时区。

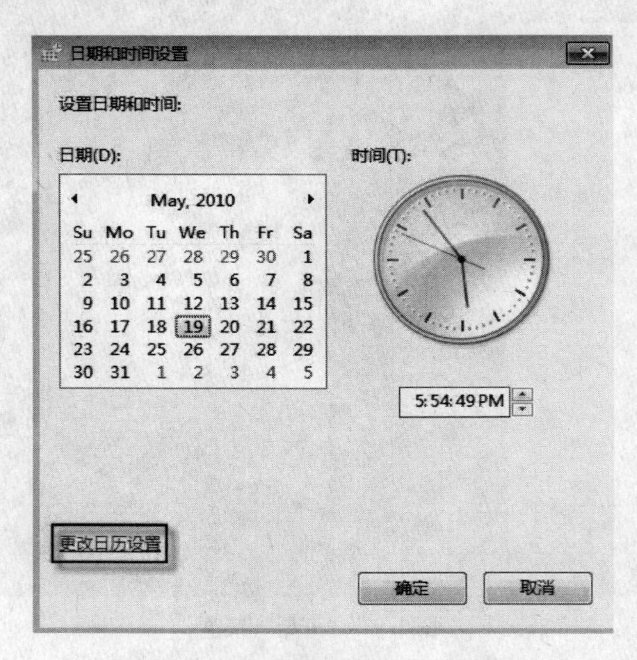

图 2-10　"日期和时间设置"对话框

"输入法"按钮：单击"任务栏"上的"输入法"按钮，弹出如图 2-11 所示的"文本服务和输入语言"对话框中的"输入法"菜单，用户可以从中选择一种输入法。这是切换输入法最简便的方法，选定的输入法左边会有一个黑三角箭头。

"计划任务程序"按钮以及快速启动区的四个快捷方式是启动这些应用程序的捷径。执行快速启动区上快捷方式的方法是用鼠标单击，启动计划任务程序的方法是用鼠标双击。在 Windows 7 的运行过程中，"任务栏"内还将显示一些小图标，用以表示任务的不同状态。例如，如果出现一个打印机图标，则表示正在打印作业。双击这些图标，就可以查看或更改其设置。

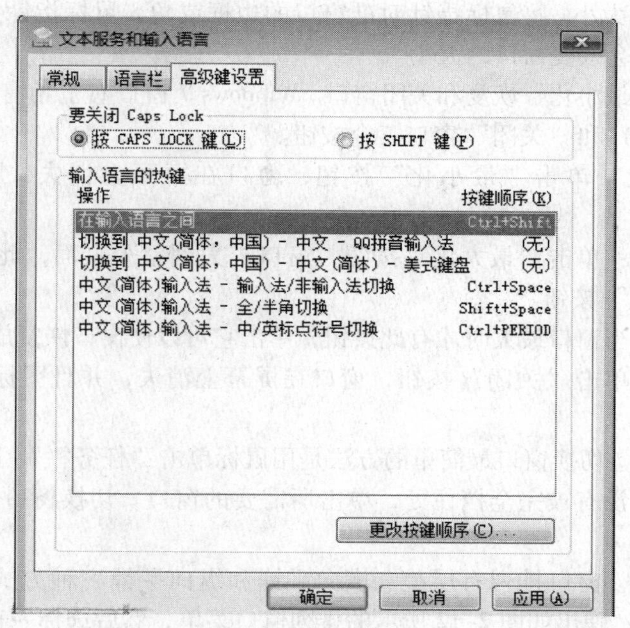

图 2-11　“输入法”菜单

（2）“Windows 资源管理器”。Windows 7 的资源管理器集成了 Internet E7lorer 的功能，是浏览本地、网络、Intranet 或 Internet 上资源的最有效工具。用户可以像 WWW 一样浏览本地磁盘或网络。除了“Windows 资源管理器”以外，“我的电脑”、“网上邻居”和“回收站”等同样采用了 Internet E7lorer 浏览模式，集成了 Internet E7lorer 的功能。

在“Windows 资源管理器”中，可以查看磁盘的文件结构以及所选文件夹中的文件和子文件夹，这对于复制和移动文件尤其有用。如要复制或移动文件，只要打开该文件所在的文件夹，然后将该文件拖曳到目标文件夹即可。

（3）“计算机”。使用“计算机”可以查看计算机上的所有内容，包括文件和文件夹。

（4）“网络连接”。如果正在使用网络，桌面上将出现“网上邻居”图标。通过“网上邻居”可浏览网络上的计算机。

（5）“回收站”。“回收站”用来存放用户删除的文件，可以简单地恢复它们并将它们放回到系统中原来的位置。除非清空“回收站”，否则其中的内容只是加上删除标记，并未真正从磁盘上抹去。

2.3.5　Windows 7 中文版的窗口和对话框

Windows 7 是一个图形用户界面的操作系统，它为用户提供了方便、有效地管理计算机所需的一切。Windows 7 的图形除了桌面外还有两大部分：窗口和对话框。窗口和对话框是 Windows 7 的基本组成部件，因此窗口和对话框操作是 Windows 7 的最基本操作。

2.3.5.1　窗口的操作

（1）移动窗口。将鼠标指针对准窗口的“标题栏”，按下鼠标不放，移动鼠标（此时屏幕上会出现一个虚线框）到所需要的地方，松开鼠标按钮，窗口就被移动了。

（2）改变窗口大小。将鼠标指针对准窗口的边框或角，鼠标指针自动变成双向箭头，按下左键拖曳，就会改变窗口的大小。

（3）最大化、最小化、恢复和关闭窗口。Windows 7 窗口右上角有“最小化”、“最大化”（或“恢复”）和“关闭”窗口三个按钮。

· 窗口最小化：单击“最小化”按钮，窗口在桌面上消失，图标出现在“任务栏”上。
· 窗口最大化：单击“最大化”按钮，窗口扩大到整个桌面，此时“最大化”按钮变成“恢复”按钮。
· 窗口恢复：当窗口最大时才有此按钮，单击它可以使窗口恢复成原来的大小。
· 窗口关闭：单击“关闭”按钮，窗口在屏幕上消失，并且图标也从“任务栏”上消失。

（4）切换窗口。切换窗口最简单的方法是用鼠标单击“任务栏”上的窗口图标，也可以在所需要的窗口没有被完全挡住处，单击所需要的窗口。切换窗口的快捷键是 Alt+Esc 和 Alt+Tab。

（5）排列窗口。窗口排列有层叠、横向平铺和纵向平铺三种方式。用鼠标右键单击“任务栏”空白处，弹出如图 2-12 所示的排列窗口菜单，然后选择一种排列方式。

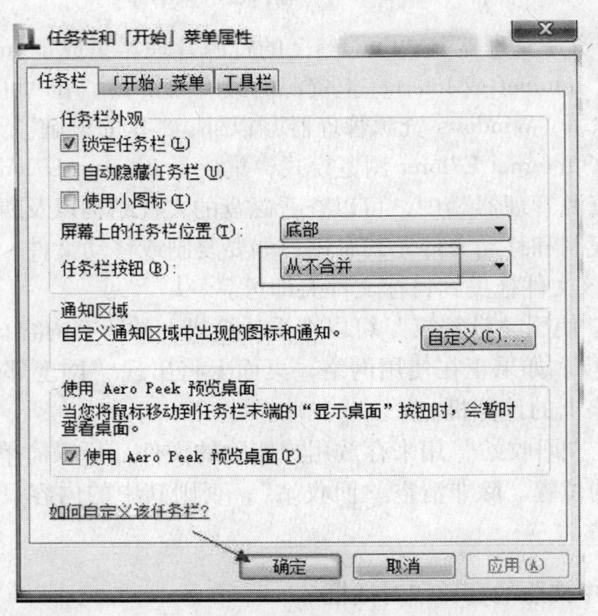

图 2-12　排列窗口

2.3.5.2　对话框的基本操作

对话框是 Windows 和用户进行信息交流的一个界面，为了获得用户信息，Windows 打开对话框向用户提问。用户可以通过回答问题来完成对话，Windows 为了执行某菜单命令需要询问用户，询问的方式就是通过对话框来提问。

（1）标题栏。标题栏中包括了对话框的名称，用鼠标拖动标题栏可以移动对话框。

（2）选项卡。通过选择选项卡可以在对话框的几组功能中选择一组。

（3）单选按钮。用来在一组选项中选择一个，且只能选择一个，被选中的按钮上出现一个黑点。

（4）复选框。复选框列出可以选择的任选项，可以根据需要选择一个或多个任选项。复选框被选中后，在框中会出现“√”，单击一个被选中的复选框意味着失选。

（5）列表框。列表框显示多个选择项，由用户选择其中一项。当一次不能将全部选项显示在列表框中时，系统会提供滚动条帮助用户快速查看。

（6）下拉列表框。单击下拉列表框的向下箭头可以打开列表给用户选择，列表框关闭时显示被选中的对象。

（7）文本框。文本框是用于输入文本信息的一种矩形区域。

（8）数值框。单击数值框右边的箭头可以改变数值的大小，也可以直接输入一个数值。

（9）滑标。左右拖动按钮可以立即改变数值大小，一般用于调整参数。

（10）命令按钮。选择命令按钮可立即执行一个命令。如果命令按钮呈暗淡色，表示该按钮是不可选择的；如果一个命令按钮后跟有省略号“…”，表示将打开一个对话框。对话框中常见的命令按钮有“确定”和“取消”。

（11）帮助按钮。对话框的右上角有一个帮助按钮“？”，单击该按钮，然后单击某个项目，就可获得有关该项目的帮助信息。

2.3.5.3　工具栏及操作

大多数 Windows 7 应用程序都有工具栏，工具栏上的按钮在菜单中都有对应的命令。操作应用程序的最简单方法是用鼠标单击工具栏上的按钮。当移动鼠标指针指向工具栏上的某个按钮时，稍停片刻，应用程序将显示该按钮的功能名称。用户可以用鼠标把工具栏拖放到窗口的任意位置，或改变排列方式。如变为垂直放置。

2.3.6　Windows 7 的文件及其文件夹管理

文件是有名称的一组相关信息的集合，任何程序和数据都是以文件的形式存放在计算机的外存储器（如软盘等）上的。任何一个文件都有文件名，文件名是文件存取的识别标志。软盘上存有大量文件，为了便于进行存取管理，必须将它们分门别类地进行组织。Windows 7 采用树形结构的文件夹形式组织和管理文件。文件夹相当于 MS-DOS 和 Windows 3.x 中的目录。“Windows 资源管理器”和“我的电脑”是 Windows 7 用来进行文件管理的两个应用程序。利用它们可以显示文件夹的结构和文件详细信息、启动应用程序、打开文件、查找文件、复制和移动文件以及直接访问 Internet 等。用户可根据自己的习惯选用两种工具中的一种来进行文件操作。本节介绍文件和文件夹的概念以及“Windows 资源管理器”的使用。

MS-DOS 和 Windows 3.x 使用“8.3”形式的文件命名方式，即最多可用 8 个字符作为文件的主名，3 个字符作为文件的扩展名。Windows 7 采用长文件名，即可使用长达 255 个字符作文件或文件夹名称，并可使用空格符。为保持兼容性，具有长文件名的文件或文件夹还有一个对应“8.3”形式的文件名。

（1）Windows 7 文件和文件夹的命名。Windows 7 文件和文件夹的命名约定如下：

1）在文件名和文件夹名中，最多可以有255个字符。其中还包括驱动器和完整的路径信息，因此实际上用户使用的名称字符数<255。

2）通常，每个文件都有3个字符的扩展名，用以标识文件类型或创建此文件的程序。当文档列入“开始”菜单时，扩展名被省略。

3）文件名和文件夹名中不能出现以下字符：\ , / ,:, , * ,?," , <, >, | 。

4）不区分大小写。例如，MY FAX 和 my fax 是同一个文件名。

5）查找和显示时可使用通配符“*”和“?”。

6）文件名和文件夹名中可使用汉字。

7）可以使用多分隔符的名字。如 my report. sales. total. 1996。

（2）Windows 7 文件名转换为 MS-DOS 文件名。Windows 7 文件名转换成 MS-DOS 文件名的规则如下：

1）如果长文件名有多个小数点“.”，则最后一个小数点后的3个字符作为扩展名。

2）如果文件名≤8个字符时，可以直接作为短文件名，否则选择前6个字符，然后加上一个“~”符号，再加上一个数字作短文件名。例如，假如有两个长文件名分别为：“VB 程序设计教程 . DOC”和“VB 程序设计教程大纲 . DOC”，其对应的短文件名分别为：“VB 程序~1. DOC”和“VB 程序~2. DOC”。

3）如果以英文字母作为文件名，则 Windows 7 将把所有字母转换成大写形式。

4）如果长文件名中包含 MS-DOS 约定的非法字符，如空格等，在转换过程中将去掉这些字符。

2.4 本章小结

操作系统是计算机系统内的资源管理者。系统内的所有硬件设备，包括 CPU、内存、声卡、网卡、显卡等都是应用程序要使用的“资源”。操作系统要负责协调系统内各进程之间的资源竞争，保证硬件资源能够被合理、高效地使用。其中，CPU 调度和内存管理是资源管理工作的核心。

（1）操作系统是系统控制者。它控制着系统中各进程的运行，一旦发现异常就要及时处理，以保障系统安全、有序、高效地运行。

（2）操作系统是公共服务提供者。它为系统中运行的用户进程提供各种服务，包括设备驱动程序、网络协议栈、中断处理、系统调用、文件系统、输入、输出等。

（3）操作系统的发展大致经历了批处理系统、分时系统等阶段。

（4）操作系统应用广泛，大到超级计算机，小到智能卡，到处都有操作系统。

（5）操作系统种类繁多。本章简单介绍了实时嵌入式系统、分布式系统、云计算系统等。

（6）操作系统品牌也很多。在 UNIX 家族操作系统中最为著名的有 BSD、GNU/Linux、Mac OS X 等。Windows 家族在桌面计算机市场一枝独秀。Android 是移动操作系统中最为流行的一个。

（7）熟练掌握 Windows 7 操作系统的基本使用及相关应用。

习　题

1. 你有一台计算机运行着 Windows 7，你需要找出上周安装了哪些应用程序，你需要怎么做？(单选)
   A. 从可靠性监视器，查看事件信息
   B. 从系统信息，查看软件环境
   C. 从性能监视器，查看系统诊断报告
   D. 从性能监视器，运行系统性能数据收集器
2. 你正在从一个 Windows XP Professional 的桌面上安装 Windows 7。在 Windows 7 的 DVD 光盘上可以执行哪些操作？(多选)
   A. 在 DVD 光盘上运行 setup. exe 启动 Windows 7 安装
   B. 使用 DVD 光盘的自动运行功能来启动安装
   C. 执行 Windows 7 完整安装
   D. 执行 Windows 7 升级安装，保存所有 Windows XP 的设置。
3. 什么是操作系统？计算机非要有操作系统吗？众所周知，做一件事情完全可以采用不同的方式，那么除了操作系统之外，是否还有其他什么办法也可以让计算机工作呢？发挥一下你的想象力，世界也许会因为你的异想天开而改变。
4. 操作系统分为哪几种？哪些操作系统是最常用的？它们各有哪些优缺点？

3 字处理软件应用

本章要点：

字处理软件是利用计算机进行文字处理工作而设计的应用软件，是办公室自动化的必备工具。它在文字输入、输出、编辑和存储方面提供了普通打字机无法提供的功能和极大的灵活性。本章介绍目前最受欢迎的字处理软件 Word 2007。主要内容包括：

· 认识 Word 2007
· 文档的基本操作
· 文档的基本编辑方法
· 文档的排版
· 表格制作
· 图形
· 页面排版和打印文档
· Word 2007 的网络功能

3.1 认识 Word 2007

3.1.1 Word 2007 简介

Word 2007 是 Microsoft Office 2007 的主要套件之一，具有 Windows 的图形操作界面，集文字处理、表格处理、传真、电子邮件、HTML 和 Web 页制作功能于一身，让用户能方便地处理文字、图形和数据。

3.1.2 启动和退出 Word 2007

3.1.2.1 *启动*

通常情况下，可以按以下三种方法来启动 Word 2007：

(1) 常规启动。单击系统“开始”菜单下“程序”子菜单中的“Microsoft Word”项。

(2) 快捷启动。双击桌面上的 Word 快捷方式图标。

启动 Word 2007 后，进入 Word 2007 的编辑窗口，如图 3-1 所示。

(3) 通过已有文档进入 Word 2007。如果进入 Word 2007 是为了打开一篇已有文档，那么可使用如下方法启动 Word 2007。

单击“开始”菜单中的“打开” Office 文档项，就会出现如图 3-2 所示“打开” Office 文档对话框，在“查找范围”列表框中找到所需文档，单击文档名，然后单击“确

图 3-1　Word 2007 中文版启动后的屏幕

定”按钮，就会在启动 Word 2007 的同时打开所选文档。

图 3-2　“打开” Office 文档对话框

3.1.2.2　退出

要退出 Word 2007，可采用以下几种方法之一：

（1）单击标题栏右侧的“关闭”按钮。

（2）单击标题栏左侧的“W”符号，在随之打开的快捷菜单中，单击“关闭”项。

（3）双击标题栏左侧的“W”符号。

（4）单击“文件”菜单中的“退出”项。

（5）按组合键 Alt+F4。

如果在退出操作之前，没有保存已被修改的文档，则在退出操作时，Word 2007 将会显示一个消息框，询问用户是否要保存对文档的修改。

3.1.3 Word 2007 窗口的组成

在启动 Word 2007 之后，Word 2007 的窗口就会出现在屏幕上，下面逐一介绍 Word 2007 各部分的名称以及它在文字处理中发挥的作用。

（1）标题栏。标题栏位于窗口的顶部，显示了当前文档的名字。首次进入 Word 2007 时，默认打开的文档名为“文档 1”。

（2）菜单栏。菜单栏位于标题栏下边，它有“开始”、“插入”、“页面布局”、“引用”、“邮件”、“审阅”、“视图”和“加载项”等九个菜单标题，如图 3-3 所示。

图 3-3 Word 2007 菜单栏

当鼠标移动到菜单标题上时，菜单标题就会凸起，此时单击鼠标左键，菜单就会下拉，在下拉的某个菜单项上单击鼠标，Word 2007 就会执行相应的命令。此外，也可以用键盘选择菜单项：按 Alt 键或 F10 会激活菜单栏，然后可用光标移动键和 Enter 键配合选择相应的菜单项。

（3）工具栏。工具栏位于菜单栏的下面。首次启动 Word 2007 时，只显示“常用”工具栏和“格式”工具栏。用户若要打开和关闭其他工具栏，可单击“视图”菜单的下拉选项“工具栏”，在随后打开的级联菜单中列出了 Word 2007 的所有工具栏，前面有“√”记号表示该工具栏已经被打开，单击此菜单项，就会关闭这个工具栏；若单击前面没有“√”记号的工具栏，就会打开它。在工具栏上有各种按钮和工具，当鼠标光标指向某个按钮时，按钮就会凸起，稍停片刻，按钮旁边就会出现一个小框，框中的文字表明了按钮的名称和它的作用，单击此按钮，即选择相应的操作命令。如果当前某个工具对应的功能不能被执行，该工具呈灰色。

“常用”工具栏包含了大多数常用的菜单命令，如文档的新建、打开、保存、打印、预览、拼写检查等。“格式”工具栏列出了大多数常用的字符和段落格式化命令，可用来快速设置文档的字体、字形、字体大小、对齐方式等。

将鼠标移动到工具栏上没有按钮和工具的地方，然后双击或拖动，就可以移动工具栏，将其放到文档窗口的任何位置，或将其归于原位。

（4）标尺。标尺位于文档窗口的上边（水平标尺）和左边（垂直标尺）。可以用标尺查看正文的高度和宽度，也可以方便地设置页边距、制表位、段落缩进等格式化信息。

（5）状态栏。状态栏位于窗口的底部，其中显示了当前页码、总页数、插入点当前所在的精确位置及当前时间等信息。

（6）文档窗口（文本区）。屏幕中间的大块区域是文档窗口，文档就在这里被显示、编辑和修改。在文档窗口中有个闪烁着的垂直条，称之为光标或插入点，它代表了文档的当前插入位置。

3.2 文档的基本操作

3.2.1 创建一个新文档

每次进入 Word 2007，Word 2007 都会建立一个新文档，并命名为“文档 1”。若已经启动了 Word 2007，则可使用下述方式之一建立一个空文档：

（1）单击“文件”菜单的“新建”命令，屏幕将会打开如图 3-4 所示的“新建文档”对话框，然后单击“空白文档”图标，Word 2007 将会创建一个新的空文档。

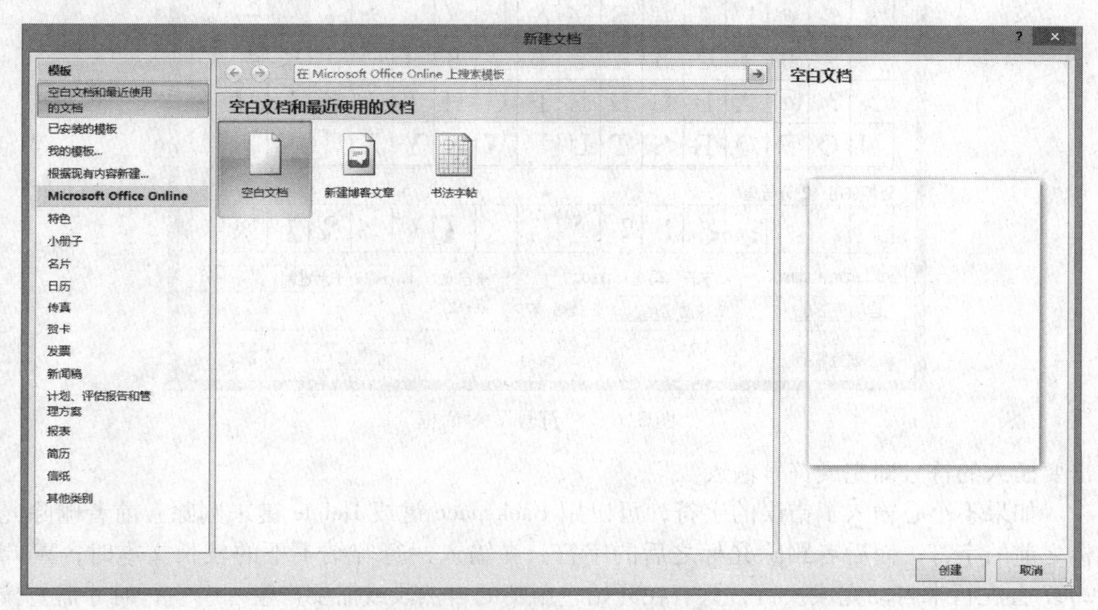

图 3-4 “新建文档”对话框

（2）单击“常用”工具栏上的“新建”按钮来新建一个空文档。

3.2.2 文档输入

新建成一个文档后，就可以往文档中输入文本了。

（1）光标定位。光标表示录入文本时的插入位置，除了用键盘定位光标外，还可以：在欲插入文本处单击鼠标左键，使光标定位在文档中已有文本的范围之内或是文档末尾处。

Word 2007 新增加了一种光标定位方法——即点即输：在当前文本范围以外的区域双击鼠标左键，即可将光标定位在该处。

（2）输入特殊符号。使用“符号”工具栏可插入一些常用符号。若要输入一些键盘上无法直接输入的符号，可以使用符号列表来输入，方法如下：

1）单击“插入”菜单中的“符号”项，如图 3-5 所示。

2）屏幕上会出现如图 3-6 所示“符号”对话框。

3）选择“符号”选项卡，单击要插入的符号，然后单击“插入”按钮，或者直接双

图 3-5 “插入”菜单中的“符号”项

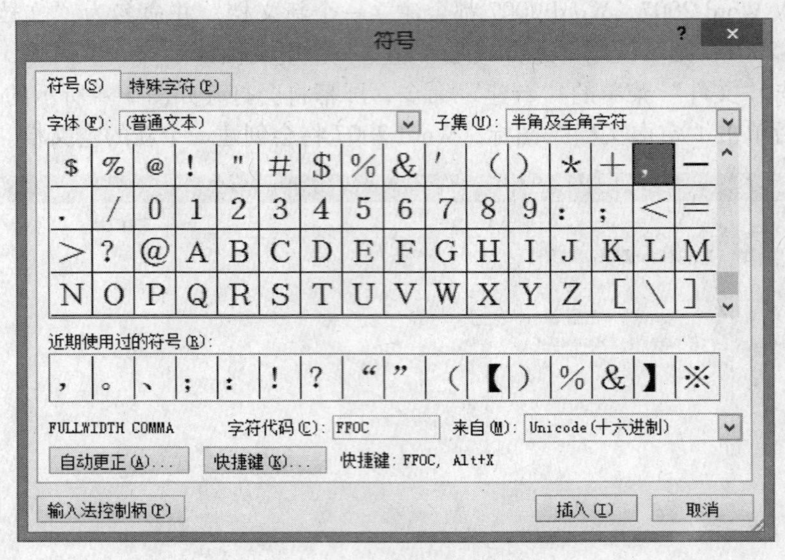

图 3-6 “符号”对话框

击要插入的符号即完成符号输入。

如果不小心输入了错误的字符，可以用 Backspace 键或 Delete 键来删除。前者删除光标之前的字符，而后者删除光标之后的字符。在输入一行容纳不下的较长文本时，Word 2007 会在行末自动完成换行；只有在开始一个新的自然段或需要产生一个空行时才需要按 Enter 键。按 Enter 键标志着一个段落的结束和一个新段落的开始。

3.2.3 保存文档

有以下两种方法保存被编辑的文档：

(1) 单击“文件”菜单中的“保存”项，或单击“常用”工具栏中形如软盘的图标，Word 2007 将以当前文档名保存被编辑文档。

(2) 单击“文件”菜单中的“另存为”项，Word 2007 将打开“另存为”对话框，由用户确定保存地点（路径名）和文档名。另外，需要特别注意，当对新文档实行第一次保存操作时，也将会打开“另存为”对话框。

3.3 文档的基本编辑

3.3.1 打开文档

在进行文字处理等办公自动化操作时，往往难以一次完成全部工作，而是需要对已输入的文档进行补充或修改，这就要将存储在软盘上的文档调入 Word 工作窗口，也就是打开文档。常用的打开文档方式有以下两种：

（1）单击“常用”工具栏中左边第二个按钮，图标为一本打开的书。

（2）单击“文件”菜单中的“打开”选项。

上述两种操作都将弹出“打开”对话框，可以从中选择指定文件，完成打开操作。

3.3.2 选定文本内容

在对某一部分文本进行编辑操作之前，必须告诉 Word 2007，要对哪一部分文本进行操作，这就是选定文本。在一般情况下，Word 2007 的显示是白底黑字，而被选中的文本则是黑底白字（高亮显示），很容易和未被选中的文本区分开来。

（1）基本的选定方法。先将鼠标移到欲选取的段落或文本的开头，然后拖曳经过要选择的内容，当松开鼠标按钮时，便完成了选定操作。选定效果见图 3-7。

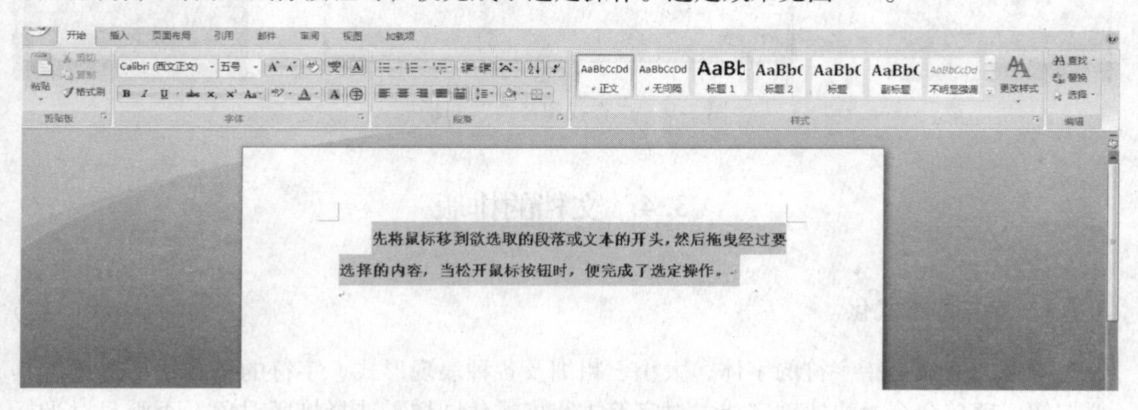

图 3-7 选定部分文本内容的效果

若使用键盘完成选定操作，可先将光标移到欲选取的段落或文本的开头，然后同时按住 Shift 键和光标移动键来选择内容，即可完成选定操作。若要取消选定，在文本窗口的任意处单击鼠标或光标移动键即可。

（2）利用选定区。Word 给用户提供了更快捷方便的选定方法。在文本区的左侧有一向下延伸的长条形空白区域，称为选定区。当鼠标移动到该区域时，鼠标箭头方向转为向右。单击该区域，光标所在行的整行文字即被选定，若在该区域拖曳，鼠标光标经过的每一行均被选定，如图 3-8 所示。

图 3-8 利用选定区选定两行文本后的情况

（3）查找和替换。如果想在一篇长文档中查找某段文字，或者想用新输入的一段文字代替文档中已有的且出现在多处的特定文字，可以使用 Word 2007 所提供的“查找和替换”功能。以完成替换功能为例。单击“开始”菜单中的“替换”项，打开如图 3-9 所示“查找和替换”对话框。在“查找内容”文本框中输入待查找文字，然后在“替换为”文本框中输入目标文字，单击“替换”按钮，则按默认方向查找到的第一个待替换文字并替换成目标文字，可按“查找下一处”按钮继续本操作；若单击“全部替换”按钮，则文档中的所有满足条件的文字均被替换成目标文字。

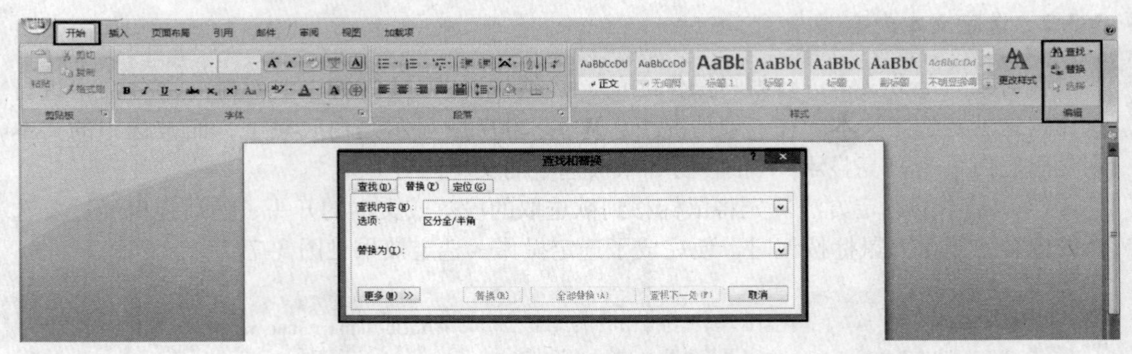

图 3-9　“查找和替换”对话框

3.4　文档的排版

3.4.1　字符的格式化

字符的格式是指字符的字体、大小、粗细及各种表现形式。字符的格式化可通过工具栏按钮、菜单命令及快捷键完成。对字符进行格式化同样需选择排版对象，否则只对光标处新输入的字符有效。下面依次介绍使用工具栏按钮和“字体”对话框的方法。

3.4.1.1　使用工具栏按钮

(1) 字体。单击“格式”工具栏的“字体”下拉列表，然后在列表中选择所需字体即可。一般英文字体只对英文字符起作用，而汉字字体则对汉字、英文字体都起作用。

(2) 字体的大小。单击“格式”工具栏的“字号”下拉列表，选择字号。其中汉字数码越小，字体越大；阿拉伯数字越小，字体越小。

(3) 字形。Word 2007 允许使用不同的字形。既可以让文本使用粗体、斜体，也可以给一段文本加下划线、边框、字符底纹，或者横向缩放字符。“格式”工具栏中各个按钮具有不同功能，可对文字做不同变换，如图 3-10 所示。按钮的作用与按钮的名字是一致的，例如，“加粗”按钮会使文字的笔画加粗；“倾斜”按钮会使文字倾斜。按钮的基本操作方法为：

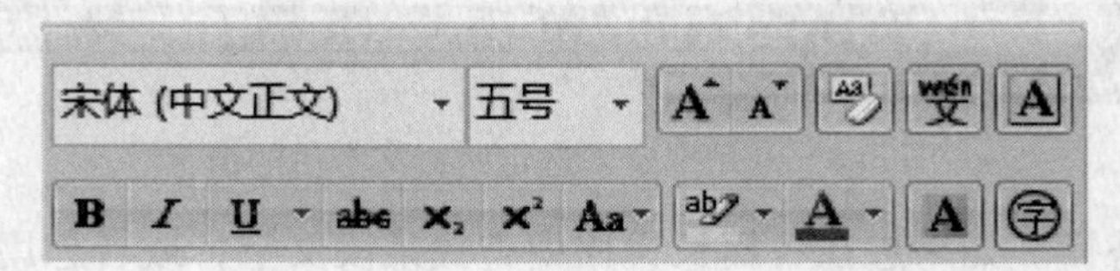

图 3-10　“格式”工具栏按钮

1）选定要改变字形的文本。

2）单击“格式”工具栏上的相应按钮之一，选定文本的字形就会随之发生相应的变化。

以上各个按钮可组合使用。例如，既加粗又加下划线。图 3-11 所示为字符格式化效果。

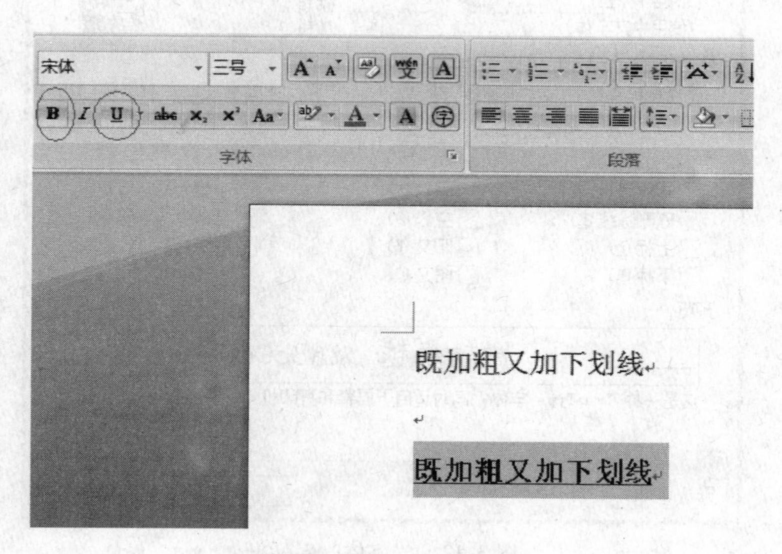

图 3-11　字符格式化效果

3.4.1.2　使用“字体”对话框

除了以上介绍的使用“格式”工具栏中的按钮外，还可以使用“字体”对话框来对字符进行格式化。在“字体”对话框中不仅可以设置字符的字体、字形、字号、颜色、效果，而且还可以设置字符间距并产生动态效果。此外，使用“字体”对话框还有一大好处，可以预览字符排版的效果。

首先选定需要进行字符排版的文本，鼠标右击选中文字，在弹出的快捷菜单中选择“字体”选项，此时会出现如图 3-12 所示的“字体”对话框。“字体”对话框中有“字体”、“字符间距”两个选项卡，底部有一个预览窗口，可以直接预览各种设置所产生的效果。

如图 3-12 所示，在“字体”选项卡中，可以设置字体、字形、字号、字符的颜色等，还可以设置各种效果，例如，加删除线，把选定文本变为上标和下标等。所有这些都可以在预览窗口中清楚地看到其效果。

图 3-13 所示是“字符间距”选项卡，在其中可以设置字符的缩放比例、字符的间距，字符的位置等内容。可以用“磅值”下拉列表框来微调字符间距和字符位置。

3.4.2　段落排版

段落排版包括：段落对齐方式设置、段前距离、段后距离、段落中的行距、段落的缩进方式等内容。

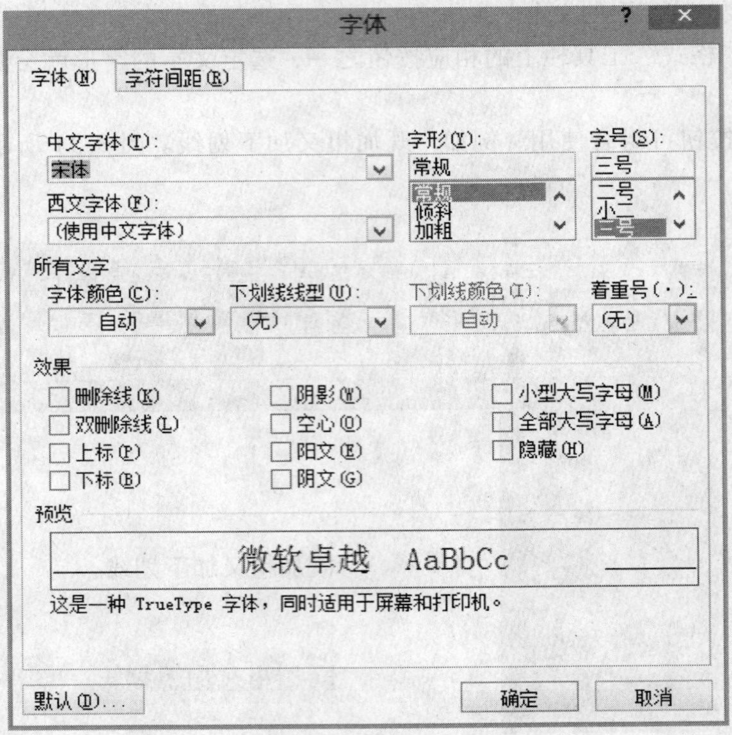
字体
字体(N)
字符间距(R)
中文字体(T):
宋体
字形(Y):
常规
常规
倾斜
加粗
字号(S):
三号
二号
小二
三号
西文字体(F):
(使用中文字体)
所有文字
字体颜色(C):
自动
下划线线型(U):
(无)
下划线颜色(I):
自动
着重号(·):
(无)
效果
删除线(K)
双删除线(L)
上标(P)
下标(B)
阴影(W)
空心(O)
阳文(E)
阴文(G)
小型大写字母(M)
全部大写字母(A)
隐藏(H)
预览
微软卓越 AaBbCc
这是一种 TrueType 字体，同时适用于屏幕和打印机。
默认(D)...
确定
取消

图 3-12 “字体”对话框

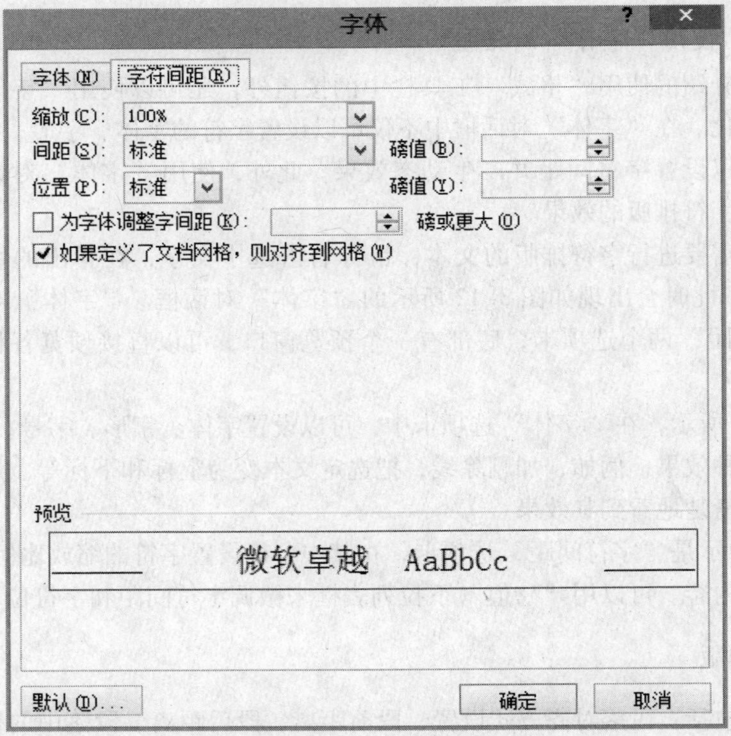
字体
字体(N)
字符间距(R)
缩放(C):
100%
间距(S):
标准
磅值(B):
位置(P):
标准
磅值(Y):
为字体调整字间距(K):
磅或更大(O)
如果定义了文档网格，则对齐到网格(W)
预览
微软卓越 AaBbCc
默认(D)...
确定
取消

图 3-13 “字符间距”选项卡

（1）段落对齐方式。“格式”工具栏上有四个段落对齐按钮，如图 3-14 所示。从左至右依次为“两端对齐”、“居中对齐”、“右对齐”和“分散对齐”，默认对齐方式为左对齐（即四个按钮均未被按下），选定需排版的文本内容后，用鼠标单击相应按钮即可实现所选的对齐方式。

图 3-14 段落对齐按钮

（2）段落缩进。

1）有关缩进的几个名词。

· 首行缩进：第一行缩进。

· 段落缩进：整个段落都缩进。

· 悬挂缩进：除首行外，其余各行缩进。

以上三种缩进效果如图 3-15 所示。

Office 2007 是 Microsoft 公司专为办公而设计的一套 Windows
环境下的集成应用软件。↵

(a)

Office 2007 是 Microsoft 公司专为办公而设计的一套 Windows
环境下的集成应用软件。↵

(b)

Office 2007 是 Microsoft 公司专为办公而设计的一套 Windows 环境
下的集成应用软件。↵

(c)

图 3-15 缩进效果
（a）首行缩进；（b）段落缩进；（c）悬挂缩进

2）用拖动标尺的方法进行缩进设置。拖动水平标尺两侧的三角块可进行如下缩进设置：

· 拖动左侧倒三角块，可设置光标所在自然段或被选定自然段的首行缩进；

· 拖动左侧正三角块，可设置光标所在自然段或被选定自然段的悬挂缩进；

· 拖动左侧的小方块，可设置光标所在自然段或被选定自然段的段落左缩进；

· 拖动右侧的三角块，可设置光标所在自然段或被选定自然段的段落右缩进。

3）用“段落”对话框进行段落排版。单击“格式”菜单选择“段落”项，可以打开“段落”对话框，如图 3-16 所示。在“段落”对话框中选择不同选项卡，可做相应设置。

3.4.3 项目符号和编号

文档中的段落需要编号时，可使用 Word 提供的自动编号功能来提高工作效率，特别是需要调整和修改编号内容时，更可显示其编号的智能特性。

（1）自动编号。

1）单击“格式”工具栏中的“编号”按钮。

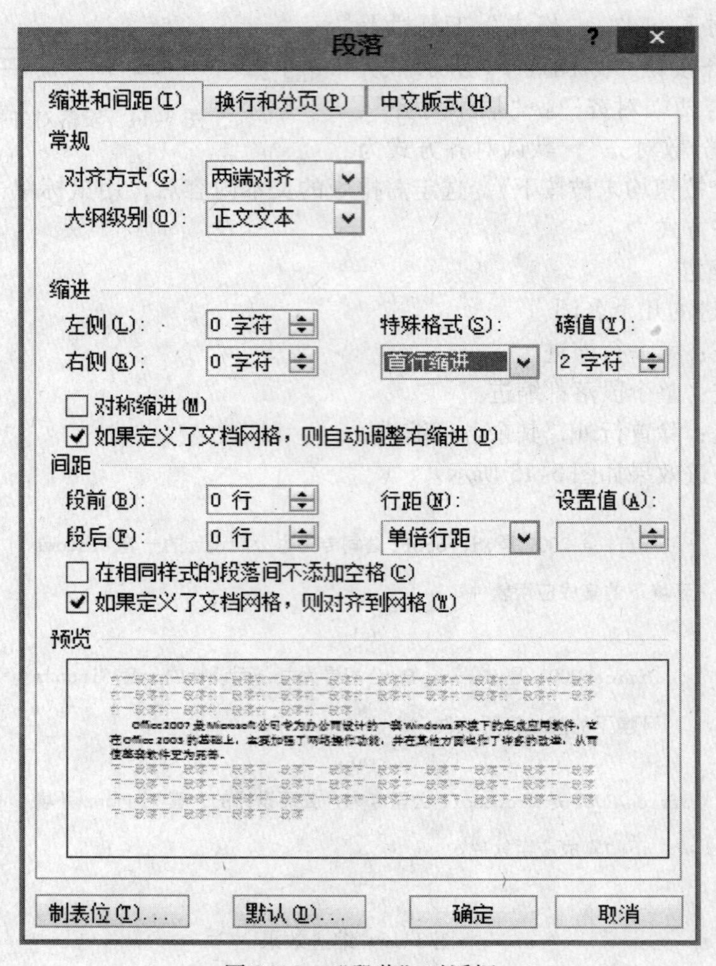

图 3-16 “段落”对话框

2）这时光标处会出现“1.”数字编号，输完本段文字，按〈Enter〉键换行时，自动出现“2.”数字编号。

3）如果想删除某一条的内容，做删除操作，编号会自动重新排列。

（2）改变编号顺序。

1）选择需要编辑的文本内容。

2）在“格式”菜单中，选择“项目符号和编号”项，打开“项目符号和编号”对话框，选择“编号”选项卡，如图 3-17 所示。

·选择“重新开始编号”设置，可以重新开始编号。

·选择“继续前一列表”设置，可以继续前一列表的编号。

（3）改数字编号为项目编号。

1）直接按“格式”工具栏的“项目符号”按钮，可进行这种更改。

2）或在“格式”菜单中，选择“项目符号和编号”项，打开“项目符号和编号”对话框，选择“项目符号”选项卡，如图 3-18 所示。

·选择所需的项目符号。

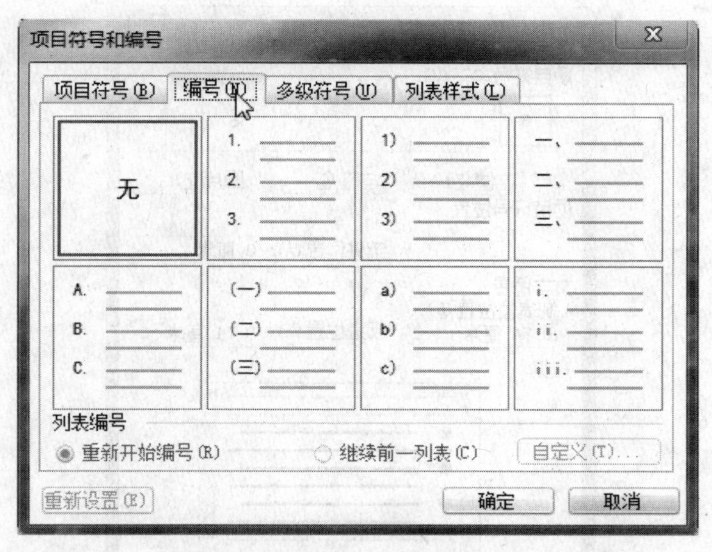

图 3-17 “项目符号和编号”对话框之“编号”选项卡

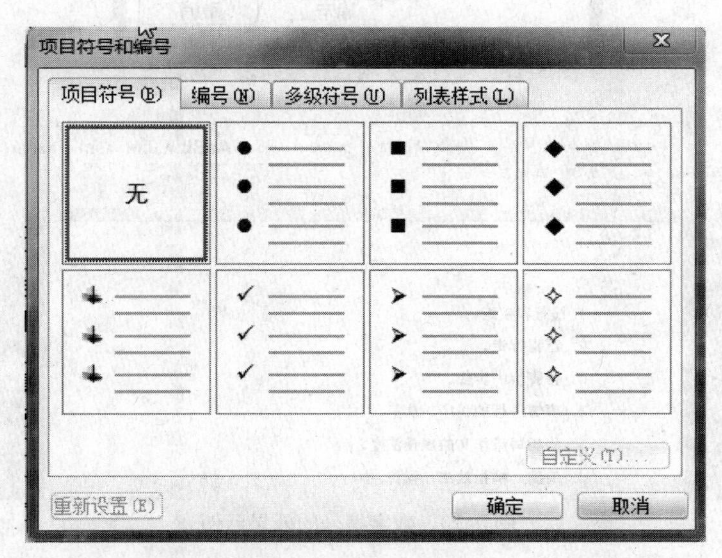

图 3-18 “项目符号和编号”对话框之“项目符号”选项卡

· 单击“自定义”，可更改符号的形状、大小等设置。“自定义项目符号列表”对话框，如图 3-19 所示。
· 图 3-20 和图 3-21 所示分别为数字编号和项目符号的效果示例。

3.4.4 分栏

多栏排版是常用的排版方法，图 3-22 所示是两栏排版的效果。Word 2007 提供的分栏工具可帮助实现这种排版方式。

（1）设置分栏。

1）在“页面布局”菜单中选择“分栏”项，打开如图 3-23 所示的“分栏”对话框。

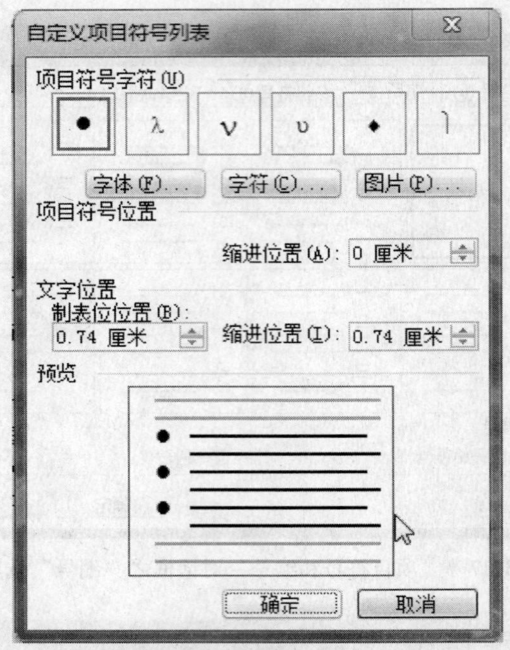

图 3-19 “自定义项目符号列表”对话框

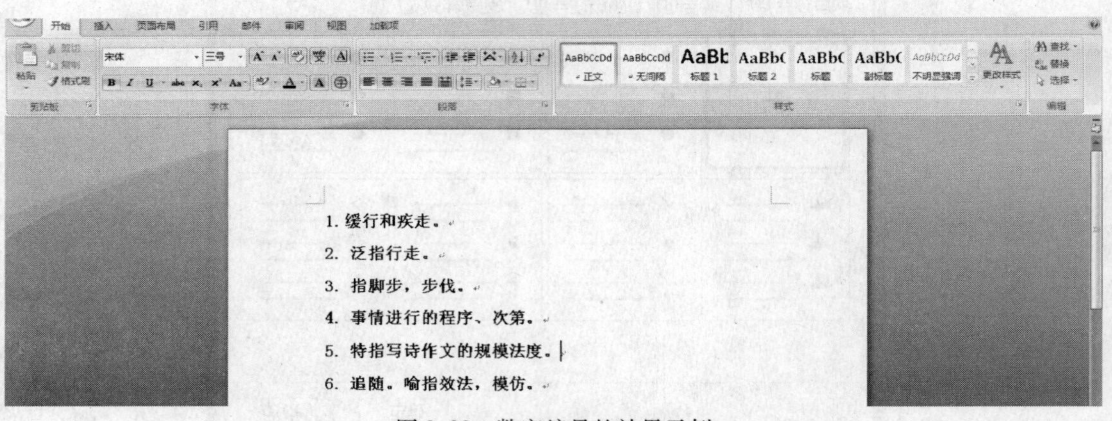

图 3-20 数字编号的效果示例

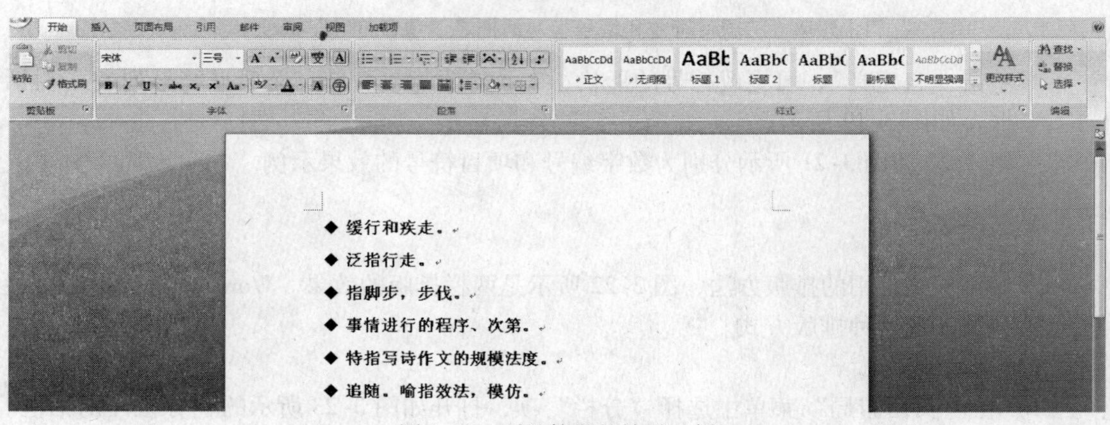

图 3-21 项目符号的效果示例

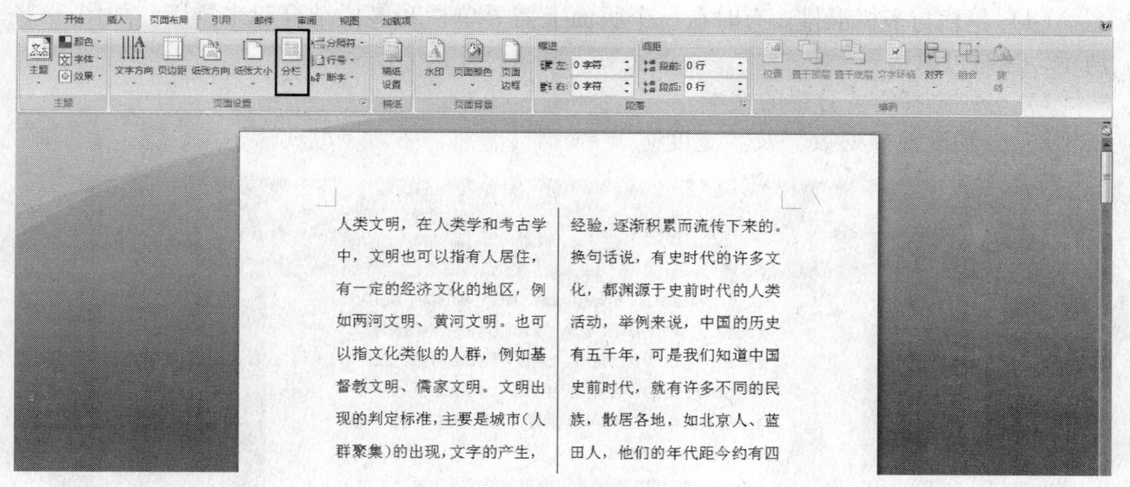

图 3-22　两栏排版的效果

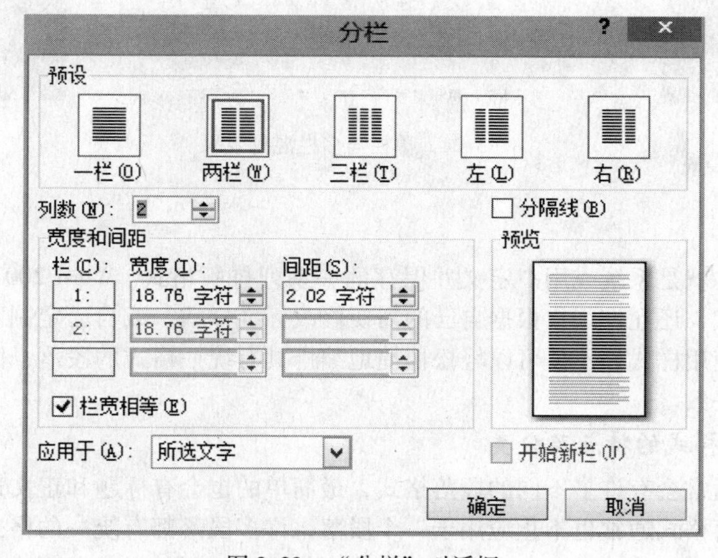

图 3-23　“分栏”对话框

2）在“预设”区域中选择分栏方式，可以等宽地将版面分成两栏、三栏；若栏宽不等，则只能分成两栏。

3）可通过自定义设置“列数”、“宽度和间距”来确定分栏形式。

4）可以选择是否在各栏之间加“分隔线”。

5）可以从“预览”区域中预览效果。

6）按“确定”按钮回到文本编辑区。

7）分栏操作只有在页面显示状态下才能看到效果。

(2) 调整栏数。在“分栏”对话框中，将“列数”重新设置即可。

(3) 调整栏宽。

1）在“分栏”对话框中更改栏宽数据。

2）或者拖动标尺直接改变栏宽。

（4）单栏与多栏混排。有时在一个版面上需要单栏和多栏结合起来排版，如图 3-24 所示，这时可以：

1）分别选择需要分栏的文本。

2）分别设置“列数”及“宽度”。

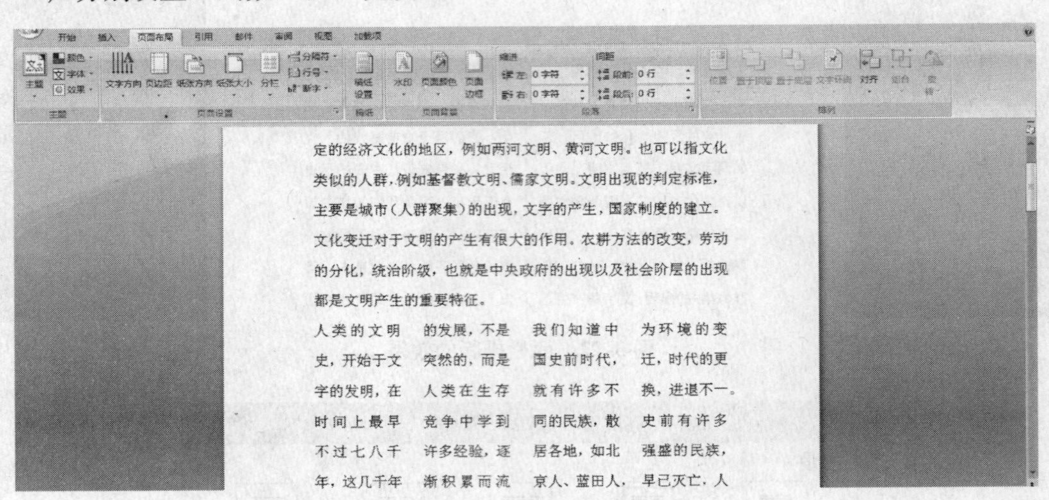

图 3-24 单栏与多栏混排效果

3.4.5 样式

所谓样式，就是系统或用户定义并保存的一系列排版格式。Word 2007 中文版不仅预定义了标准样式，还允许用户根据自己的需要修改标准样式，或自己定制字体、段落、制表位和边距。使用样式，不仅可以轻松快捷地编排具有统一格式的段落，而且可以使文档格式严格保持一致。

3.4.5.1 样式的特点及分类

一篇文档通常会有许多不同的段落格式，最简单的也会有标题和正文这两种不同的格式。同一种段落格式通常也不止应用于一个段落，许多段落都有统一的格式，如段落对齐方式，段间距等。重复地设置各个段落的格式不仅繁琐，而且很难保证这几个段落的格式会严格地相同。样式的使用能顺利地解决上述问题。样式实际上是一组排版格式指令，这些格式包括字体、制表位、段落对齐方式、段落间距等。样式的一个特点是便于修改，因此在编排一篇文档时，可以先将文档中要用到的各种样式分别加以定义，然后再将样式应用于各个段落，这样可以大大提高文档的编排速度。

样式可以按两种方式分类。从应用范围来说，样式可以分为段落样式和字符样式；从定义形式来说，可以分为预定义样式和自定义样式。

3.4.5.2 查看和显示样式

若要查看当前文档中使用的样式列表，可在“格式”工具栏上打开“样式”下拉菜单，如图 3-25 所示。

单击菜单中的某一样式，可将该样式应用于当前光标所在的段落或选定的段落。如果要将样式应用于多个段落，可将这些段落全选定，再在“样式”下拉菜单中单击所需的样式名。

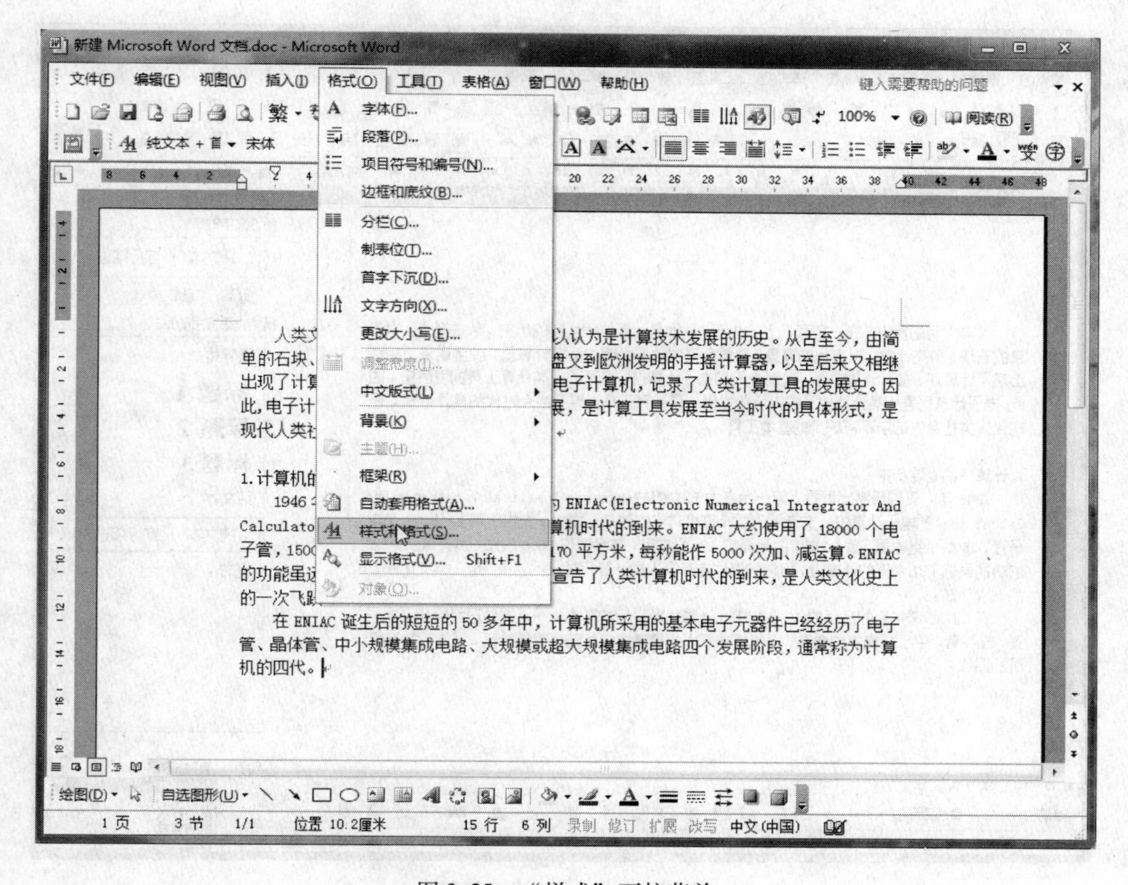

图 3-25　“样式”下拉菜单

查看样式的另一种方法是单击“格式”菜单的“样式”菜单项，打开“样式”对话框，如图 3-26 所示。“样式”对话框中各选项的含义如下：

(1)“样式类型”下拉列表框决定“样式”列表框中出现的样式类型，有“正在使用的样式”、“所有样式”和“用户定义的样式”三个选项。

(2)“样式”列表框根据“样式类型”下拉列表框中的类型列出该类型的样式名。

(3)“段落预览”框显示选取的样式用于选定的段落的效果。

(4)“字符预览”框显示选取的样式用于选定的字符的效果。

(5)“说明”区域显示选取的样式的具体定义。

(6)“管理器”按钮用于将一篇文档或模板中的某种样式复制到另一篇文档或模板上。

(7)“新建”按钮用于自定义新样式。

(8)“更改”按钮用于修改已存在的样式。

(9)“删除”按钮用于删除已存在的样式。

(10)“应用”按钮表示将选取的样式应用于选定的文本。

(11)“取消”按钮表示在未选取任何样式的情况下关闭“样式”对话框。

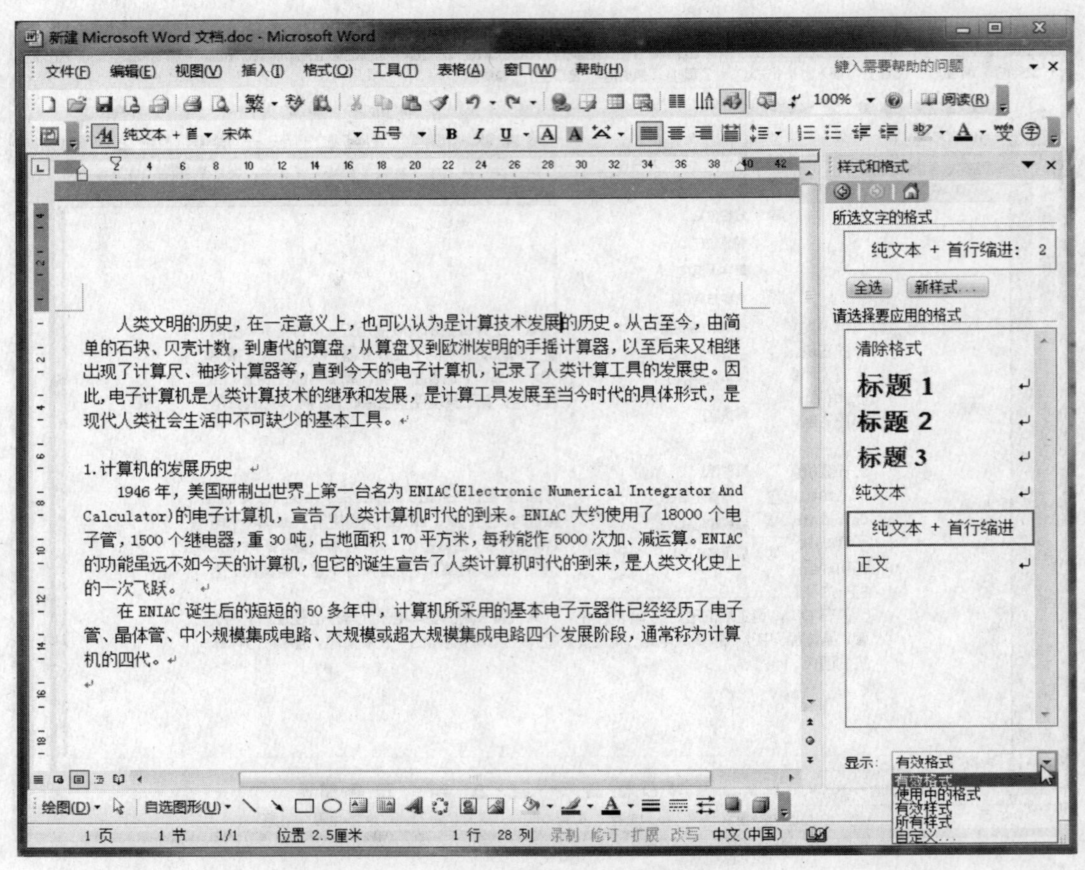

图 3-26 “样式”对话框

3.4.6 使用模板

当文档中有多个段落具有同样的格式设置时，可以将段落格式设置定义为一种样式，然后只需将样式赋予相应的段落就可对相应的段落进行快速排版，使多个段落具有相同的格式设置。这在前面已详细作了讨论。

当要编排的多篇文档具有相同的格式设置时，例如，相同的页面设置、相同的样式、部分相同的文字等，就可以使用模板。所谓模板，就是一种特殊文档，它具有预先设置好的、最终文档的外观框架，它可包括以下内容：

（1）同一类型文档（如信函、备忘录等）中相同的文本和图形。当用户调用模板创建新文档时，Word 自动将文本和图形插入该文档中。

（2）段落排版的样式，包括字体、字号、缩进格式等。

（3）标准文本、插入图形以及公司标记等。

因此，将文档的各种相同的格式定义为模板，就可对文档进行快速格式化编排，并保持文档格式的严格一致。

Word 不仅预定义了模板，也允许用户自行定义模板，下面详细讨论模板的定义和使用等问题。

3.4.6.1 使用模板创建新文件

用户可用 Word 2007 提供的常用模板创建新文档，其操作方法如下：

（1）单击“文件”菜单的“新建”菜单项，打开“新建”对话框。该对话框有八个选项卡，每个选项卡都有一定数量的模板。图 3-27 所示是“模板”对话框的“信函和传真”选项卡。

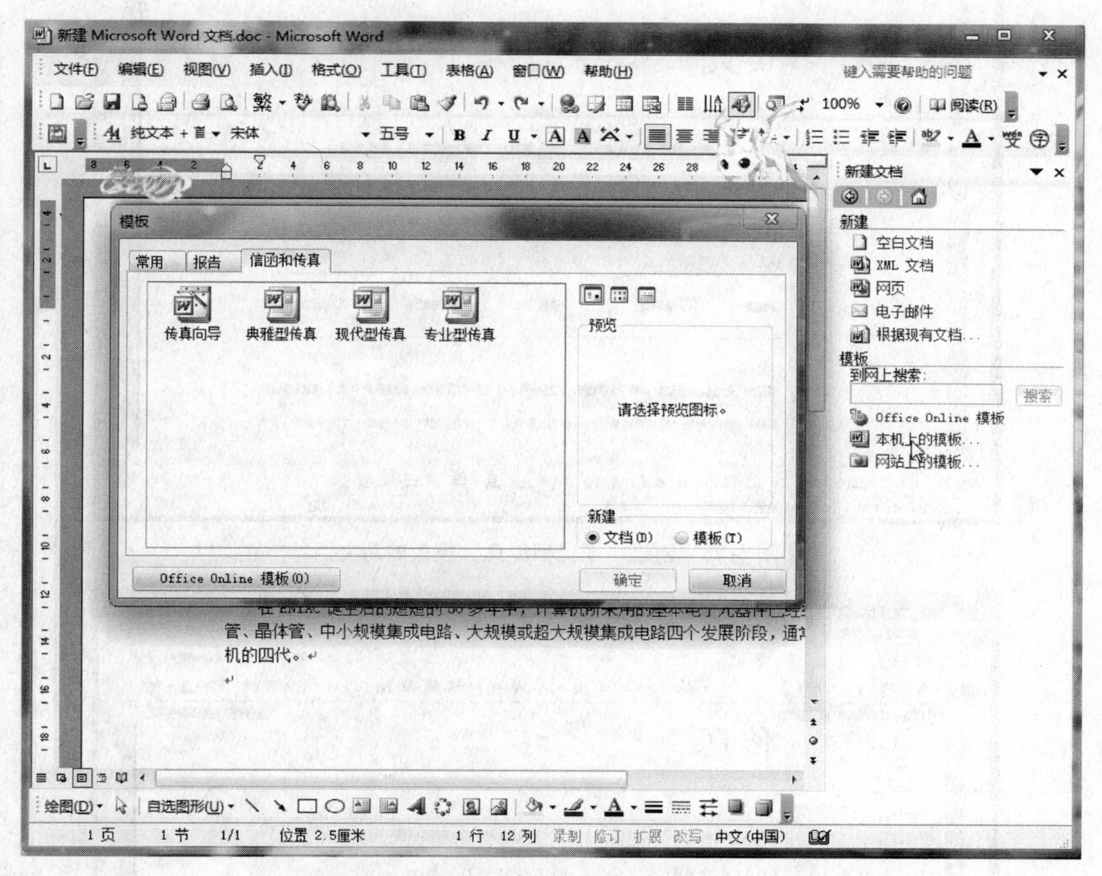

图 3-27 中文“信函和传真”选项卡

（2）在选定的选项卡上双击需要的模板文档名，创建基于该模板的新文档例如，双击中文“信函和传真”选项卡上的“现代型传真”，则创建“现代型传真”模板的新文档，如图 3-28 所示。

用常用模板创建新文档时，应确保“新建”对话框上“新建”选项组中的“文档”单选项被选中。

按照提示，输入用户需要的信息，删除用户不需要的信息。例如，将刚才的新文档填上用户的信息后，效果如图 3-29 所示。将文档保存为以 .doc 为扩展名的文件。

注意：用模板创建新文档并输入用户的信息，只是对模板样式和模板预设文本的复制，它不会对模板本身产生任何影响。

3.4.6.2 创建模板

用户可以自己创建模板。创建模板有两种方法：一种是利用已存在的文档创建模板，

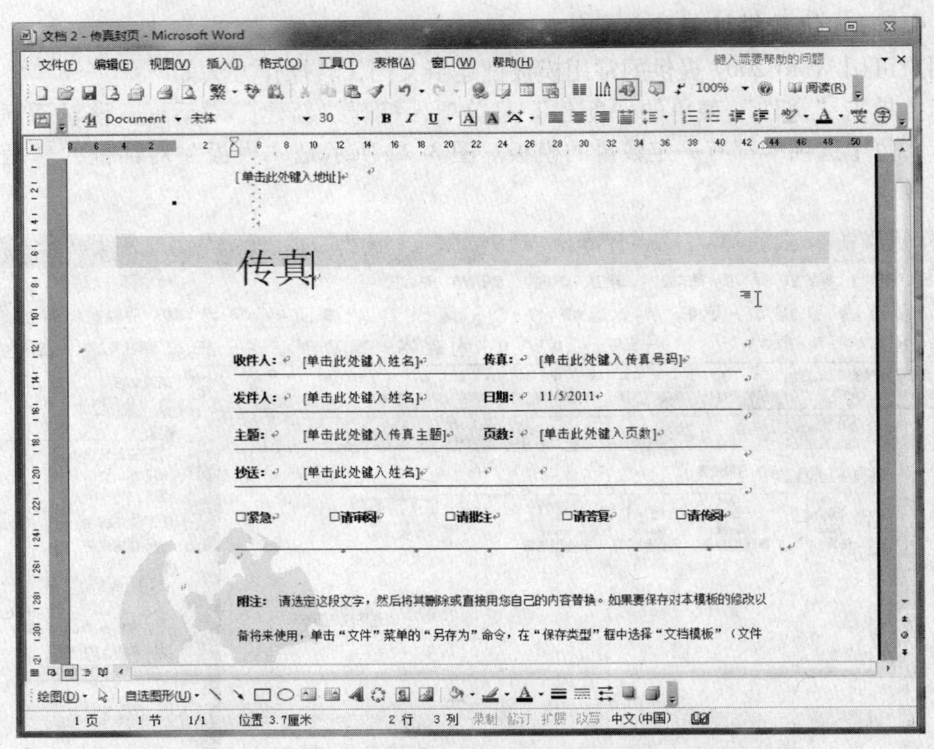

图 3-28 创建“现代型传真”模板的新文档

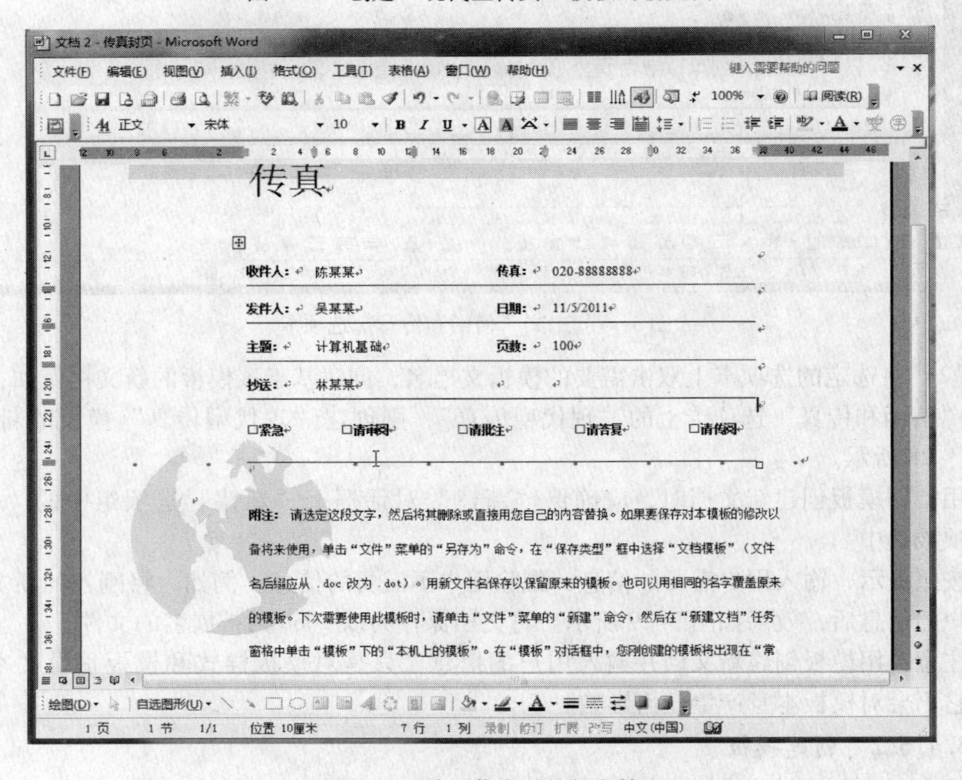

图 3-29 输入信息后的新文档

另一种是新建模板，下面仅对前一种方法进行讨论。

利用已存在的文档创建模板的操作非常简单：在该文档打开的情况下，单击“文件”菜单的“另存为”菜单项，打开“另存为”对话框，如图3-30所示。

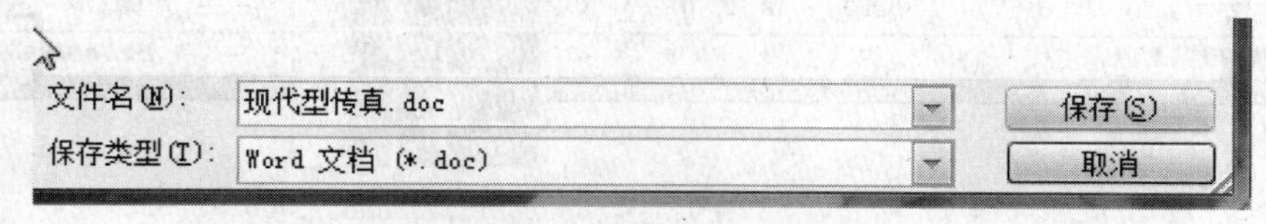

图3-30 “另存为”对话框

从“保存类型”下拉列表框中选择“文档模板（.dot）”选项，然后在“文件名”文本框中为模板起名，再在“保存位置”下拉列表框中选择“Template”文件夹，最后单击“确定”按钮，一个新的模板就产生了。

3.4.6.3 保存模板

模板也是一类文件，以.dot为扩展文件名，因而用户可以将模板保存在任何指定的文件夹中。但是，只有保存在“Template”文件夹及其子文件夹下的模板才会出现在“新建”对话框的相应选项卡上，才有利于用户创建基于某模板的新文档，因此最好不要将模板保存在其他文件夹中。

“新建”对话框上有8个选项卡，分别为：“常用”、“信函和传真”、“备忘录”、“报告”、“出版物”、“其他文档”、“Web页”、“Other”。除“常用”选项卡外，其余7个选项卡分别对应于“Template”文件夹中相应的子文件夹。

这七个文件夹客观上已将模板分了类，用户保存模板时最好将其与相应的类放在一起，这样更方便查找。如果将模板直接保存在“Template”文件夹中，则该模板会出现在“新建”对话框的“常用”选项卡上。

3.5 表 格

3.5.1 表格的建立

在文档中，表格处理占有很大的比例，在Word 2007中表格的排版与文本的排版基本相似，但也有其特点。

Word 2007提供的表格处理功能可以方便地处理各种表格，特别适用于一般文档中包括的简单表格，如课程表、作息时间安排表等，如果要制作较大型、复杂的表格，如年度销售报表，或是要对表格中的数据进行复杂的计算、分析，则应选择Excel 2007。

3.5.1.1 创建表格

（1）工具栏按钮的方法——直接插入表格。

1）单击“常用”工具栏上的“插入表格”按钮。

2）按住鼠标左键并拖动到所需表格的行列格数。

3）松开左键，这时窗口中会出现带虚线框的表格，如图3-31所示。

（2）菜单的方法——按行列定制表格。

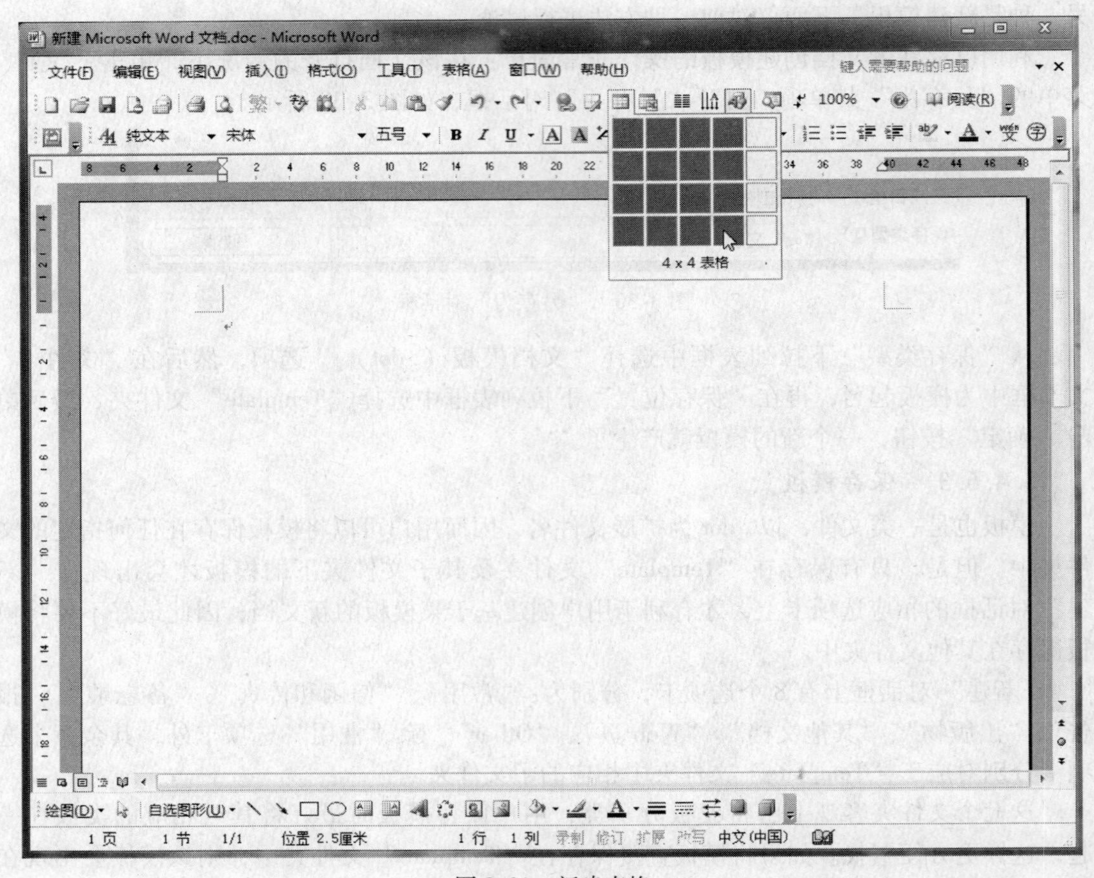

图 3-31　新建表格

1）单击“表格”菜单中的“插入表格”项，这时出现如图 3-32 所示的“插入表格”对话框。

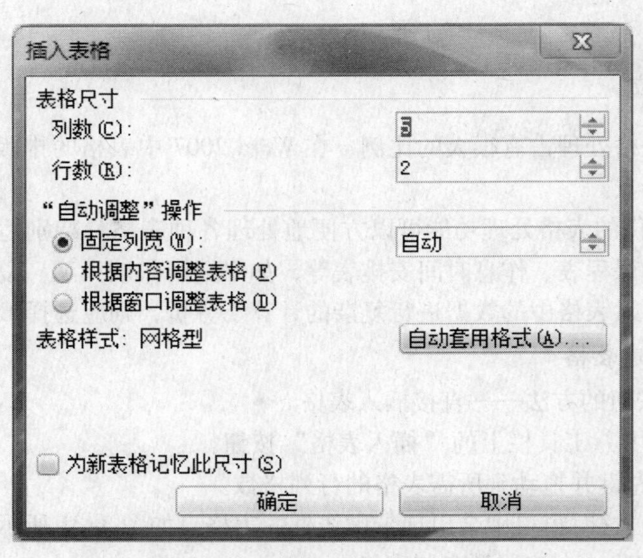

图 3-32　“插入表格”对话框

2）选择所需的行列数。

3）单击“确定”按钮即可。

3.5.1.2 补充表格线

经上述方法创建了规则表格后，若需增添或删除表格线以满足不同的表格形状，可打开“表格和边框”工具栏，如图 3-33 所示。

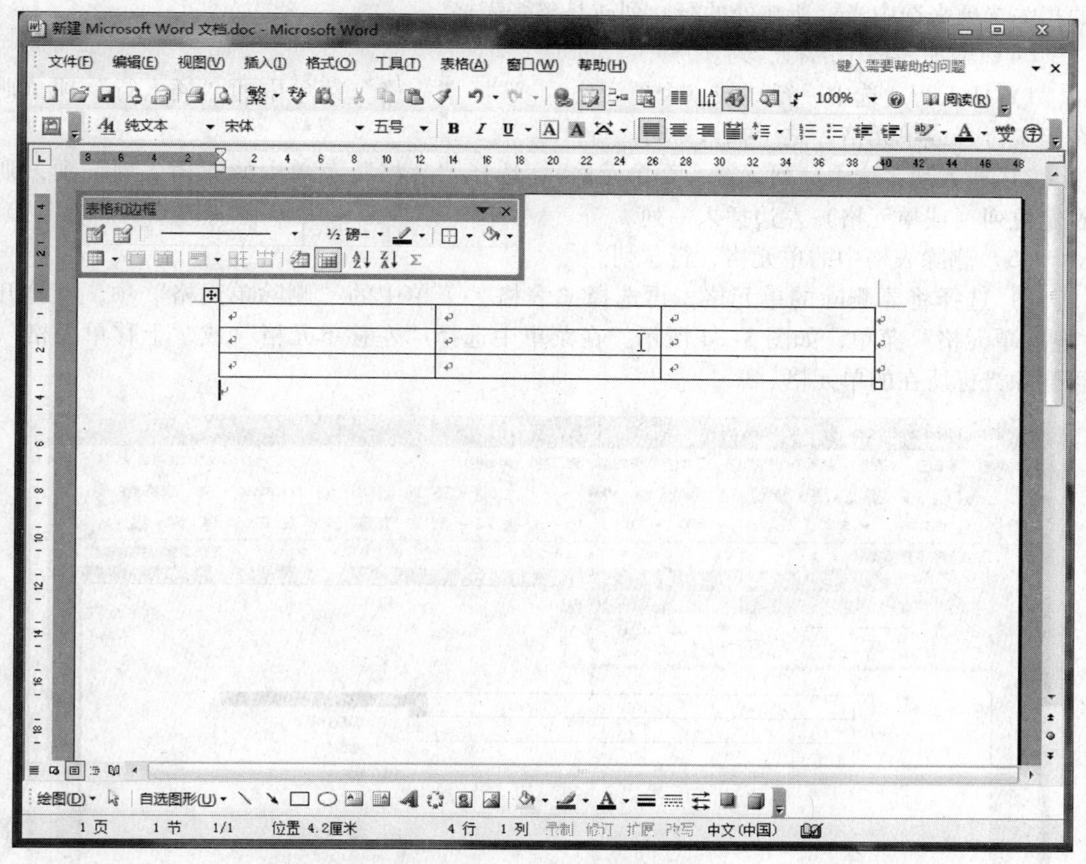

图 3-33 “表格和边框”工具栏

单击“绘图工具”按钮后，光标呈一铅笔状，可用于在表格中画水平、垂直及斜线（在线段的起点单击鼠标左键并拖曳至终点释放）；单击“橡皮擦”按钮后，光标呈橡皮擦状，沿表格线拖曳可删除该表格线。也可使用下面介绍的表格的“拆分与合并”功能，完成不规则表格的绘制。

3.5.2 表格的编辑

（1）表格中的光标定位。直接将鼠标指针定位到所需的单元格中。

（2）在表格中输入文本。对于表格，可以将其中的每一个单元格看作独立的文档来输入文本，这意味着，按 Enter 键将会在该单元格中另起一行。

（3）在表格中选择文本。可按前述文本选择方法进行表格中的文本选择。

1）选中一个单元格：将鼠标指针移到所需单元格内，单击左键即可。

2）选中一行：将鼠标指针移到该行的左端边沿处（即选定区），单击左键即可。

3）选中一列：将鼠标指针移到该列的顶端边沿处，光标呈黑色实心箭头，单击左键即可。

4）选择整个表格：将鼠标指针指向表格的左端边沿处（即选定区），按 Ctrl+单击左键即可。或者鼠标单击表格左上角的符号，也可选择整个表格。还可使用“表格”菜单中的相关选项来选中光标所在处的行、列或是整张表格。

（4）增加表格中的行、列。

1）插入行：选中一行（或一个单元格），选择“表格”菜单中的“插入行”项，则在定位行（或单元格）之上插入一行。

2）插入列：选中一列（或一个单元格），选择“表格”菜单中的“插入列”项，则在定位列（或单元格）左边插入一列。

（5）删除表格中的单元格、行、列。

1）选择将要删除的单元格，再选择“表格”菜单中的“删除单元格”项，可打开“删除单元格”菜单，如图 3-34 所示。在菜单中选择“左移单元格”或“上移单元格”，可删除光标所在的单元格。

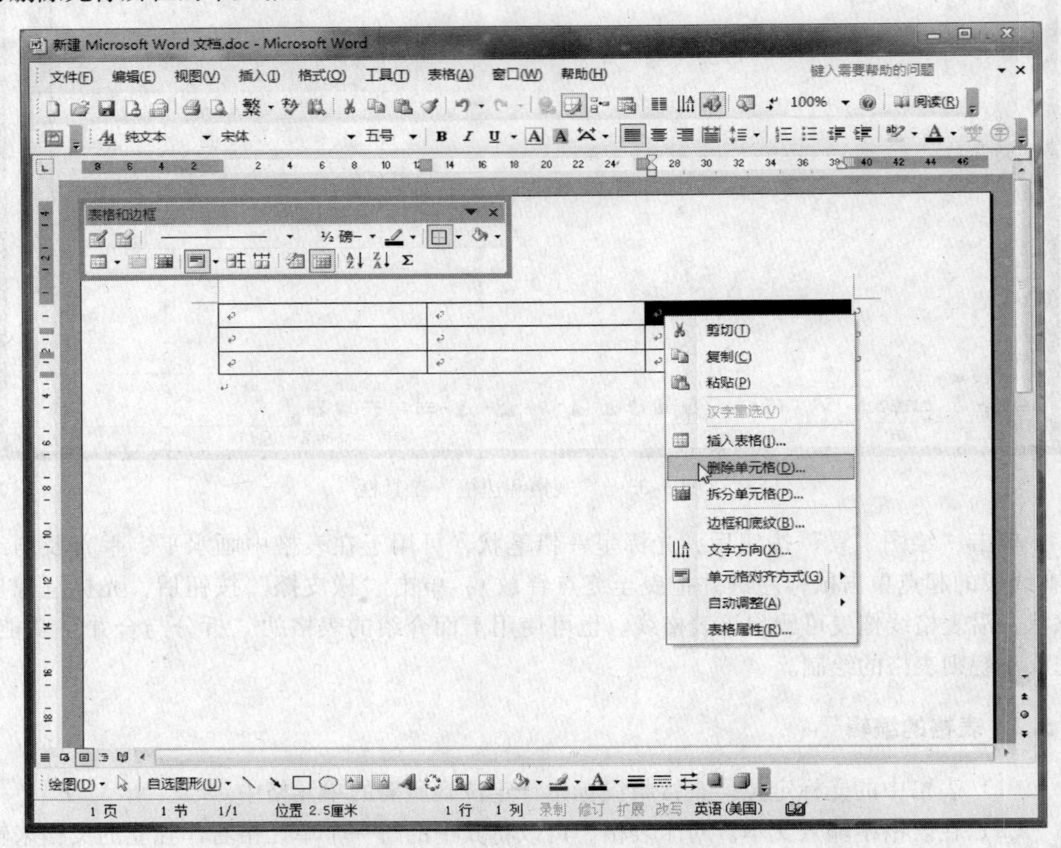

图 3-34 “删除单元格”菜单

2）在“删除单元格”菜单中选择“整行删除”，可删除一行，或直接在“表格”菜单中选择“删除行”菜单项。

3）在“删除单元格”菜单中选择“整列删除”，可删除一列，或先选中一列，然后直接在“表格”菜单中选择“删除列”菜单项。

（6）表格行高、列宽的调整。

1）拖动标尺的方法。将光标移到所选表的任一格中，拖动水平标尺对应标记可改变列宽，拖动垂直标尺对应标记可改变行高。

2）拖动表格线的方法。将光标对准列（行）格线直到光标变成夹子形状，开始拖动光标，可按需要改变列宽（行高）。若希望表格中的各行高（列宽）相等，可将光标定位在某一单元格中，单击“表格”菜单中的“平均分布各行高（列宽）”来进行调整。

（7）表格中文字的编辑。在表格中进行文字编辑与编辑正文一样。首先选择编辑对象，然后进行复制、删除、移动等操作。

（8）拆分表格。拆分表格主要是指将一个表格分为两个表格的情况。首先将光标移到要拆分成第二个表格的第一行上，然后选择“表格”菜单中的“拆分表”选项即可。

（9）拆分及合并单元格。

1）拆分单元格。选定需要拆分的单元格，然后单击“表格”菜单中的“拆分单元格”选项。

2）合并单元格。选定需要合并的单元格，然后单击“表格”菜单中的“合并单元格”选项。

3.5.3　格式化表格

3.5.3.1　边框与底纹

（1）表格虚框显示控制。表格未加边框时，表格只能见到虚框。可用下述方法显示或隐藏该虚框：

1）菜单方法：在“表格”菜单中选择“显示虚框”（或“隐藏虚框”）选项。

2）工具栏按钮方法：单击“表格和边框”工具栏中的“显示虚框”（或“隐藏虚框”）按钮。

（2）边框设置。

1）菜单的方法。

①选择需要加边框的表格单元或整表。

②单击“格式”菜单的“边框和底纹”选项，在随后打开的“边框和底纹”对话框中选择“边框”选项卡，如图3-35所示。

③在“线型”列表中选择线型。

④在“颜色”列表中选择颜色。

⑤在“宽度”列表中选择线条的粗细。

⑥在“底纹”选项卡中，可以选择“底纹色”、“前景色”、“背景色”等底纹效果，以突出表格的某部分。

⑦在“页面边框”选项卡中，可以设置整页的边框。图3-36所示为一表格实例。

2）工具栏按钮的方法。选择需要加边框、底纹的表格或单元格。

①在“表格和边框”工具栏中，有“线型”、“底纹”、“位置”等按钮。

②“表格和边框”工具栏中的“绘制表格”按钮（呈铅笔状），可用于随意地画表

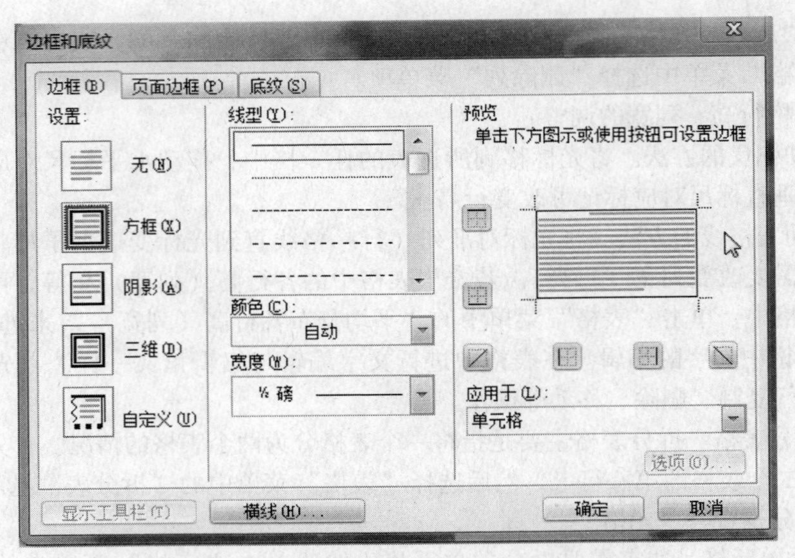

图 3-35 “边框和底纹”对话框之“边框”选项卡

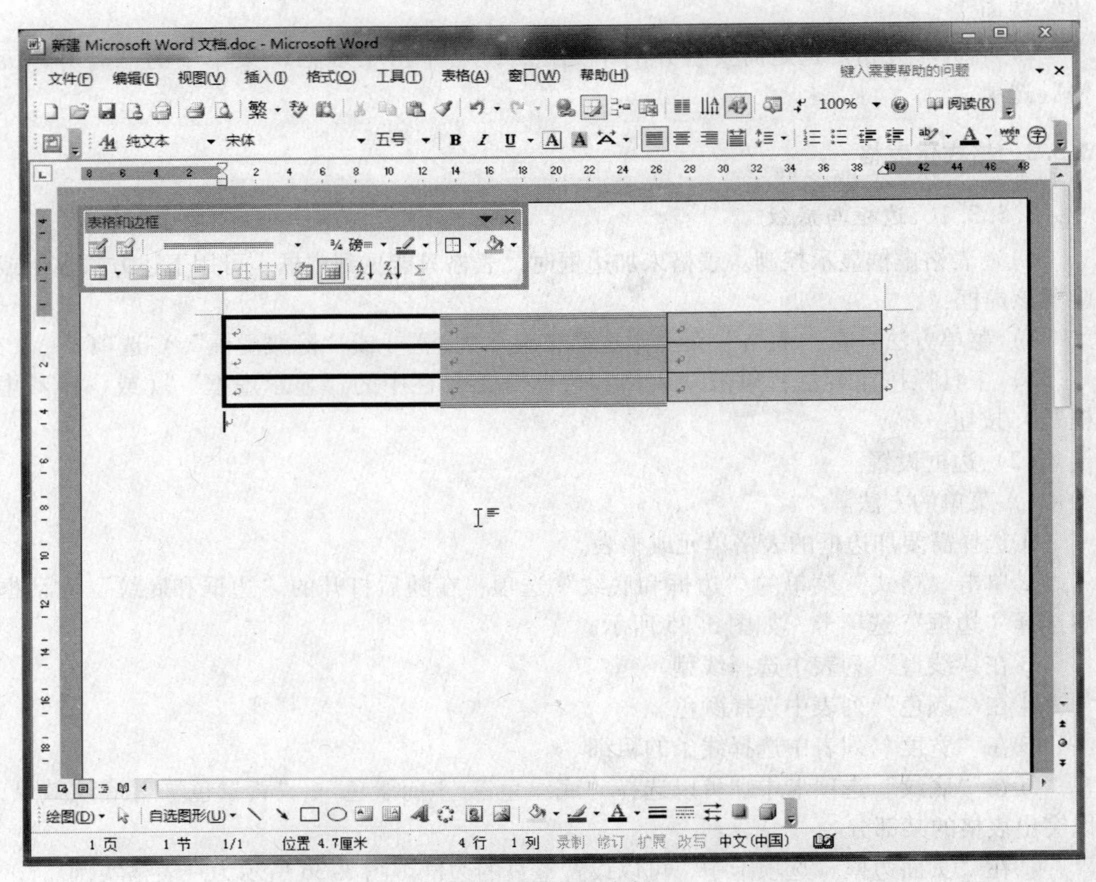

图 3-36 表格实例

格线。

③“擦除”按钮类似橡皮，可删除任一表格线。

3.5.3.2 居中

（1）表格居中：选定整表，单击“格式”工具栏上的“居中对齐”按钮。

（2）表格中文字水平居中：选定单元格，单击“格式”工具栏上的“居中对齐”按钮。

（3）表格中文字垂直居中：选定单元格，单击“表格和边框”工具栏上相应定位按钮。

3.6 图 形 功 能

Word 2007 具有强大的图文混排功能，可以方便地给文档加上插图，使其图文并茂，更加引人入胜。Word 2007 提供了多种对象，包括图片、图形、艺术字体、文本框和图文框等，用户可以对这些对象进行插入、删除、修改等编辑操作。

3.6.1 插入对象

插入对象的操作可以使用下述两种方式之一：

· 单击“插入”菜单第三组中的相应选项。

· 单击“绘图”工具栏中的相应按钮，如图 3-37 所示。

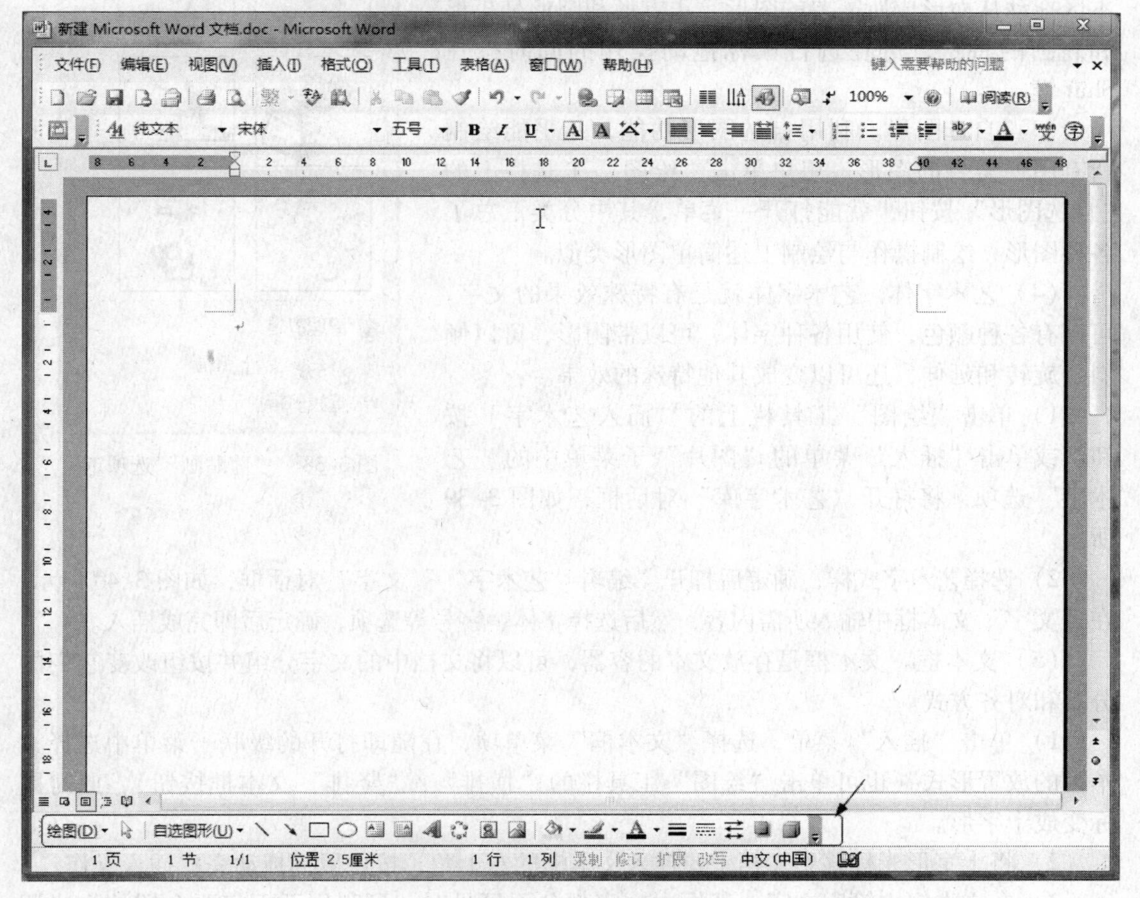

图 3-37 “绘图”工具栏

大多数图形对象均可用“绘图”工具栏进行插入和编辑，用户可将鼠标逐一放在“绘图”工具栏的各个按钮上，看看弹出的按钮名。

(1) 图片。可以从剪辑库中插入剪贴画或图片，也可以在其他程序或位置插入图片或扫描图片。以插入剪贴画为例，操作方法如下：

1) 将光标置于要插入图片的地方。

2) 单击“插入”菜单，选择其中“图片”菜单项，则在该项菜单的右边出现一个级联子菜单，选择其中的“剪贴画”菜单项，将打开“Microsoft 剪辑库”对话框。

3) 选择“Microsoft 剪辑库”对话框中的“剪贴画”选项卡，如图 3-38 所示。然后在列表框中选择剪贴画，单击“插入”按钮，完成操作。类似的操作可以插入图片。

图 3-38 “剪贴画”选项卡

(2) 简单图形。Word 2007 允许在文档中直接绘图。若绘制直线、箭头、矩形和椭圆，只需先按下该图形在“绘图”工具栏上的对应按钮，然后将鼠标在文本区拖动从而形成所需要的图形。正方形和圆形是矩形和椭圆的特例，可在进行鼠标拖动操作的同时按住 Shift 键。

(3) 自选图形。利用自选图形功能，几乎能绘制所有用户需要的图形。用户单击“绘图”工具栏上的“自选图形”按钮，就能打开一菜单，其中分类汇总了各种图形，绘制操作与绘制上述简单图形类似。

(4) 艺术字体。艺术字体就是有特殊效果的文字，可以有各种颜色，使用各种字体，可以带阴影，可以倾斜、旋转和延伸，还可以变成其他特殊的效果。

1) 单击“绘图”工具栏上的“插入艺术字”按钮，或单击“插入”菜单的“图片”子菜单中的“艺术字”选项，将打开“艺术字库”对话框，如图 3-39 所示。

2) 选择艺术字式样，确定后打开“编辑‘艺术字’”文字”对话框，如图 3-40 所示；在“文字”文本框中输入所需内容，然后选择字体、字号等选项，确定后即完成插入。

(5) 文本框。文本框是存放文本的容器，可以将文档中的文字分组并按组改变它们的分布和对齐方式。

1) 单击“插入”菜单，选择“文本框”菜单项，在随即打开的级联子菜单中选择文本框的放置形式（也可单击“绘图”工具栏的“横排”/“竖排”文本框按钮），此时鼠标变成十字形。

2) 将十字形光标移到文档中要插入文本框的左上角，按住鼠标拖动完成插入操作。

3) 在文本框中输入文字，若框中文字部分不可见时，可利用下面将要介绍的方法调

图 3-39 “艺术字库”对话框

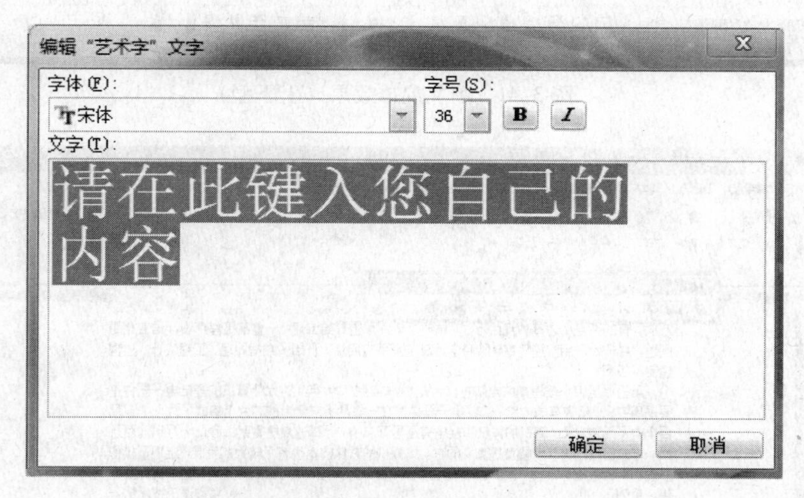

图 3-40 “编辑‘艺术字’”文字”对话框

整文本框的大小解决。

图 3-41、图 3-42 所示为图文混排效果（插入文本框、剪贴画）。

（6）插入公式。单击“插入”菜单的“对象”子选项，打开如图 3-43 所示的“对象”对话框，选中“新建”选项卡的“Microsoft 公式 3.0”“对象类型”，进入公式编辑器状态，同时打开“公式”工具栏，如图 3-44 所示，可进行相应的公式输入与编辑。

3.6.2 选中对象

对文档中的对象进行各种操作时，必须事先选中该对象。将鼠标在对象上面移动，当鼠标的形状变为十字箭头形状时，单击鼠标左键，此时在对象周围会有 8 个夹点出现，表

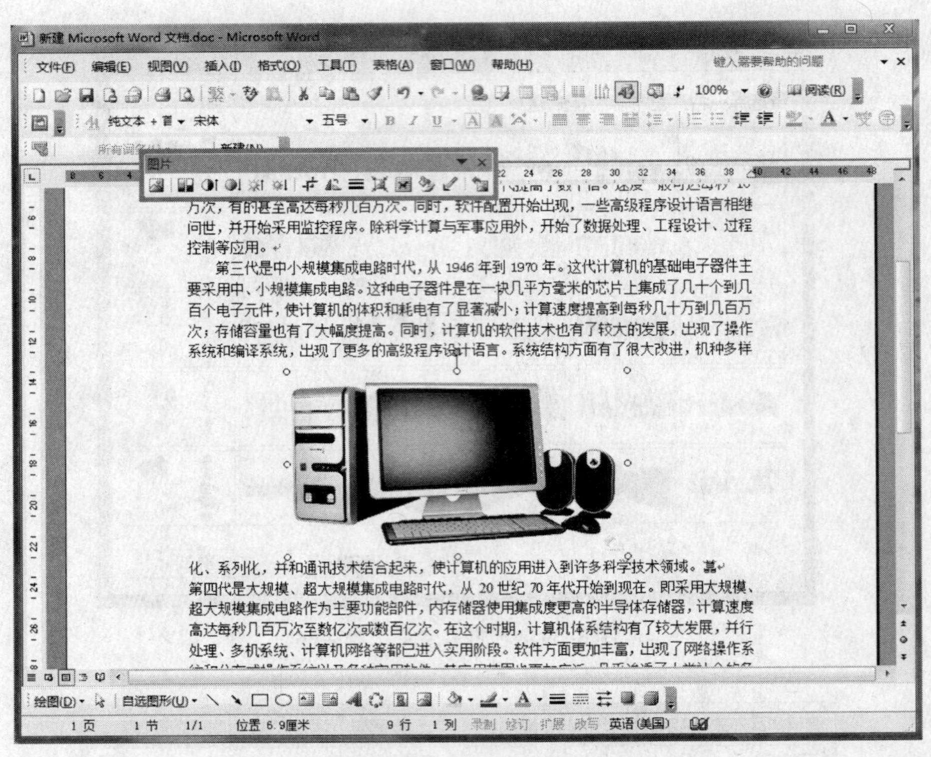

图 3-41 图文混排效果（上下型）

图 3-42 图文混排效果（四周型）

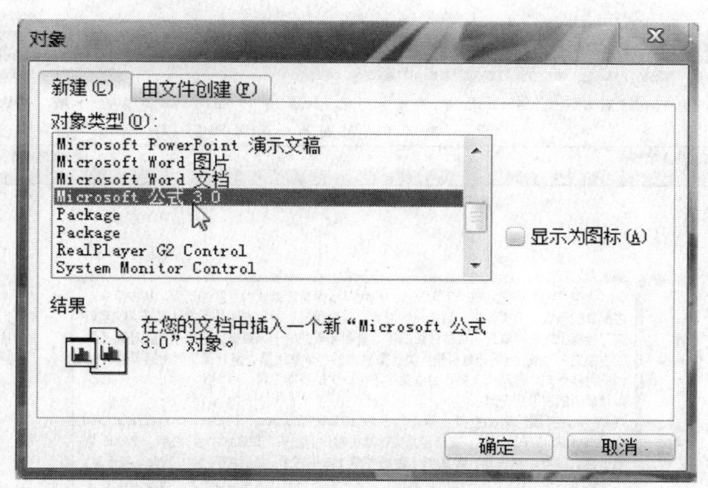

图 3-43 "对象"对话框

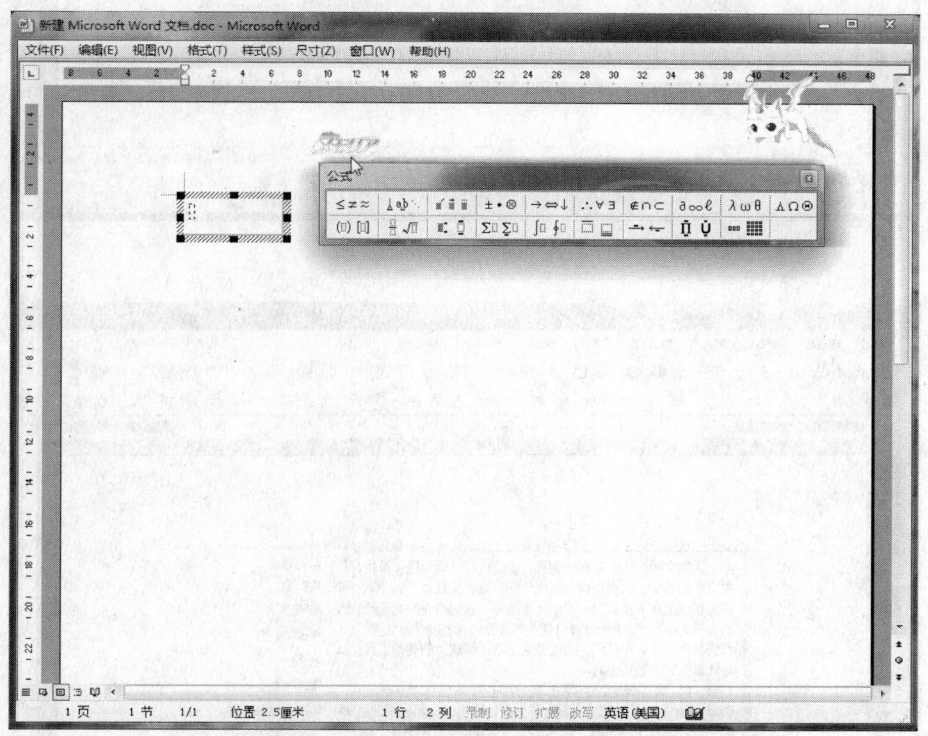

图 3-44 公式输入与编辑

示该对象被选中，如图 3-45 所示。如果要取消选中状态，只需将鼠标移动到该对象之外，单击即可。

除图片外，其他对象在刚被插入时，均处于选中状态。

3.6.3 设置对象的格式

将鼠标指针移动到被选中对象上，鼠标指针变为十字箭头形状，此时单击鼠标右键将打开快捷菜单，可利用其中最后一选项来设置对象的格式。快捷菜单如图 3-46 所示。

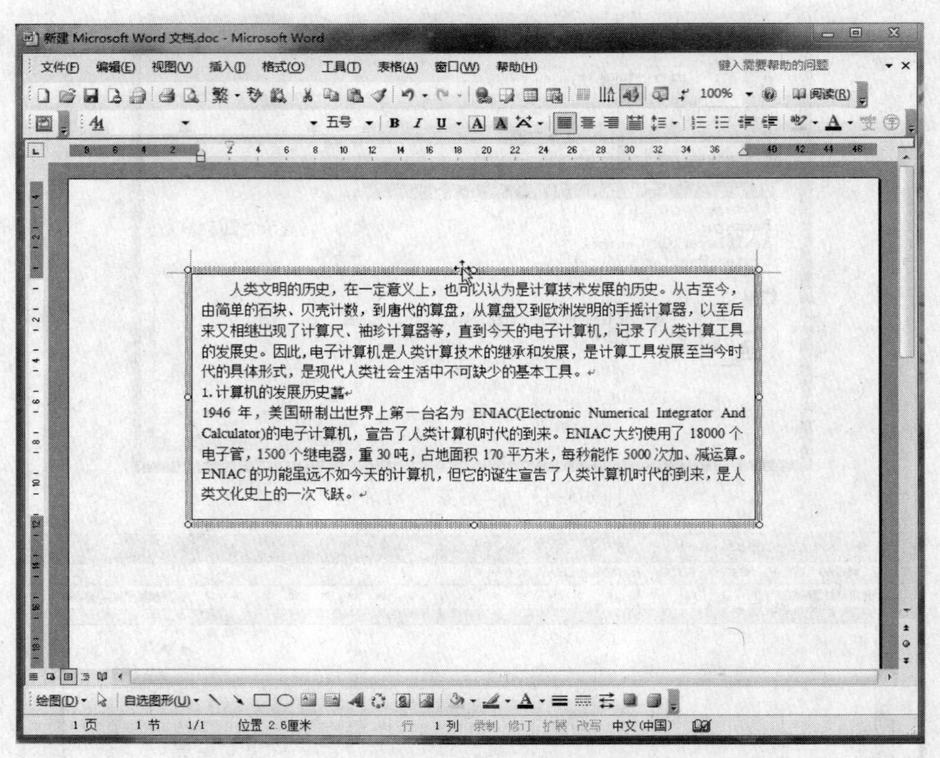

图 3-45 选中对象

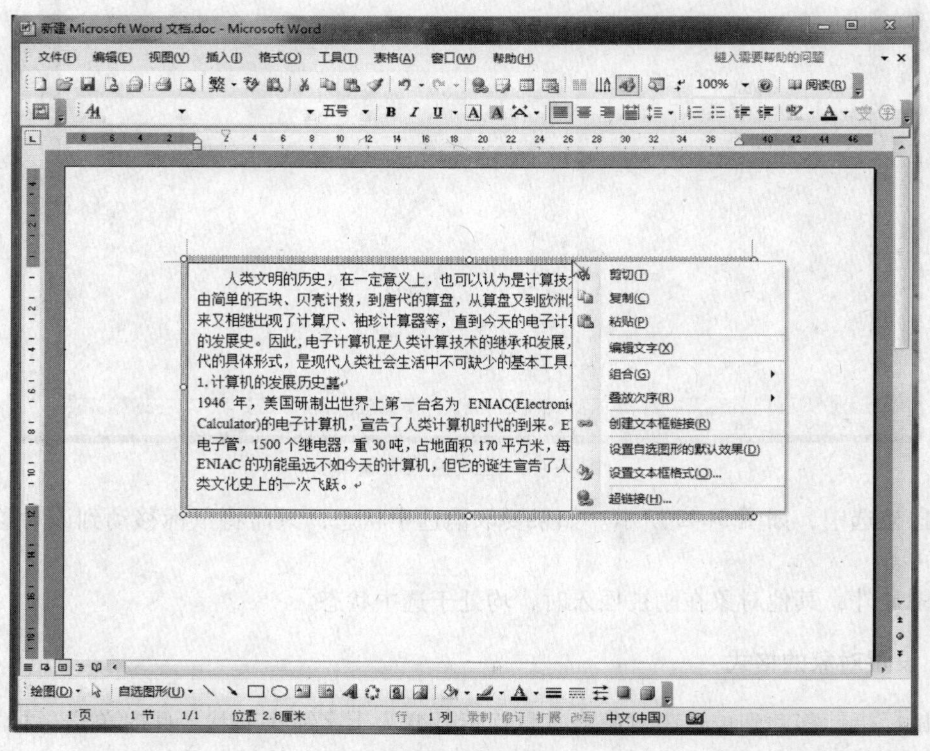

图 3-46 快捷菜单

以图片为例。选中图片后，单击鼠标右键，在快捷菜单中选择“设置图片格式”选项，打开“设置图片格式”对话框，如图 3-47 所示。

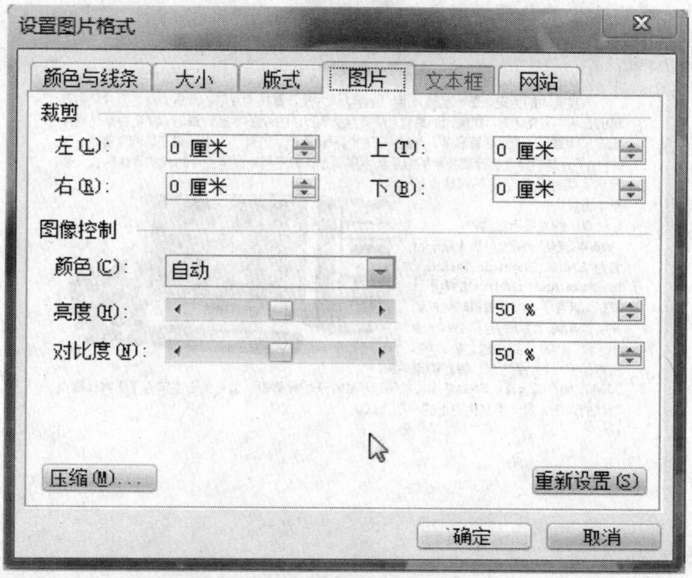

图 3-47 “设置图片格式”对话框

（1）“版式”选项卡：如图 3-48 所示，用于设置对象与文字的相对位置。图 3-49a，b 所示分别为不同的版式（环绕）效果。

图 3-48 “版式”选项卡

（2）“图片”选项卡：如图 3-50 所示，图片选项卡有剪裁和图像控制两个选项组，前者用于剪裁图片；后者用于控制图像的色彩。在“颜色”下拉列表一栏，可以设置图片为“水印”，如图 3-51 所示（该图片的叠放次序必须为“衬于文字下方”）。

(a)

(b)

图 3-49　不同版式效果

（a）环绕效果一；（b）环绕效果二

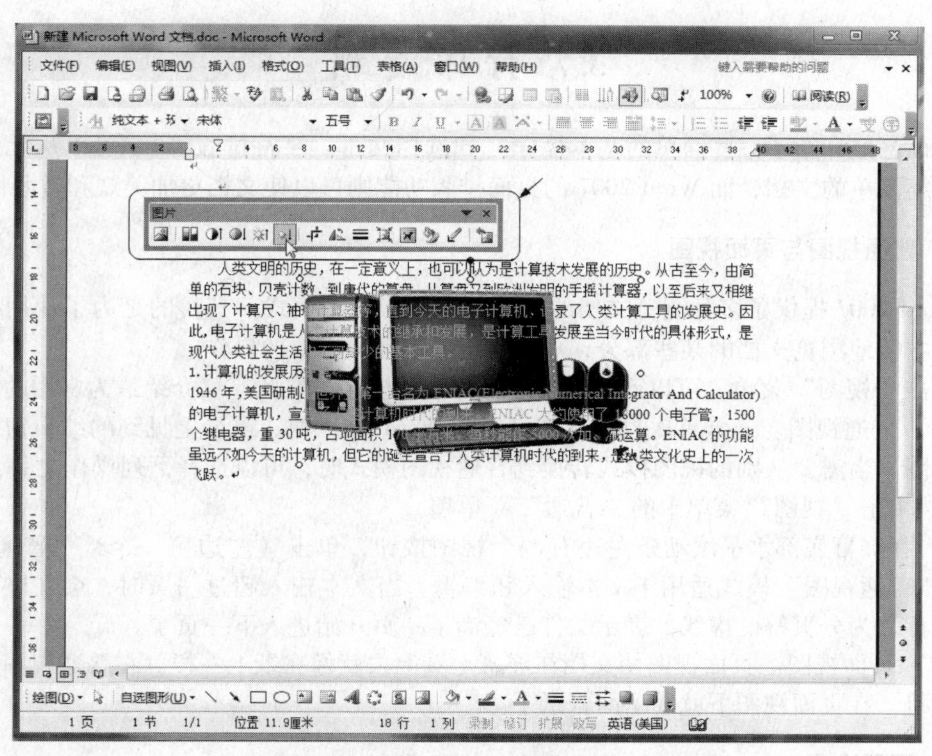

图 3-50 “图片”选项卡

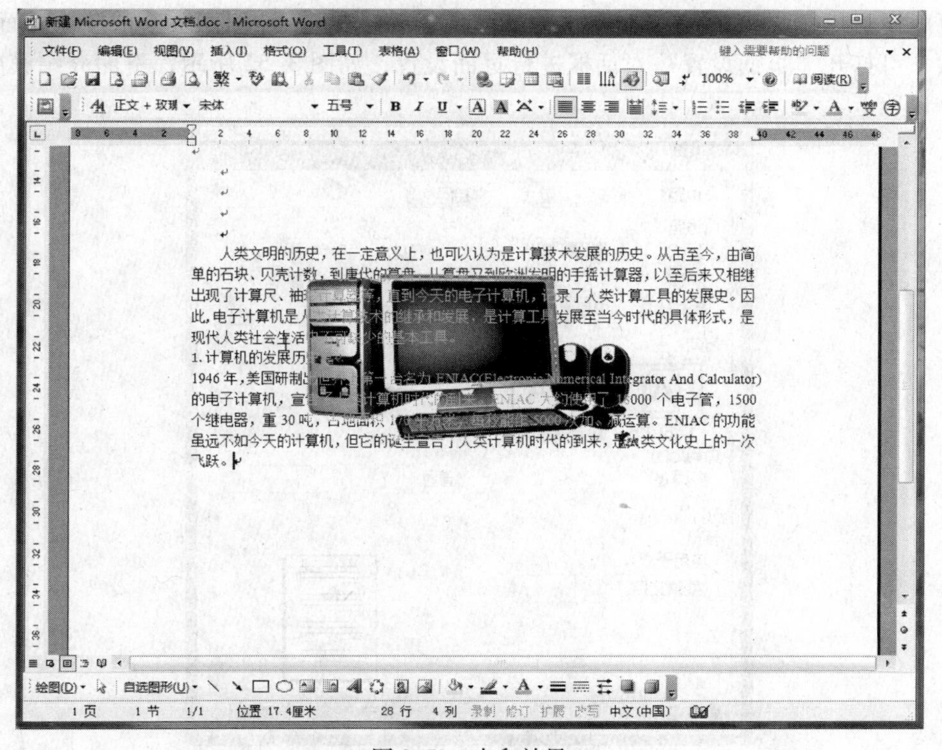

图 3-51 水印效果

3.7　打印文档

前面已经介绍了一些简单的基本操作（如选择文本、字符排版等），可以从无到有地编辑一篇简单的文档，而 Word 2007 的页面排版功能则可以使文档更加美观和赏心悦目。

3.7.1　普通视图与页面视图

Word 2007 提供了多种浏览文档的方式，称之为视图模式，其目的是为了让用户能更好、更方便地浏览文档的某些部分，从而能更好地完成需要的操作。

单击“视图”菜单，可以看到列出的五种视图模式，在此，仅介绍最为常用的两种。

（1）普通视图。通常首次打开计算机启动 Word 2007 时，屏幕上见到的编辑窗口就是普通视图。当需要从别的视图模式转换到普通视图模式时，可以选择下列操作之一：

1）单击“视图”菜单中的“普通”菜单项。

2）在屏幕底部水平滚动条左边有四个视图按钮，单击（左边第一个）“普通视图”按钮。“普通视图”模式适用于文本输入和编辑。当文本输入超过一页时，会在屏幕上看到一条称之为分页符的虚线，表示文件已经满了一页开始进入下一页了。

（2）页面视图。页面视图使文档在屏幕上看上去就像在纸上一样。在普通视图下见到的分页符，在页面视图下就成了两张纸了。

3.7.2　页面设置

页面设置包括文档的编排方式以及纸张大小等。单击“文件”菜单的“页面设置”菜单项，可打开“页面设置”对话框进行页面设置，如图 3-52 所示，下面介绍其中常用的两个选项卡。

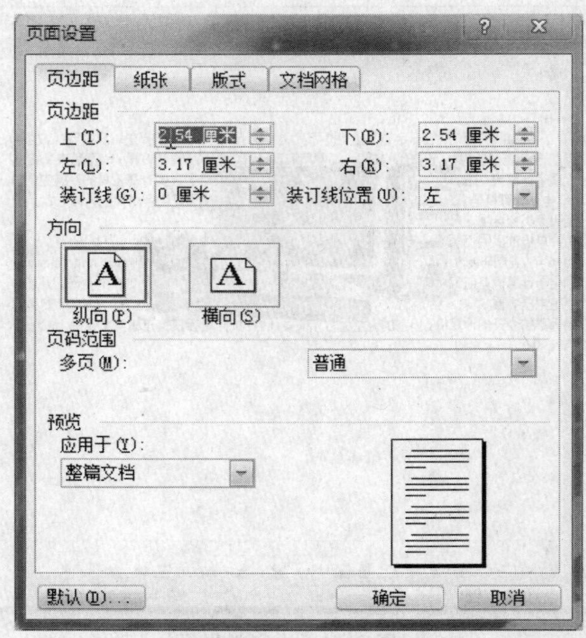

图 3-52　“页面设置”对话框之“页边距”选项卡

“页面设置”对话框的“页边距”选项卡如图 3-52 所示。

3.7.2.1 “页边距”选项卡

设置页边距包括调整上、下、左、右边距以及页眉和页脚距页边界的距离。右下部的“对称页边距”复选框可让用户设置不同的内侧、外侧边距。有时候用户想将文档打印成双面，并且使两面的文本区域相同，也可能想将左、右边距设为不同。如果选中此复选框，左边距和右边距将变成两对称页的内部间距和外侧页边距，此时的预览框将变成“对称页边距”，见图 3-53a。

“拼页”复选框与“对称页边距”有些类似，它将两页拼成一页，见图 3-53b。

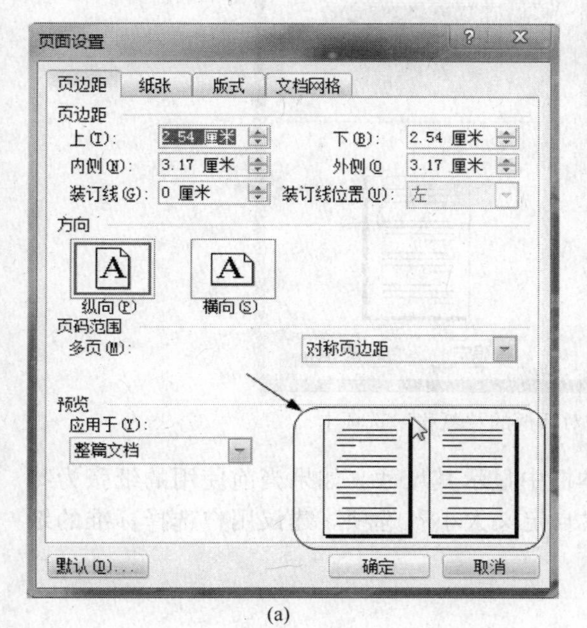

(a)

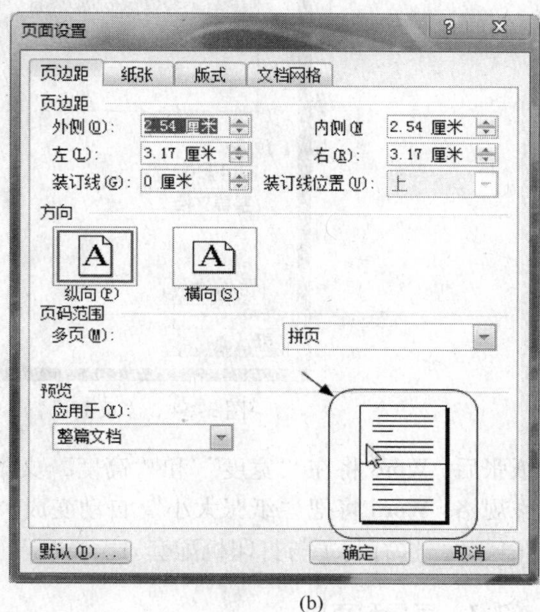

(b)

图 3-53 设置页边距

(a)“对称页边距”效果；(b)“拼页”效果

如果想产生一个装订用的边距，可使用“装订线位置”来设置。装订线既可位于页顶，又可位于页边，这对于想装订成小册子的页非常重要。在未选中“对称页边距”复选框的情况下设置“装订线位置”，每页的左边将出现一个装订线。如果选中了“对称页边距”，装订线只出现在对称页的内边缘，同时还显示对称页和装订线设置对每一页内边缘的影响。

“方向”选项组中有“纵向”和“横向”两个单选框。大多数打印机能够利用这两个选项。使用“纵向”，Word 将文本行排版为打印时平行于纸短边的形式。使用“横向”，Word 将文本行排版为平行于纸长边的形式。当选用了“纵向”或“横向”单选框后，Word 将按合适的宽和高调整预览图。

3.7.2.2 “纸张”选项卡

选择“页面设置”对话框中的“纸张”选项卡，如图 3-54 所示。

选项卡上“纸张大小”的下拉列表框中已经预定义了一些标准的纸张尺寸，这些纸张的尺寸将取决于当前安装或使用的打印机类型，一般默认值为 A4 纸。当选择了预定义的

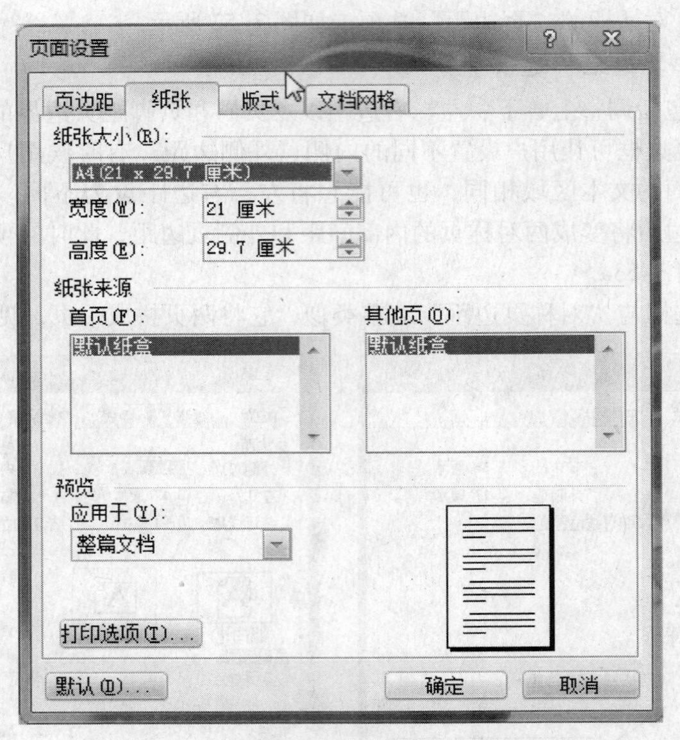

图 3-54　“页面设置”对话框的“纸张”选项卡

纸张后，Word 将在“宽度”和“高度”文本框中显示其尺寸。如果当前使用的纸张为特殊规格，Word 将把“纸张大小”自动变成“自定义大小”选项。建议用户选择标准的纸张尺寸，这有利于与打印机配套。

3.7.3　页眉和页脚

页眉或页脚是页码、日期或公司徽标等文字或图形，常打印在文档的每页的顶部或底部。页眉打印在顶边上，页脚打印在底边上。在文档中可自始至终使用同一个页眉或页脚，也可在文档的不同部分使用不同的页眉和页脚。例如，第一页的页眉用徽标，而在以后的页面中用文档名作页眉。下面介绍页眉和页脚的各项操作。

3.7.3.1　创建和编辑页眉与页脚

用户可创建包含文字和图形的页眉和页脚，创建页眉和页脚的操作方法如下：

单击“视图”菜单的“页眉和页脚”菜单项。此时不管在哪种视图模式下，Word 2007 中文版都将自动转换到“页面视图”模式下，因为只有在页面视图模式下，页眉和页脚才能显示。同时，屏幕上将弹出“页眉/页脚”工具栏，文档中出现一个页眉编辑区。

为了方便用户编辑页眉和页脚，Word 2007 中文版提供了插入自动图文集功能。单击“页眉和页脚”工具栏中的“插入自动图文集”按钮，则出现一下拉菜单，如图 3-55 所示。

用户可以根据需要选择“作者”、“上次保存者”等自动图文集项目插入页眉或页脚中。可以在页眉或页脚中插入页码，插入页数或设置页码格式。

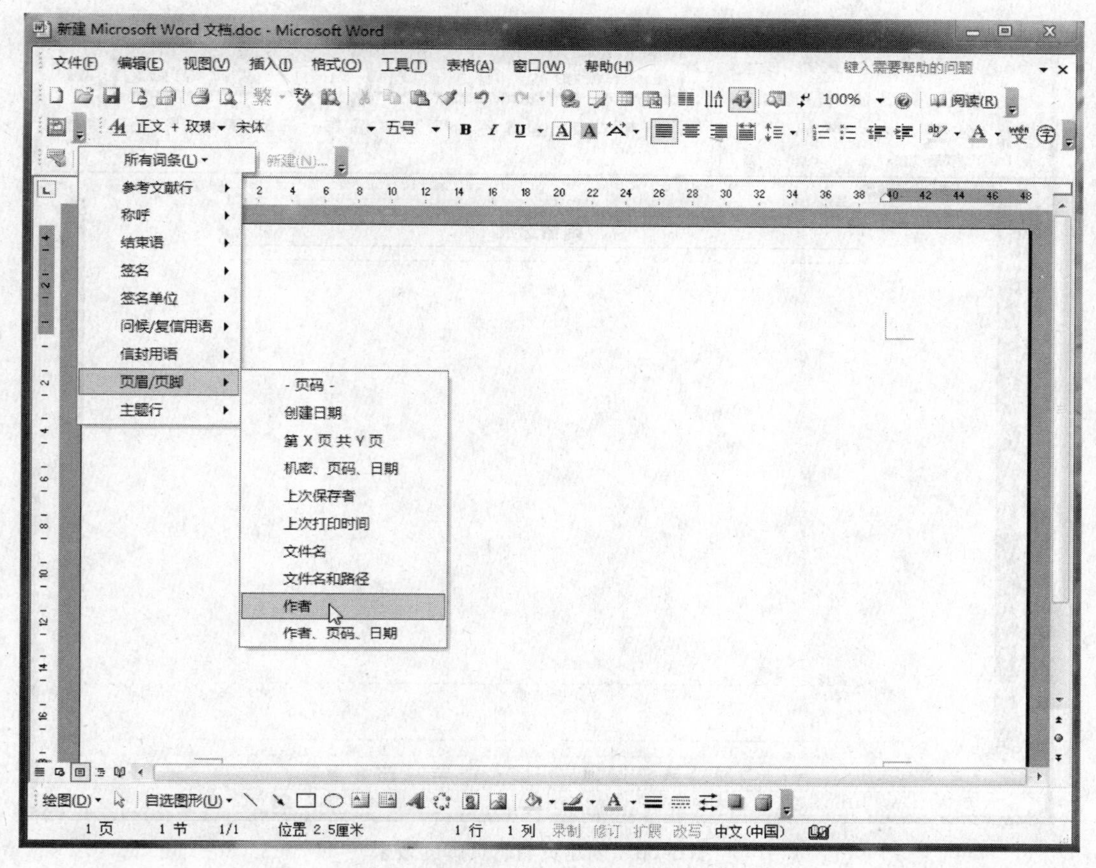

图 3-55 “页眉/页脚”下拉菜单

在“页眉/页脚”工具栏上有一个日历形状的图形按钮和一个时钟形状的图形按钮，分别用来在页眉或页脚中插入日期或时间。用户只需单击这些按钮，日期或时间将会自动插入。

注意：若原来的视图模式不是页面视图，则页眉和页脚不可见，此时应将视图模式切换为页面视图模式。

例如，给文档创建了一个“闲情逸致”的页眉，同时创建一个“作者、页码、日期”的页脚，效果如图 3-56 所示。

3.7.3.2 设置不同的页眉、页脚

通常情况下，各文档中的所有页面的页眉、页脚都是相同的，也就是说当创建或是编辑修改了任意页面的页眉、页脚之后，当前文档中的所有页面的页眉、页脚都会作相同的变化。但某些情况下，也可以在一个文档中设置不同的页眉、页脚。

(1) 首页不同或奇偶页不同。单击文件菜单的页面设置项，或单击“页眉和页脚”工具栏上的“页眉设置”按钮，可以打开“页面设置”对话框。选中“首页不同”复选框则第一页的页眉、页脚与其他页不同；选中“奇偶页不同”复选框则奇数页与偶数页的页眉、页脚互不相同。

(2) 节与节之间不同。节是文档的一部分，可以在其中设置某些页格式。文档中可以设置多个节，节与节之间以分节符隔开（单击“插入”菜单的分隔符项可打开一对话框，

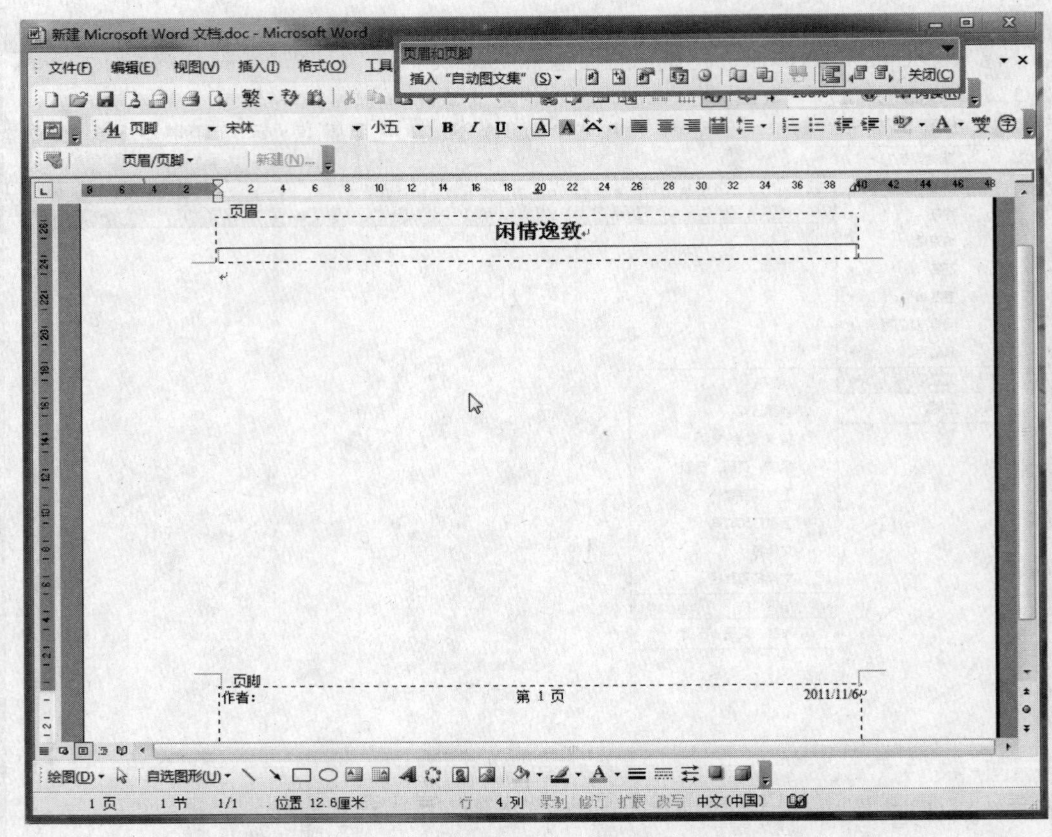

图 3-56 创建页眉、页脚的效果

从中选择插入分节符）。如果文档被分为多个节，则可以设置节与节之间的页眉、页脚互不相同。

一般情况下，Word 会将整个文档作为一个节来看待。

3.7.4 打印预览与打印

3.7.4.1 打印预览

文章编辑排版完成后，若想看看文章的整体效果，也就是实际打印效果，可使用打印预览功能。

(1) 打开打印预览窗口，如图 3-57 所示。

1) 工具栏按钮法：单击“常用”工具栏上的“打印预览”按钮，进入打印预览窗口。

2) 菜单命令法：选择“文件”菜单中的“打印预览”项，进入打印预览窗口。

(2) 打印预览窗口的操作。在打印预览窗口中可以一次查看多页，放大或减小屏幕上页面的尺寸，检查分页情况以及对文字和格式设置进行修改。

1) 选择百分比列表，可改变显示比例。

2) 单击“放大镜”按钮可将鼠标指针变为放大镜状。当指针为放大镜加号时，单击鼠标可放大显示，当指针为放大镜减号时，单击鼠标可缩小显示。

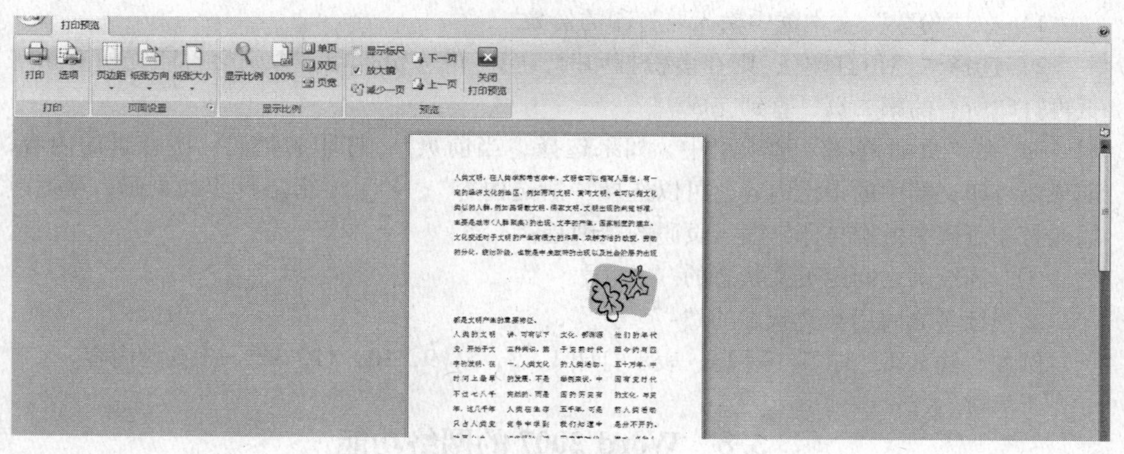

图 3-57　打印预览窗口

3）单击“多页显示”按钮并拖动鼠标可一版显示多页。

4）单击“单页显示”按钮，可回到单页显示状态。

5）单击“全屏显示”按钮，可全屏显示文章全貌。

6）单击“缩排”按钮，可将单独排在多页的少量文档缩排到整页。

7）单击“关闭”按钮，退出预览。

3.7.4.2　打印

（1）打印文档的方法。

1）工具栏按钮方法：按下“常用”工具栏打印按钮，文章将直接被打印。

2）菜单命令方法：选择“文件”菜单中的“打印”选项，会出现“打印”对话框。

（2）“打印”对话框的基本操作。“打印”对话框如图 3-58 所示，其中有多项打印设置内容，完成设置后，即可打印。

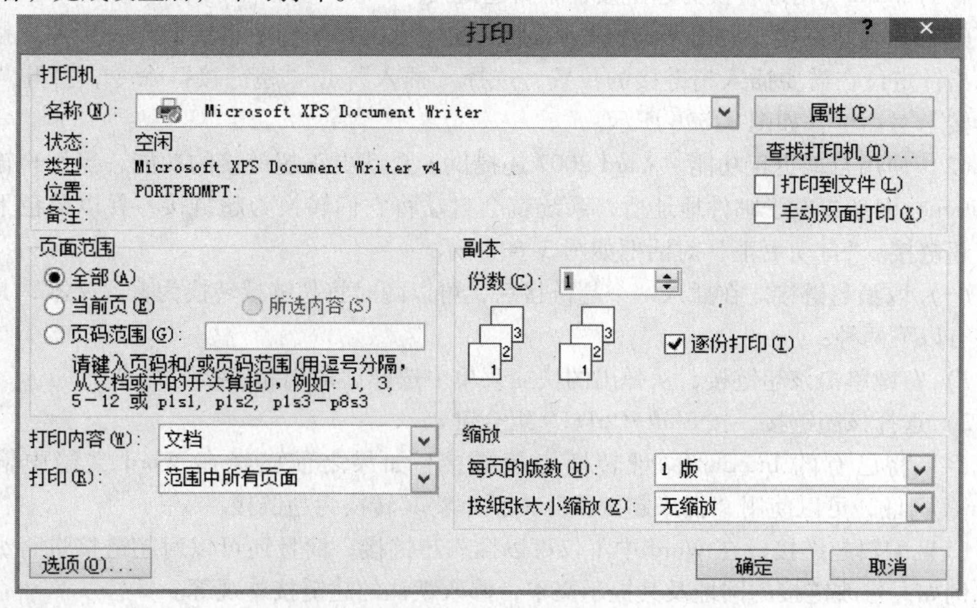

图 3-58　“打印”对话框

1）在“份数”文本框中输入要打印的份数。

2）选择“逐份打印”，则在多份打印时，会一份一份打印，否则会打印完所有第一页再打印所有的第二页，直到完成。

3）在“页面范围”选项组中，如果选择“当前页”，打印的是光标所在页的内容；如果要打印文档中的指定内容，可以选择“所选内容”；如果要指定打印的页码，可通过输入打印页码来挑选打印，输入页码的规则是：

①非连续页之间用英文状态的“,”号。

②连续页之间用英文状态的“-”号。

例如，输入1，3，5，9~13，表示打印1，3，5，9，10，11，12，13页的内容。

3.8 Word 2007的网络功能

Word 2007不仅仅只是一个优秀的字处理软件，而且具有对Internet的良好支持，它提供了链接Internet网址及电子邮件地址等内容的功能，还可以发送电子邮件和文档。这些强大的Internet功能，使Word真正成为了信息时代人们的得力工具和助手。

3.8.1 创建和编辑超链接

所谓超链接，就是将不同应用程序、不同文档、甚至是网络中不同计算机之间的数据和信息通过一定的手段链接在一起的链接方式。在文档中，超链接通常以蓝色下划线显示，单击后就可以从当前的文档跳转到另一个文档或当前文档的其他位置，也可以跳转到Internet的网页上。关于超链接的操作有：插入超链接，使用自动更正功能，取消超链接，将已有的Internet网址转换为超链接，编辑超链接。

（1）插入超链接。使用Word提供的插入功能可以在文档中直接插入一个超链接。将鼠标指针定位在需要插入超链接的位置，选择“插入”|“超链接”命令，打开“插入超链接”对话框，如图3-59b所示。

（2）使用自动更正功能。Word 2007还提供了自动更正超链接的功能，当用户输入有关Internet网址或电子邮件地址后，系统就会自动将它们转换为超链接，并以蓝色下划表示该超链接。“自动更正”对话框如图3-60所示。

（3）取消超链接。在插入一个超链接后，可以随时将超链接转换为普通文本，其方法主要有以下两种：

1）右键单击该超链接，从弹出的快捷菜单中选择“取消超链接”命令。

2）选择该超链接，按Shift+Ctrl+F9组合键。

（4）将已有的Internet网址转换为超链接。如果之前已经在Word文档中输入了Internet网址，可以使用“插入超链接”对话框将其转换为超链接。

（5）编辑超链接。在Word中不仅可以插入超链接，而且还可以对超链接进行编辑操作，例如，修改链接的网址及其提示文本，修改默认的超链接外观等。

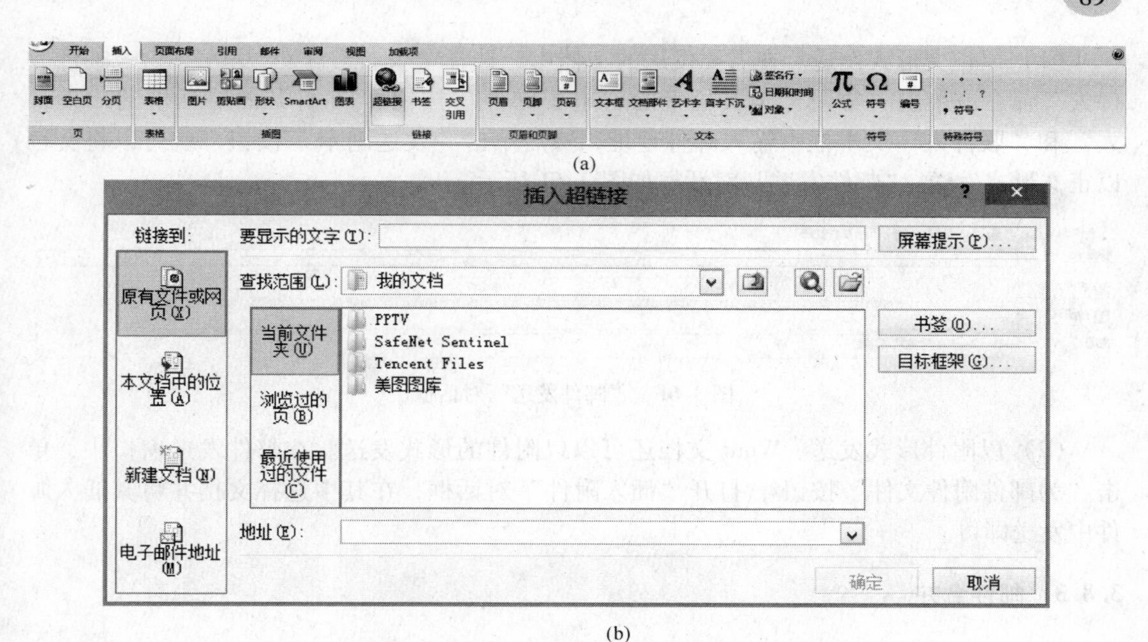

(a)

(b)

图 3-59　“插入超链接”对话框
（a）“插入”工具栏；（b）“插入超链接”对话框

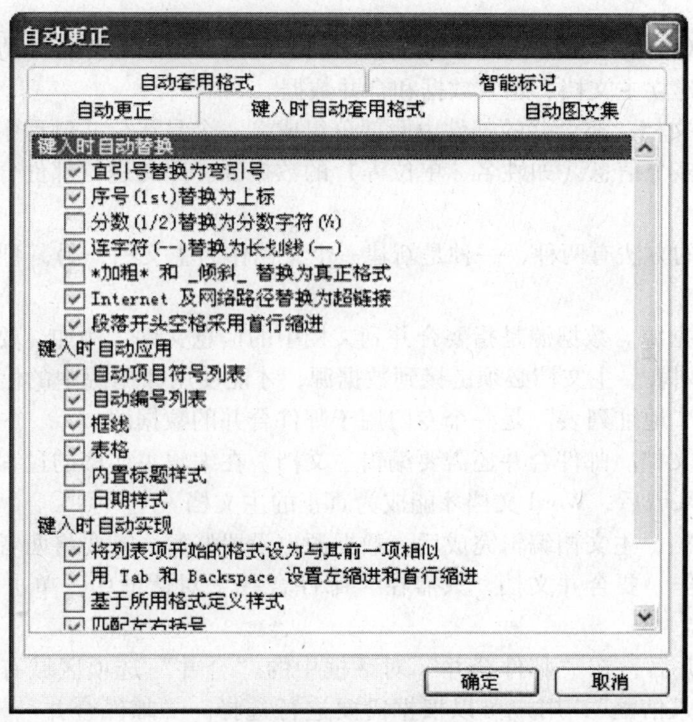

图 3-60　“自动更正”对话框

3.8.2　发送电子邮件

在 Word 2007 中，可以将正在编辑的文档以正文的形式或附件的形式作为电子邮件发送。

（1）以正文形式发送。在需要发送的文档中，选择“文件”｜“发送”｜“邮件收件人”命令或单击“常用”工具栏上的“电子邮件”按钮，在打开的对话框的“发件人”和“收件人”文本框中输入邮件地址，然后单击“发送副本”按钮，就可以将文档以正文形式发送。“邮件发送”对话框如图3-61所示。

发送副本(S)　密件抄送
发件人:
收件人:
抄送:
主题:　ch10　Word 2003的网络功能

图3-61　“邮件发送”对话框

（2）以附件形式发送。Word文档还可以以附件的形式发送。在邮件发送窗口中，单击“为邮件附件文件”按钮，打开“插入附件”对话框，在其中选择文档并将其插入邮件中发送即可。

3.8.3　邮件合并

在办公的过程中，经常需要将同一封信发送给许多人，使用邮件合并功能可以很方便地实现。邮件合并是将作为邮件发送的文档与由收信人信息组成的数据源合并在一起，作为完整的邮件。

使用Word 2007的“邮件合并”对话框可以帮助用户完成邮件合并的操作。邮件合并的主要过程有：建立主文档、建立数据和合并数据。

（1）建立主文档。要合并的邮件由两部分组成，一个是在合并过程中保持不变的主文档，一个是包含多个信息（如姓名、单位等）的数据源。因此进行邮件合并时，首先应该创建主文档。

创建主文档的方法有两种，一种是新建一个文档作为主文档，另一种是将已有的文档转换为主文档。

（2）创建数据源。数据源是指要合并到文档中的信息文件，例如，要在邮件合并中使用的名称和地址列表。主文档必须链接到数据源，才能使用数据源中的信息。在邮件合并过程中所使用的“地址列表”是一个专门用于邮件合并的数据源。

（3）编辑主文档。邮件合并还需要编辑主文档。在编辑主文档的过程中，需要插入各种域，只有在插入域后，Word文档才能成为真正的主文档。

（4）合并文档。主文档编辑完成后，数据源也设置好后，需要将两者进行合并，从而完成邮件合并工作。要合并文档，只需在“邮件合并”对话框中，单击“下一步：完成合并”链接即可。

完成文档合并后，在“邮件合并”对话框中的“合并”选项区域有两个选项：“打印”和“编辑个人信函”，用户可以根据需要进行选择。“邮件合并”对话框如图3-62所示。

3.8.4　安全性设置

在文档传递的过程中，存在许多安全问题，Word 2007提供了几种文档安全保护措施，以提高文档的安全性和保密性。

（1）设置文档权限密码。保护文档免受未经授权的查看或更改的最好方法就是给文档设置密码。在创建密码之后，如果不能正确输入密码，将无法打开或访问受密码保护的文档。设置密码的“安全性”选项卡如图 3-63 所示。

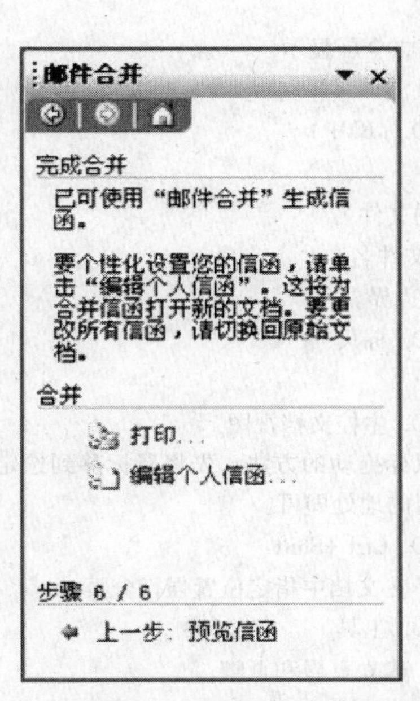

图 3-62　“邮件合并”对话框

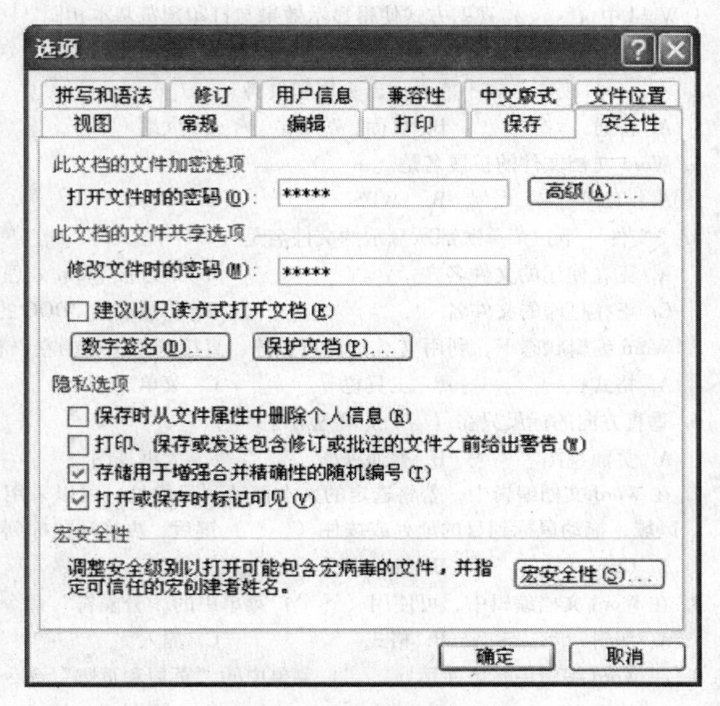

图 3-63　“安全性”选项卡

（2）将 Word 文档设为只读。使用只读方式打开文档后，如果修改了文件内容，则只能以其他文件名存盘，而对源文件无影响。要将文档设为只读方式，只需右键单击该文档，从弹出的快捷菜单中选择“属性”命令，在打开的“属性”对话框中，选择“只读”复选框即可。

习　题

一、判断题

1. 当“常用”工具栏上的“剪切”和“复制”按钮呈浅灰色而不能被选择时，则表示剪贴板里已经有信息了。(　　)
2. 可以利用“编辑”菜单中的“全选”命令选定整个文档文件。(　　)
3. 在 Word 中，能够同时编辑页眉/页脚和文档窗口中的内容。(　　)
4. 在 Word 文档编辑中，对所插入的图片，不能进行修改操作，但可以缩放和移动。(　　)
5. 在一个文档中，依次单击各个图形，可以选择多个图形。(　　)
6. 页码位置不能在“打印”对话框中进行设置。(　　)

7. 表格拆分指的是将原来的表格从某两行之间分为上下两个表格。（ ）
8. 在 Word 2007 中，用户设置的页边距只影响当前页。（ ）

二、选择题

1. Word 中（　　）视图方式使得显示效果与打印预览基本相同。
   A. 普通　　B. 大纲　　C. 页面　　D. 主控文档
2. （　　）视图方式不能显示出页眉和页脚。
   A. 普通　　B. 页面　　C. 大纲　　D. 全屏显示
3. Word 文档文件的扩展名是（　　）。
   A. . TXT　　B. . WPS　　C. . DOC　　D. . BMP
4. “文件”下拉菜单底部所显示的文件名是（　　）。
   A. 正在使用的文件名　　B. 最近被 Word 处理的文件名
   C. 正在打印的文件名　　D. 扩展名为 . DOC 的文件名
5. Word 编辑状态下，利用（　　）可快速、直接调整文档的左、右边界。
   A. 格式栏　　B. 工具栏　　C. 菜单　　D. 标尺
6. 垂直方向的标尺只在（　　）中显示。
   A. 页面视图　　B. 普通视图　　C. 大纲视图　　D. 主控文档视图
7. 在 Word 文档编辑中，若将选定的文本移动到目的处，可以采用鼠标拖动的方法。先将鼠标移到选定区域，拖动鼠标到目的地处或按住（　　）键后，再拖动鼠标到目的地处即可。
   A. Ctrl　　B. Shift　　C. Alt　　D. Ctrl +Shift
8. 在 Word 文档编辑中，可使用（　　）菜单中的“分隔符”命令，在文档中指定位置强行分页。
   A. 编辑　　B. 格式　　C. 插入　　D. 工具
9. 在 Word 编辑中，可使用（　　）菜单中的“页眉和页脚”命令，建立页眉和页脚。
   A. 编辑　　B. 插入　　C. 视图　　D. 文件
10. Word 窗口的工具栏最右边按钮是带问号箭头，其功能是（　　）。
   A. 弹出对话框　　B. Word 功能教程　　C. 通信　　D. 命令的联机帮助
11. “编辑”菜单中的“复制”命令的功能是将选定的文本或图形（　　）。
   A. 复制到剪贴板　　B. 由剪贴板复制到插入点
   C. 复制到文件的插入点位置　　D. 复制到另一个文件的插入点位置

4　表处理软件应用

本章要点：

Excel 是 MicroSoft Office 的主要组件之一，是 Windows 环境下的优秀电子表格，具有很强的图形、图表功能，它可用于财务数据处理、科学分析计算，并能用图表显示数据之间的关系和对数据进行组织。本章主要介绍 Excel 的基本概念与基本操作。内容包括：

· 编辑与格式化

· 公式与函数

· 图表的使用

4.1　Excel 2007 概述

Excel 的基本信息元素主要有：工作簿、工作表、单元格、单元格区域。

4.1.1　工作簿

工作簿是指在 Excel 环境中用来存储并处理工作数据的文件，工作簿名就是存档的文件名。工作簿的外观类似会计用的活页账簿，工作簿的名称出现在窗口的标题栏中，如图 4-1 所示的工作簿，其名称为“Book1”。

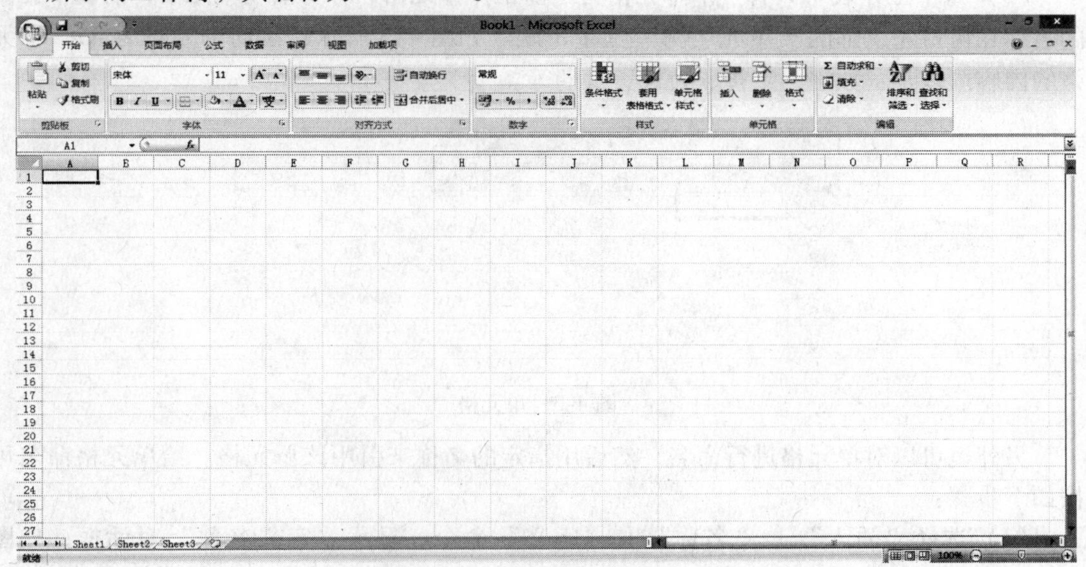

图 4-1　工作簿外观

4.1.2 工作表

如果将工作簿看作活页夹，那么工作表就好像是活页夹中的活页纸，使用时要注意以下几点：

（1）一个工作簿默认包含了三个工作表，其名称分别为“Sheet1”、“Sheet2”和“Sheet3”。每个工作表的名称标注在窗口底部的工作表标签中，如图4-2所示。

（2）每一个工作簿最多可有255个工作表，但当前工作表只能有1个，称为活动工作表。如图4-2所示，“Sheet1”为活动工作表。

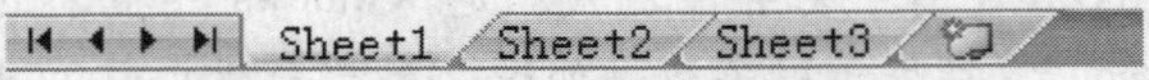

Sheet1 Sheet2 Sheet3

图4-2 工作表标签及控制按钮

（3）单击某个工作表标签可将其激活为活动工作表；而双击则可更改工作表名。

（4）工作表标签左侧有4个控制按钮，如图4-2所示。它们用于工作表管理，分别单击它们，可将活动工作表设置成第一个工作表、上一个工作表、下一个工作表或最后一个工作表。

4.1.3 单元格

工作表是由众多的行和列形成的单元格组成。其中：

（1）一个工作表最多可有256列，65536行。

（2）每一列的列标，用A，B，C，…，X，Y，Z；AA，AB，AC，…，AZ；BA，BB，BC，…，BZ等字母组合来表示，而行标由1，2，3，4，…等数字表示。这样单元格便可由列、行标志来共同表示。例如，第一行单元格可分别表示为：A1，B1，C1，…，而F5单元格则表示第6列（F）第5行。

（3）每个工作表中只有一个单元格为当前工作单元格，称为活动单元格；活动单元格的名称在窗口左上部的“单元名称”框中反映。如图4-3所示，活动单元格为A1。单元格的内容可以是：数字、字符、公式、日期等。

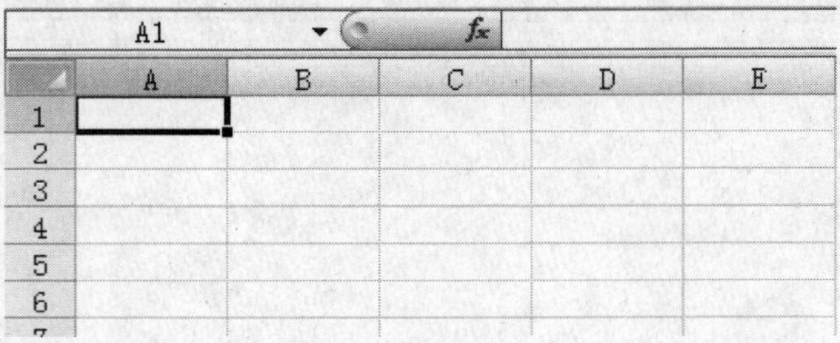

A1				
	A	B	C	D	E
1					
2					
3					
4					
5					
6					

图4-3 单元格

另外也可以对单元格进行命名，然后用指定的名称来引用该单元格。给单元格命名可按如下步骤：

（1）选择“插入”|“名称”|“定义”命令，显示“定义名称”对话框，如图4-4所示。

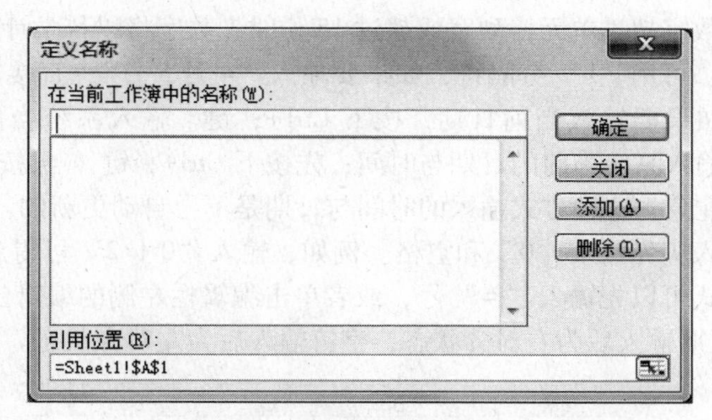

图 4-4 “定义名称”对话框

(2) 在“在当前工作簿中的名称”文本框中输入新名字，在“引用位置”文本框中输入名字所对应单元格的绝对坐标，然后单击“确定”按钮完成单元格名称的定义。

经过上述步骤后便可以使用定义的名称来引用相应的单元格了。

4.1.4 单元格区域

单元格区域是指一组被选中的单元格，它们可以是相邻的，也可以是分散的，对一个单元格区域的操作就是对该区域中的所有单元格执行相同的操作。

4.2 Excel 2007 的基本操作

Excel 的基本操作包括：光标的定位、单元格内容的输入、选择操作对象等。

4.2.1 光标的定位

光标定位是输入和编辑排版的基础，对于 Excel 来说，它包括单元格内容的光标定位和单元格光标定位。

(1) 单元格内容的光标定位。

1) 双击某单元格，或单击某单元格后再将光标定位在编辑栏中。

2) 出现光标“I”后，使用键盘左右方向键将光标定位。

(2) 单元格的光标定位。单元格定位即选择当前单元格，又称激活单元格，可按下列方式操作：

当光标在工作表中并呈白色十字形状态时，单击任一单元格即可使该单元格被激活，该单元格称为活动单元格。

4.2.2 单元格内容的输入

(1) 将光标定位在要输入数据的单元格［即按照 4.2.1 节操作］。

(2) 当光标变成“I”形时，可进行下列输入操作：

1) 输入汉字。

2) 按 Alt+Enter 组合键，可将单元格中输入的内容进行分段。

3）当输入的数字超过单元格列宽或超过 15 位时，数字将以科学计数的形式表示。

4）日期输入：可用“/”分隔符，如果要输入“4 月 5 日”，直接输入“4/5”，再按 Enter 键就行了。如果要输入当前日期，按下 Ctrl+；键。输入系统当前的时间，可按下 Ctrl+Shift+；键，输入系统当前的日期与时间：先按下 Ctrl+；键，再按下空格键，再按下 Ctrl+Shift+；键。注意：这种方式输入的时间与日期是不会自动更新的。

5）分数的输入应先输入“0”和空格。例如，输入“0 1/2”可得到“1/2”。

6）要输入公式可以先输入“=”号，或者单击编辑栏左侧的编辑公式按钮。

（3）数字、日期输入后为右对齐状态，字符输入后为左对齐状态。如图 4-5 所示。

	A	B	C	D
1	hello			
2	123			
3	1.23456789			
4	2013年12月			
5	1月5日			
6				

图 4-5 不同类型数据的对齐示例

（4）其他操作。

1）按 Esc 键或单击编辑栏左侧的“取消”按钮，可取消输入。

2）按 Tab 键，光标将定位在下一列。

3）按 Enter 键，光标将定位在下一行。

4）按 F5 键，打开“定位”对话框，如图 4-6 所示。选择定位位置或在“引用位置”文本框中输入想要激活的单元格的名称，然后按“确定”按钮，即可激活所选单元格。

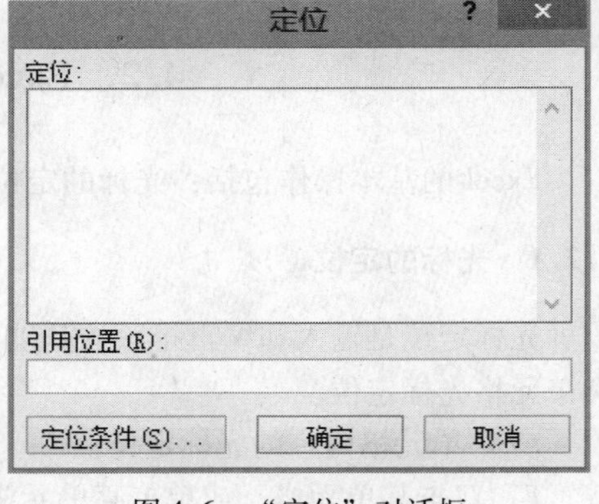

图 4-6 “定位”对话框

4.2.3 选择操作对象

选择操作对象是输入、编辑对象的基础。Excel 中操作对象的选择操作有：单元格内容的选择、单元格的选择、工作表的选择。

4.2.3.1 单元格内容的选择

与 Word 中的选取文本操作类似。

4.2.3.2 单元格的选择

（1）所选单元格的名称表示。

1）A7，B8 等表示所选单个单元格的名称。

2）A3：B8，B7：D9 等表示从左上角到右下角的所选区域名称。

（2）单个单元格、行、列的选择方法分别如下：

1）激活某个单元格就是选择单个单元格。

2）单击行标头可进行行的选择，如图 4-7 所示，选择了第 7 行。

3）单击列标头可进行列的选择，如图 4-7 所示，选择了第 C 列。

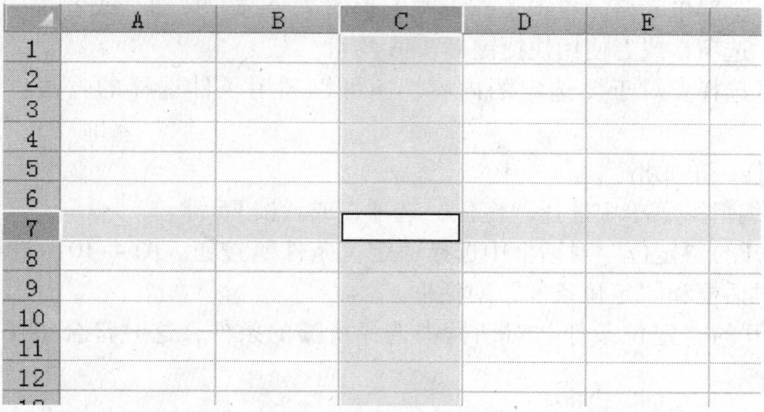

图 4-7 行列选择示例

（3）连续单元格的选择，按下述步骤进行：

1）将光标定位在所选连续单元格左上角。

2）将鼠标从所选单元左上角拖曳至右下角，或按住 Shift 键的同时，单击所选单元的右下角。

所选区域的第一个单元格为活动单元格，呈白色状态，其名称会在名称框内显示。如图 4-8 中所示的 B2，其他区域的单元格为黑色高亮状态。

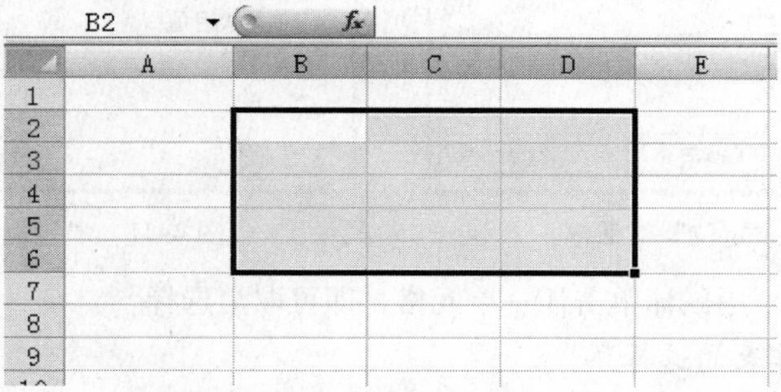

图 4-8 区域选择示例

（4）间断单元格的选择。按住 Ctrl 键的同时，用鼠标做单元格选择或区域选择，即可选择不连续的单元格区域，如图 4-9 中所示的所选区域为 B4、C7、D5、D6、D7、E4、F7 及 F6。

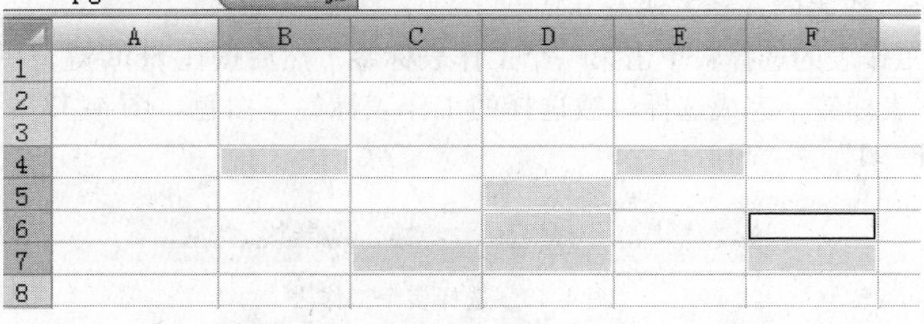

图 4-9 间断单元格选择示例

（5）选择全部单元格。单击工作表左上角的“全选”按钮，或者在“编辑”菜单中选择“全选”选项，或者使用快捷键 Ctrl+A 均可。

（6）条件选择。对于要选定的内容，还可以利用条件选择的方法进行选定，方法如下：

1）激活任一单元格。

2）在“编辑”菜单中选择“定位”选项，或者按 F5 键。

3）在打开的“定位”对话框中选择“定位条件”按钮。图 4-10、图 4-11 所示分别为“定位”对话框和“定位条件”对话框。

4）在打开的“定位条件”对话框中选择所需的条件，这时符合条件的单元格将被选中。

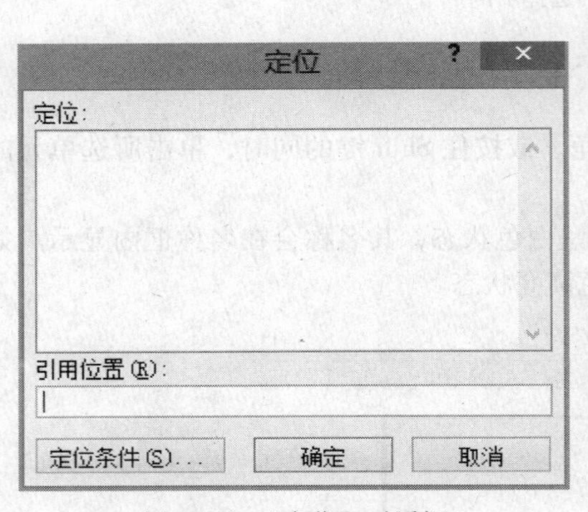

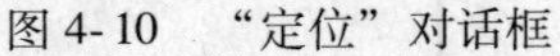
图 4-10 “定位”对话框

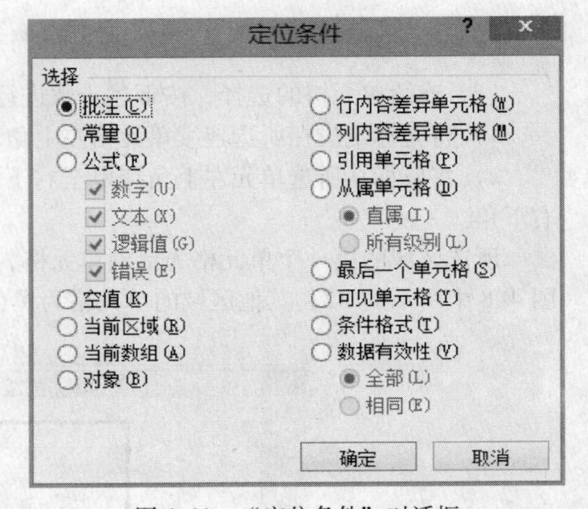

图 4-11 “定位条件”对话框

（7）取消选择。用鼠标单击任一单元格，即可取消选择。

4.2.3.3 工作表的选择

（1）单个工作表的选择。单击工作表标签以选择工作表，这时所选工作表的标签为白色。图 4-12 所示为选择的单个工作表“Sheet1”。

图 4-12 选择单个工作表

（2）多个工作表的选择方法及其特点。

1）连续工作表的选择：单击第一个工作表标签，然后按住 Shift 键，单击所要选择的最后一个工作表标签，完成选择。被选择的工作表标签呈白色。图 4-13 所示为选择的多个工作表“Sheet1”～“Sheet3”。

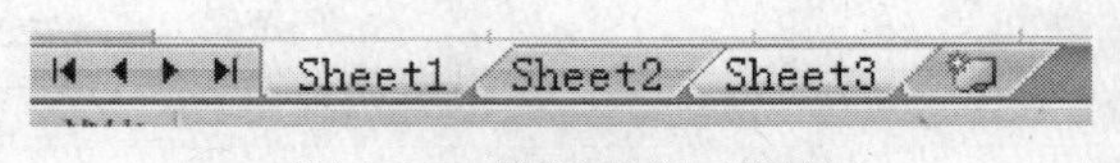

图 4-13 选择多个工作表

2）不连续工作表的选择：按住 Ctrl 键，分别单击所需选择的工作表标签即可。

3）同时选择多个工作表后，对任一工作表的操作都会在所有被选工作表中同时进行。

4）取消工作表的选择：单击任意一个未选择的工作表标签，或在所选工作表的任一标签上单击右键，然后在打开的快捷菜单中选择“取消成组工作表”命令，均可取消选择。

4.3　Excel 2007 工作表中的数据处理

4.3.1　建立表格与输入

建立表格就是根据实际问题建立一套表单，实际上就是向工作表中输入所需数据的过程。前面已经讲述了一些基本的数据输入方法，但实际使用时还会遇到诸如在连续的区域内输入数据、相同内容单元格的输入、预置小数位、有规律的数据输入等问题。

4.3.1.1　建立表格

启动 Excel 2007 时系统将自动打开一个工作簿。也可以通过下面的两种方法来创建新的工作簿：

（1）单击“文件”菜单中的“新建”命令。

（2）单击“常用”工具栏上的“新建”按钮。

4.3.1.2　几种常用的输入方法

A　连续区域的数据输入

每个单元格输入完后，按 Tab 键，可沿行的方向输入数据；按 Enter 键，可沿列的方向输入数据；当数据输入到区域边界时，光标会自动移到所选区域下一列的开始处。

B　相同内容单元的输入

按住 Ctrl 键（不相邻单元格）或 Shift 键（呈矩形相邻单元格），选择将要输入相同内容的单元格，输入数据后，按 Ctrl+Enter 组合键即可完成操作。间断单元格相同内容的输入如图 4-14 所示。

K	L	M	N
			80
		80	
	80		
80			

图 4-14　间断单元格相同内容的输入

C　预置小数位数（或尾数 0）

如果输入的数字都具有相同的小数位，或整数具有相同的尾数 0，则可用下述方法进行设置：

（1）在“工具”菜单中选择“选项”菜单项，单击“编辑”选项卡，如图 4-15 所示。

（2）在打开的“编辑”选项卡中，选择“自动设置小数点”选项，在“位数”文本框中：若输入>0 的数则设置的是小数位数，若输入<0 的数，则设置的是 0 的个数。

（3）如果在输入过程中，想取消设置，可以在输入完数据后，输入小数点。

D　消除缩位后的小数误差

有时输入的数是小数点后面两位，但在精度上要求小数点后面一位，在缩位后显示没有问题，但在进行计算之后却是有误差的。这种情况通常的解决方法是：

（1）单击“工具”菜单，选中“选项”命令，弹出“选项”对话框。

（2）选中“重新计算”选项卡，选中“以显示值为准”，单击“确定”按钮完成。

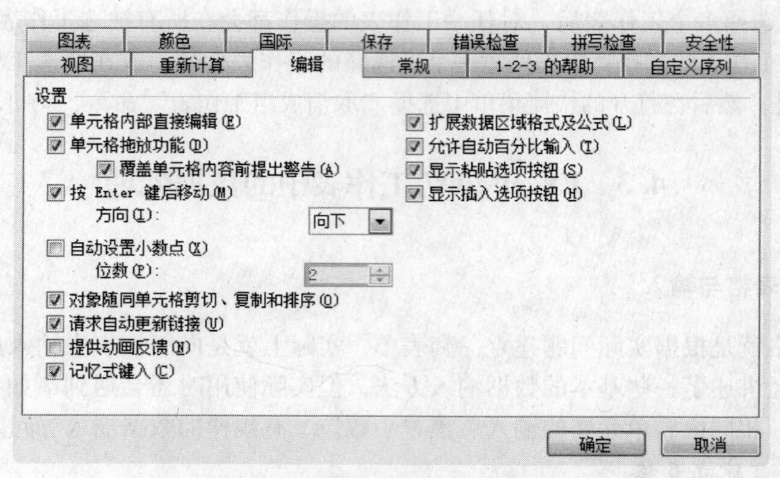

图 4-15 “选项”对话框之“编辑”选项卡

E 自动填写有规律的数据

当某行或某列为有规律的数据时，可使用自动填写功能：

(1) 数字的填写。当某行（某列）为递增或递减数字时，如 1，5，9，13，…，可以：

1) 在该行（列）的前两个单元格内输入开始的两个数字。

2) 选择这两个单元格。

3) 用鼠标按住第二个单元格的填充柄，将其拖曳到结束单元格，松开鼠标。数字序列填写示例如图 4-16 所示。

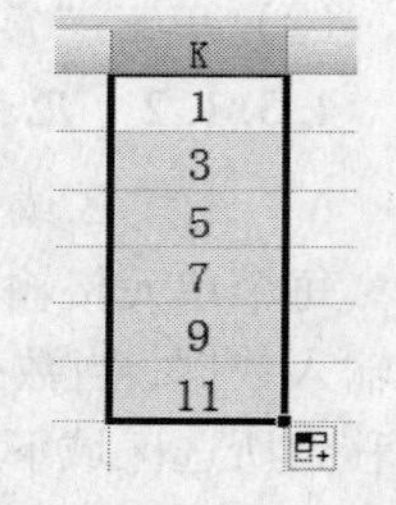

图 4-16 数字序列填写示例

(2) 自定义序列的自动填写。对于相对不变的序列可采用自定义序列来进行自动填充，其操作如下：

1) 在“工具”菜单中，选择“选项”项，单击“自定义序列”选项卡，如图 4-17 所示。

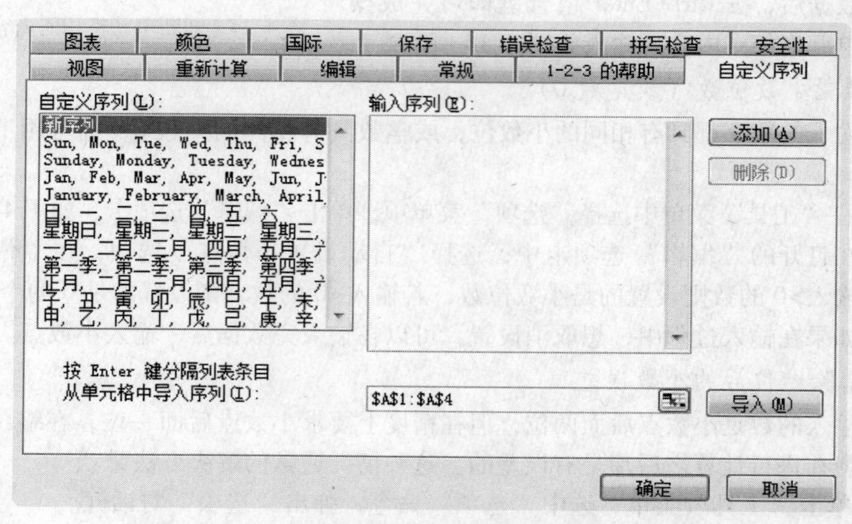

图 4-17 “选项”对话框之“自定义序列”选项卡

2）确定输入序列。可选择系统已有序列，也可在“输入序列”文本框中输入序列的各项，单击“添加”按钮将新定义的序列加到“自定义序列”的列表中，最后按“确定”按钮退出对话框。

3）在单元格中输入所选序列的任意一项，并选择该单元格。

4）用鼠标左键拖曳所选单元格右下角的填充柄到结束处。图 4-18 所示为输入“甲、乙、丙、丁……”的自定义序列示例。

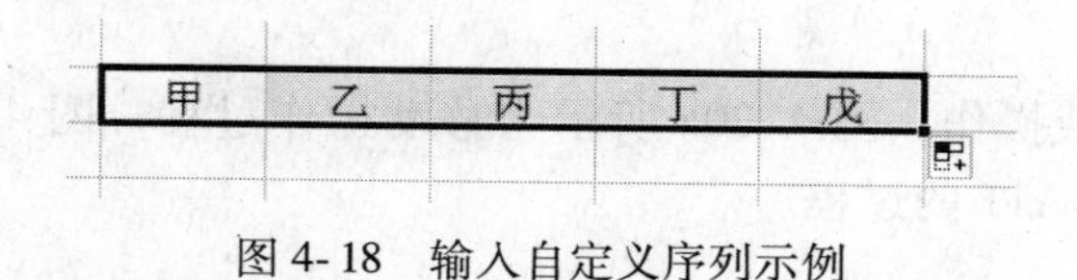

图 4-18　输入自定义序列示例

（3）填充条纹。如果想在工作簿中加入漂亮的横条纹，可以利用对齐方式中的填充功能。

1）先在一单元格内填入“ * ”或“ ~ ”等符号，然后单击此单元格，向右拖动鼠标，选中横向若干单元格。

2）单击“格式”菜单，选中“单元格”命令，在弹出的“设置单元格格式”对话框中，选择“对齐”选项卡，在“水平对齐”下拉列表中选择“填充”。如图 4-19 所示。

3）单击“确定”按钮。

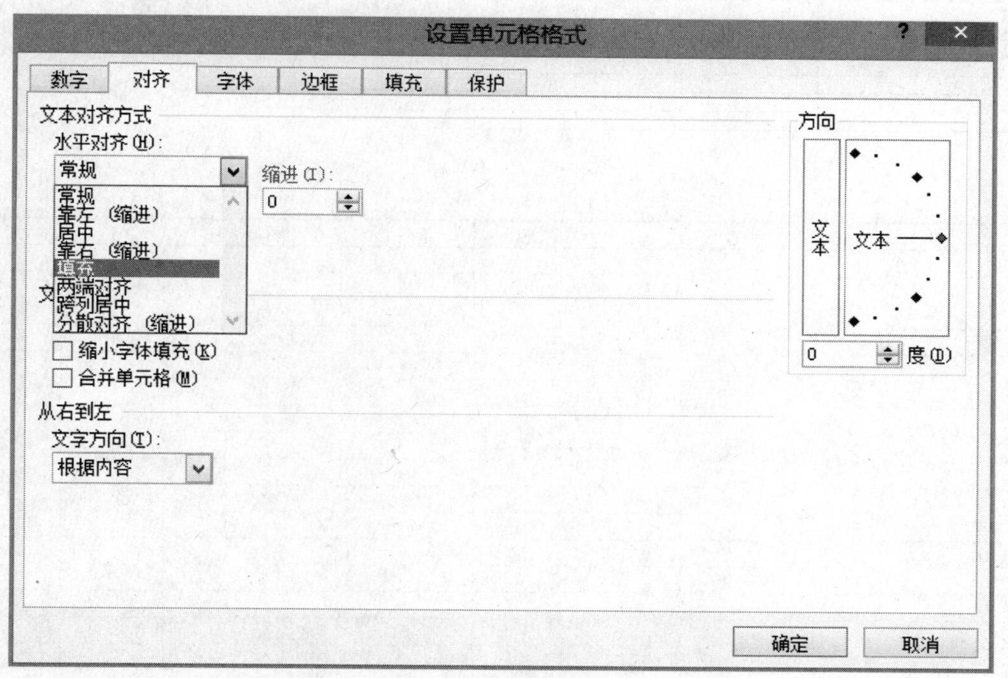

图 4-19　设置填充条纹

4.3.2　编辑表格

表格的编辑主要包括单元格部分内容、单元格内容及工作表的移动、复制、删除；单元格的删除以及表格行、列的删除和插入。单元格中含有公式的编辑方法见 4.4.1 节。

4.3.2.1 单元格部分内容的移动、复制和删除

（1）单元格部分内容的移动和复制。

1）选择所要编辑的单元格中的部分内容。

2）对于移动操作，可以单击工具栏中的“剪切”按钮；对于复制操作可以单击工具栏中的“复制”按钮。

3）双击所要粘贴的单元格，并将光标定位到新的位置，单击工具栏中的“粘贴”按钮。

4）按 Enter 键完成操作。图 4-20a 所示为移动操作过程，图 4-20b 所示为将单元格 A4 的“南”字复制到 A11 的过程。

	A	B	C	D	E	F	G	H	I	J	K	L
1	信息工程系教职工运动会报名表（12月9日至12月10日）											
2	领队：		教练：									
3	备注：每单位每项限报5人，每人限报3项（接力项目除外）											
4		参赛运动员1	参赛运动员2			参赛运动员5		教职工男子青年甲组（31岁以下）				
5	100米											
6	200米											
7	400米											
8	跳远											
9	跳高											
10	铅球（7.26千克）											
11	教职工女子青年甲组（31岁以下）	参赛运动员1	参赛运动员2	参赛运动员3	参赛运动员4	参赛运动员5						
12	100米											
13	200米											
14	400米											
15	跳远											
16	跳高											
17	铅球（5千克）											
18	教工男子青年乙组（31-42岁）	参赛运动员1	参赛运动员2	参赛运动员3	参赛运动员4	参赛运动员5						
19	100米											
20	200米											
21	跳远											
22	跳高											

(a)

	A	B	C	D	E	F	G	H	I	J
1	1									
2	5									
3	9									
4	南									
5										
6										
7										
8										
9										
10										
11	南									
12										
13										
14										
15										
16										
17										
18										

Sheet1 Sheet2 Sheet3

(b)

图 4-20 单元格中部分内容的移动、复制
（a）移动操作；（b）复制操作

（2）删除单元格内的部分内容。选择所要编辑的单元格内容，按 Delete 键，即可完成操作。

4.3.2.2 单元格内容的移动、复制和删除

（1）用鼠标拖曳的方法移动和复制单元格的内容。

1）选择要移动、复制的单元格。

2）对于移动操作，可将光标移到单元格边框的下侧或右侧，出现箭头状光标时用鼠标拖曳到单元格的新位置即可，如图 4-21 所示。

	A	B	C	D	E	F	G	H	I	J
1	1									
2	5									
3	9									
4										
5										
6			南							
7										
8										
9										
10										
11	南									
12										
13										
14										
15										
16										
17										
18										

Sheet1 Sheet2 Sheet3

图 4-21　移动操作

3）对于复制操作，可在按住 Ctrl 键的同时按上述方法用鼠标拖曳单元格到新的位置。

（2）用剪切和粘贴的方法移动和复制单元格内容。

1）选择要移动、复制的单元格（或一组单元格）。

2）对于移动操作，可以单击工具栏中的“剪切”按钮，对于复制操作，可以单击工具栏中的“复制”按钮，这时所选内容周围会出现闪动的虚线框。

3）单击目标单元格（若是一组，则应单击新位置中的第一个单元格）。

4）单击工具栏中的“粘贴”按钮。

5）按 Enter 键完成操作。

在操作过程中，如果要取消操作，按 Esc 键可取消选择区的虚线框，单击任意一非选择单元格可取消选择区域。

（3）单元格内容的合并。在实际应用中，有时需要把某几列的内容进行合并。如果行数较少，可以直接用“剪切”和“粘贴”来完成操作，但如果有几万行，就不能这样办了。

假设要把 A 列和 B 列的内容合并，并把结果放在 C 列中，处理方法如下：

1）在 B 列后插入一个空列（如果 C 列没有内容，就直接在 C 列操作），在 C1 中输入“=A1&B1”按 Enter 键，C1 列的内容就是 A、B 两列的合并结果了。

先不要忙着把A列和B列删除，先要把C列的结果复制一下，再用“选择性粘贴”命令，将数据粘贴到一个空列上。这时再删掉A、B、C列的数据。单元格内容的合并如图4-22所示。

SUM =A1&B1

	A	B	C
1	7871.3	123.72	=A1&B1
2	2116.06	8.59	
3	534.02	78.11	

(a)

	A	B	C
1	7871.3	123.72	7871.3123.72
2	2116.06	8.59	2116.068.59
3	534.02	78.11	534.0278.11
4	2719.16	268.86	2719.16268.86
5			
6	351.82	13.3	351.8213.3
7	406.99	48.68	406.9948.68
8	18.06	6.81	18.066.81
9	101.05	0.05	101.050.05
10	96.2	54.15	96.254.15
11	64.76	2.39	64.762.39
12	102.77	3.68	102.773.68
13	62.2	9.17	62.29.17
14	123.55	4.43	123.554.43
15	9.67	0.31	9.670.31
16	61.02	11.8	61.0211.8
17	4.09	0.35	4.090.35
18	4.27	0.95	4.270.95
19	49.14	0.05	49.140.05
20	4.81	0.01	4.810.01
21	204.49	16.81	204.4916.81

(b)

图4-22 单元格内容的合并
(a) 合并前；(b) 合并后

2）合并不同单元格的内容，还有一种方法是利用CONCATENATE函数，此函数的作用是将若干文字串合并到一个字符串中，具体操作为“=CONCATENATE（A1，B1）”。

例如，假设在某一河流生态调查工作表中，A2包含“物种”，A3包含“河鳟鱼”，A7包含总数“45”，那么：输入“=CONCATENATE（″本次河流生态调查结果：″，A3,″″，A2,″为″,″A7″,″条/公里。″）”。计算结果为：本次河流生态调查结果：河鳟鱼物种为45条/公里。

（4）单元格内容的删除。

1）选择所要删除内容的单元格。

2）在“编辑”菜单中选择“清除”选项，在子菜单中选择相应选项，如图4-23所示。

3）或按Delete键直接删除单元格内容。

4.3.2.3 单元格的删除、插入

（1）单元格的删除。单元格删除后，Excel会将其右侧或下方的单元格填入。步骤如下：

1）选择要删除的单元格。

2）在“编辑”菜单中选择“删除”选项，打开“删除”对话框，如图4-24所示。

3）作相应选择后按“确定”按钮完成操作。

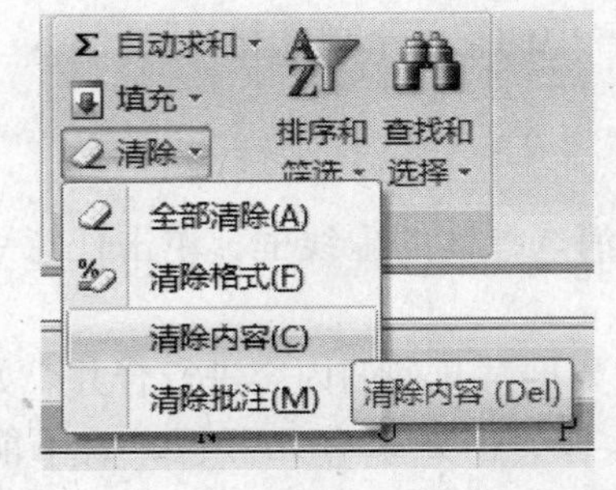

图4-23 “编辑”菜单中的“清除”选项

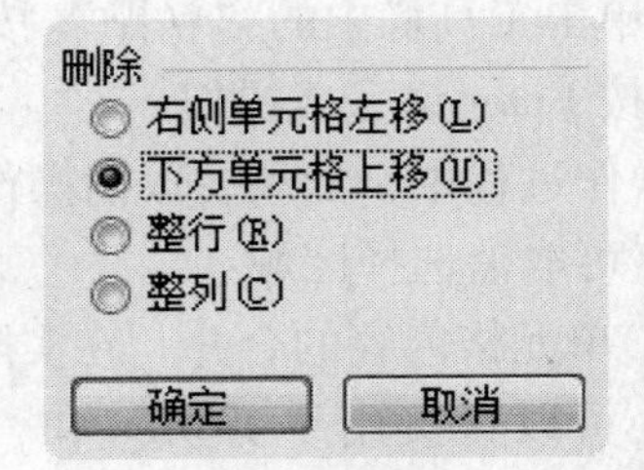

图4-24 “删除”对话框

（2）单元格的插入。插入单元格后Excel将右移或下移当前单元格。步骤如下：

1）选择所要插入单元格的位置。

2）在“插入”菜单中选择“单元格”选项，在出现的“插入”对话框中选择插入后当前单元格移动的方向，如图 4-25 所示。

3）按“确定”按钮完成操作。

图 4-25 “插入”对话框

4.3.2.4 行、列的删除和插入

(1) 行、列的删除。

1）单击所要删除的行、列的标头。

2）在“编辑”菜单中选择“删除”选项即可完成操作。

(2) 行、列的插入。

1）单击所要插入行、列所在的任意一单元格。

2）在“插入”菜单中选择“行”或“列”选项即可完成操作。

4.3.2.5 工作表的移动、复制、删除和插入

当需要根据要求组织工作表时，要用到工作表的移动、复制、删除和插入等操作。这些操作均可按如下步骤进行：选择所要操作的工作表标签；单击鼠标右键，弹出工作表快捷菜单，如图 4-26 所示；进行相应选择即可。

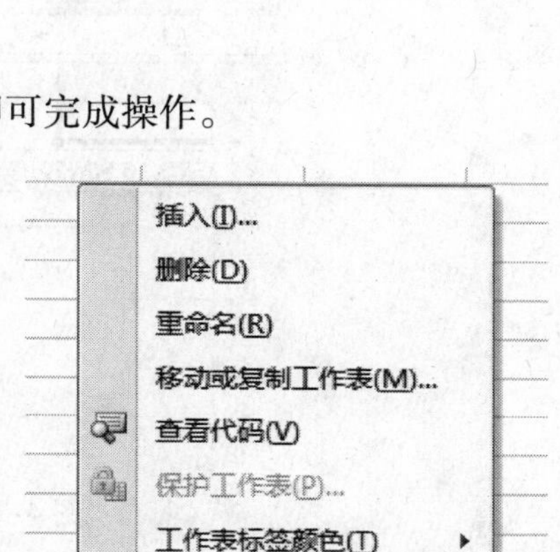

图 4-26 工作表快捷菜单

下面介绍用快捷方法的操作。

(1) 工作表的移动、复制。

1）选择所要移动、复制的工作表标签。

2）对于移动操作，可拖曳所选标签到所需位置，如图 4-27 所示。

3）对于复制操作，可在按住 Ctrl 键的同时，拖曳所选标签到所需位置。

4）松开鼠标即可完成操作。

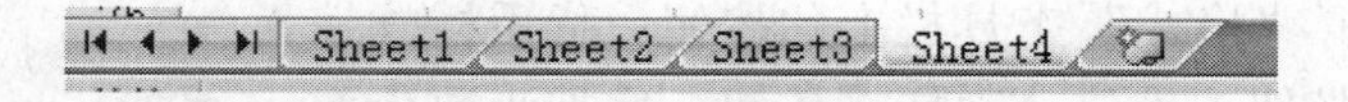

图 4-27 工作表的移动示例

(2) 工作表的删除。

1）选择所要删除的工作表标签。

2）在所选标签上单击鼠标右键，在出现的快捷菜单中选择“删除”选项，或在“编辑”菜单中选择“删除工作表”选项。

3）在出现的删除确认对话框中，确认删除操作即可。

(3) 同时查看不同工作表中多个单元格内的数据。有时，编辑某个工作表（Sheet1）时，需要查看其他工作表中（Sheet2 、Sheet3…）某个单元格的内容，可以利用 Excel 的监视窗口功能来实现。

执行“视图” | “工具栏” | “监视窗口”命令，打开“监视窗口”，单击其中的“添加监视”按钮，弹出“添加监视点”对话框，用鼠标选中需要查看的单元格后，再单

击“添加”按钮。重复前述操作，添加其他“监视点”。以后，无论在哪个工作表中，只要打开“监视窗口”，即可查看所有被监视点单元格内的数据和相关信息。

4.3.3　格式化表格

表格在打印之前，一般都需要进行格式化，即对表格的行高、列宽、数字格式、字体格式、对齐方式、表格边框和底纹等进行设置和调整，使表格美观，符合格式要求。

4.3.3.1　行高、列宽的调整

（1）用鼠标拖曳直接设置行高、列宽，如图 4-28 所示。

A1
fx
A
B
C
D
E
F
1
2
高度: 16.50 (22 像素)
3
4
5
6
7
8
9

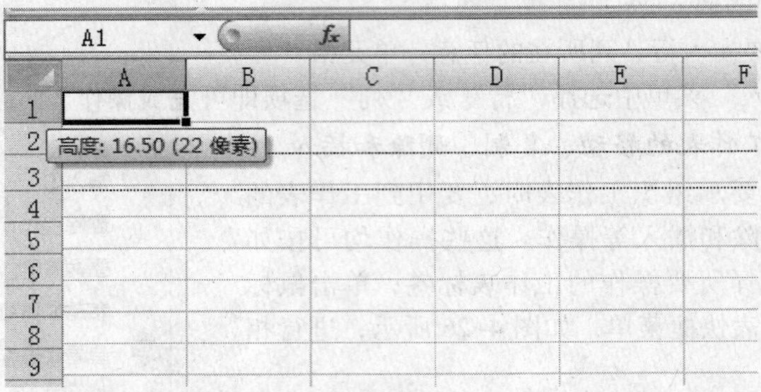

图 4-28　用鼠标拖曳设置行高、列宽

（2）利用“格式”菜单中的“行”或“列”选项进行调整。

4.3.3.2　数字的格式化

在 Excel 2007 中提供了多种数字格式。如小数位数、百分号、货币符号等。数字格式化后单元格中呈现的是格式化后的效果，而原始数据则出现在编辑栏中。

（1）用工具栏中的数字格式化按钮来格式化数字。数字格式化按钮位置如图 4-29 所示。

1）单击包含数字的单元格。

2）分别单击“格式”工具栏上的按钮：货币样式按钮、百分比样式按钮、千位分割样式按钮、增加小数位数按钮、减少小数位数按钮等，其效果如图 4-30 所示。

常规
%
,
.00
数字

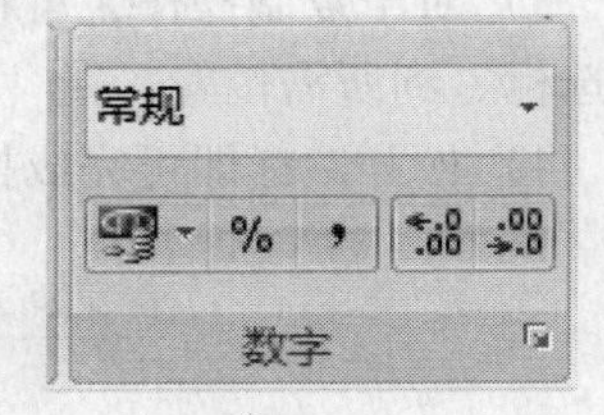

图 4-29　数字格式化按钮位置

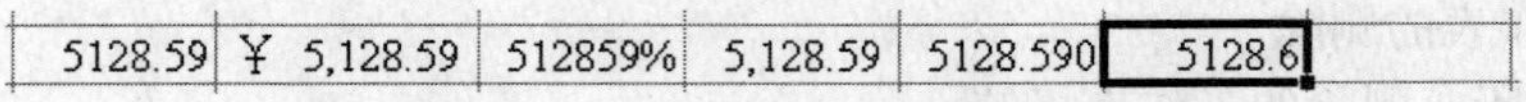

5128.59
¥ 5,128.59
512859%
5,128.59
5128.590
5128.6

图 4-30　数字格式化效果示例

（2）用菜单方法格式化数字。

1）选择所要格式化的数字单元格。

2）在“格式”菜单中选择“单元格”选项，单击“数字”选项卡。

3）在打开的“设置单元格格式”对话框中，“分类”列表列出了所有的格式，选择所需的分类格式。在对话框的右侧进一步按要求进行设置，并可从“示例”区域中查看效果，如图 4-31 所示。

4）按“确定”按钮，完成操作。

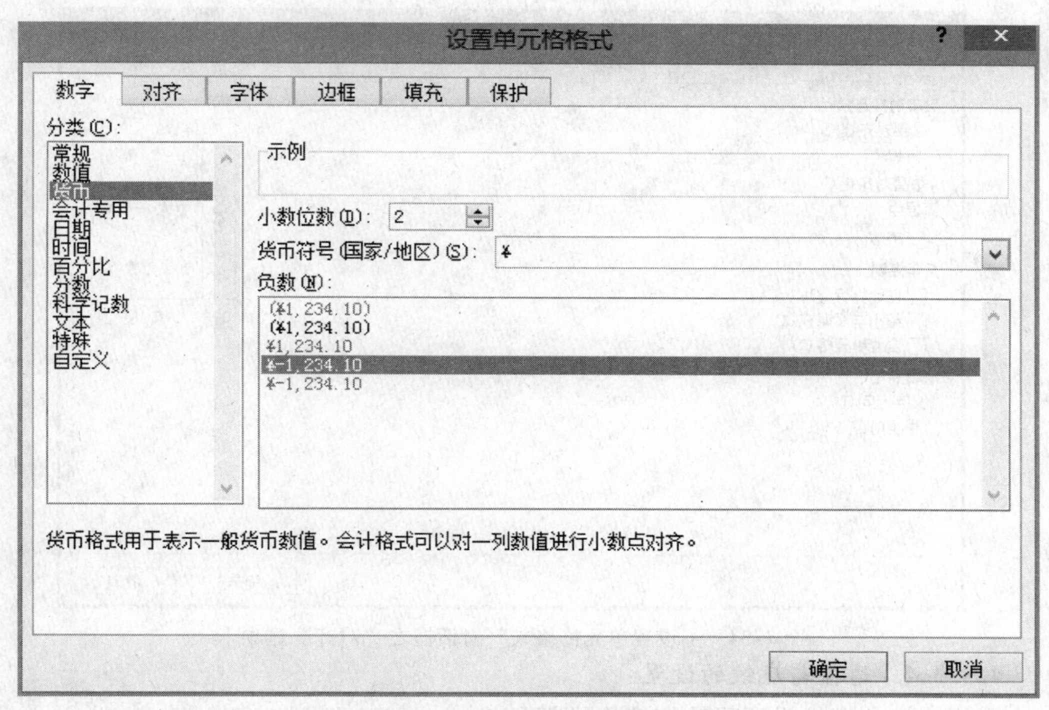

图 4-31　用菜单方法格式化数字

(3) 取消数字的格式。

1) 在“编辑”菜单中选择“清除”选项。

2) 在打开的子菜单中，选择“格式”命令即可取消数字的格式。

4.3.3.3　字体的格式化与对齐方式设置

字体格式化与对齐方式的操作与 Word 相似，可参照 Word 进行设置，“格式”工具栏中的字体格式化按钮如图 4-32 所示。图 4-33 所示为“格式”工具栏中的对齐方式设置按钮。

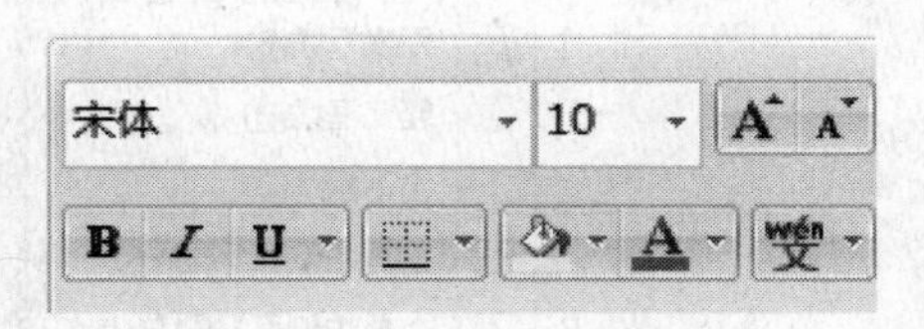

图 4-32　“格式”工具栏中的字体格式化按钮

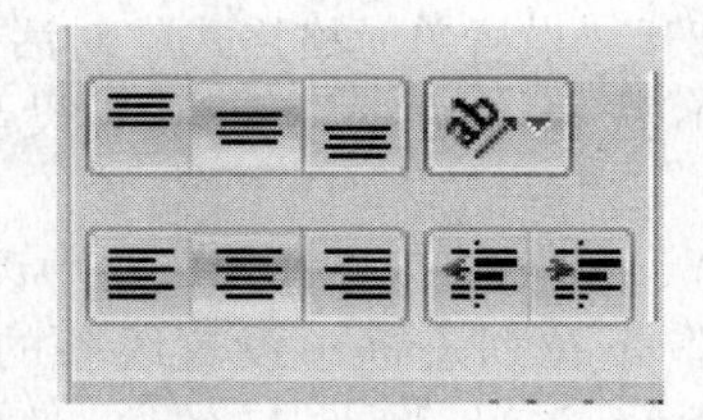

图 4-33　“格式”工具栏中的对齐方式设置按钮

用菜单的方法设置对齐方式。

(1) 选择所要格式化的单元格。

(2) 在“格式”菜单中选择“单元格”选项，单击“对齐”选项卡，打开“设置单元格格式”对话框，如图 4-34 所示。

(3) 根据需要选择“水平对齐”方式，“垂直对齐”方式，“文本控制”及“方向”等项目。

(4) 按“确定”按钮即可完成操作。

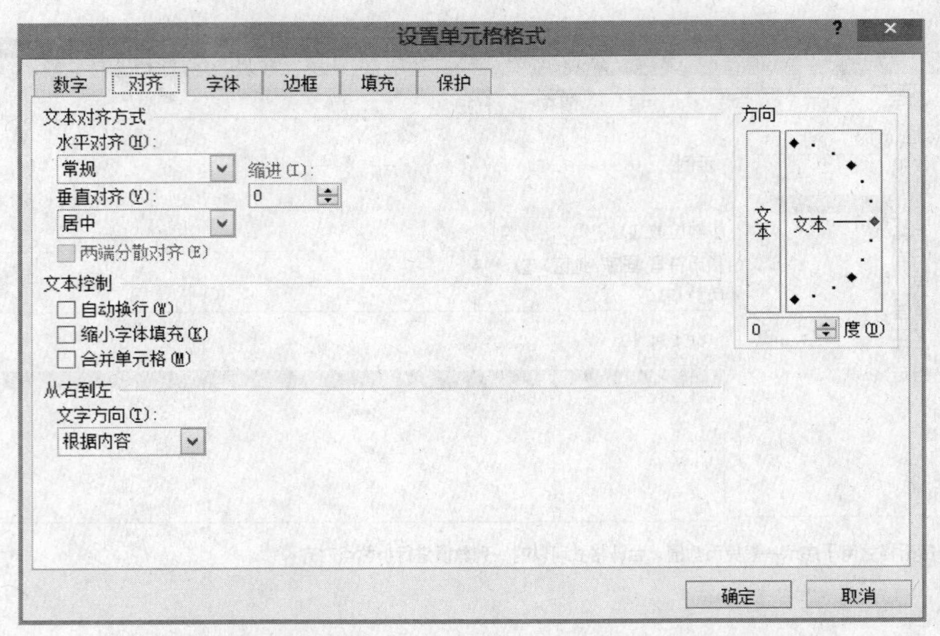

图 4-34 “设置单元格格式”对话框之“对齐”选项卡

4.3.3.4 边框与底纹的设置

采用边框与底纹设置可改变表格局部和整体的格线及底纹形式。

(1) 用工具栏按钮的方法设置边框。图 4-35 所示为“格式”工具栏中“边框”设置按钮及菜单。图 4-36 所示为“设置单元格格式”对话框中的“边框”选项卡。

(2) 用菜单的方法设置边框与底纹。

1) 选择所要格式化的单元格。

2) 在“格式”菜单中选择“单元格”选项，打开“设置单元格格式”对话框。

3) 选择“边框”选项卡设置单元格的边框。

4) 在“线条”“样式”栏中设置线型，在“颜色”下拉列表框中设置线条的颜色，如图 4-36 所示。

5) 选择“预置”按钮，或在“文本”区单击边框线处，设置边框线的位置。

6) 选择“填充”选项卡设置单元格的底纹和颜色。

7) 按“确定”按钮，完成操作。图 4-37 所示为边框与底纹效果示例。

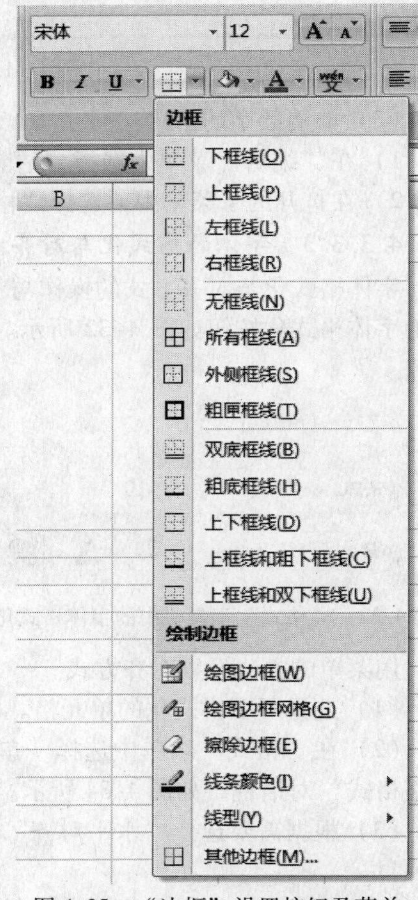

图 4-35 “边框”设置按钮及菜单

4.3.3.5 选择性粘贴

对一些格式比较复杂的数据，可以做选择

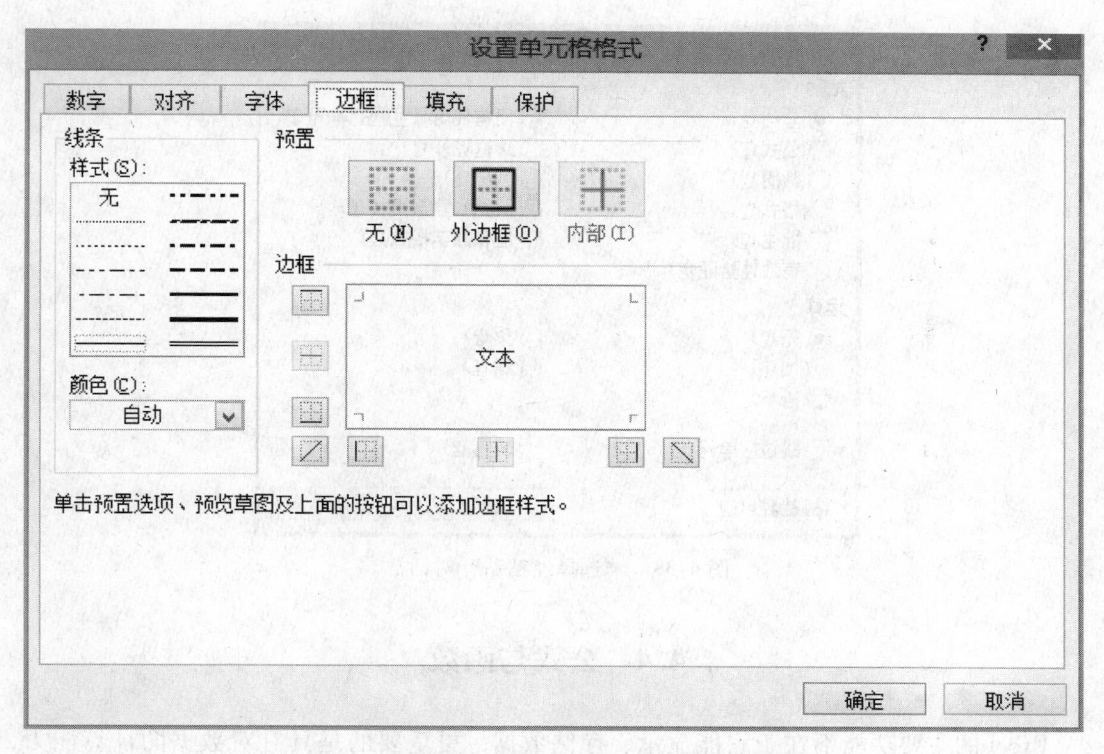

图 4-36 “设置单元格格式”对话框之“边框”选项卡

日本	351.82	-3.83	13.3	274.37	4.3	23.33	36.52
韩国	406.99	-2.76	48.68	320.48	2.18	10.68	24.97
朝鲜	18.06	18.56	6.81	3.81	1.85	5.03	0.56
蒙古	101.05	1.64	0.05	10.26	8.32	78.32	4.1
菲律宾	96.2	7.57	54.15	24.74	0.79	3.87	12.66
泰国	64.76	6.5	2.39	46.07	0.46	4.01	11.83
新加坡	102.77	-3.32	3.68	71.03	1.31	8.34	18.42
印尼	62.2	2.18	9.17	29.51	1.47	8.84	13.21
马来西亚	123.55	-0.77	4.43	84.74	1.5	9.42	23.46
巴基斯坦	9.67	4.53	0.31	6.46	0.09	0.58	2.23
印度	61.02	0.61	11.8	30.43	1.57	5.55	11.66
尼泊尔	4.09	28.19	0.35	2.52	0.06	0.11	1.06
斯里兰卡	4.27	12.45	0.95	3.11	0.03	0.05	0.13
哈萨克	49.14	-2.93	0.05	9.34	1.8	7.78	30.18
吉尔吉斯	4.81	0.99	0.01	2.27	0.02	1.67	0.84
亚洲其他	204.49	6.6	16.81	74.16	2.09	8.93	102.5
美洲小计							

图 4-37 边框与底纹效果

性的复制，如格式、数值、公式、批注等。如图 4-38 所示。操作步骤：

（1）选中要进行操作的单元格或区域，并对其进行复制的操作。

（2）激活要粘贴的位置，单击鼠标右键，在弹出的快捷菜单中选择“选择性粘贴”选项，弹出“选择性粘贴”对话框。

（3）在对话框中选择一种需要的粘贴方式，按“确定”按钮完成。

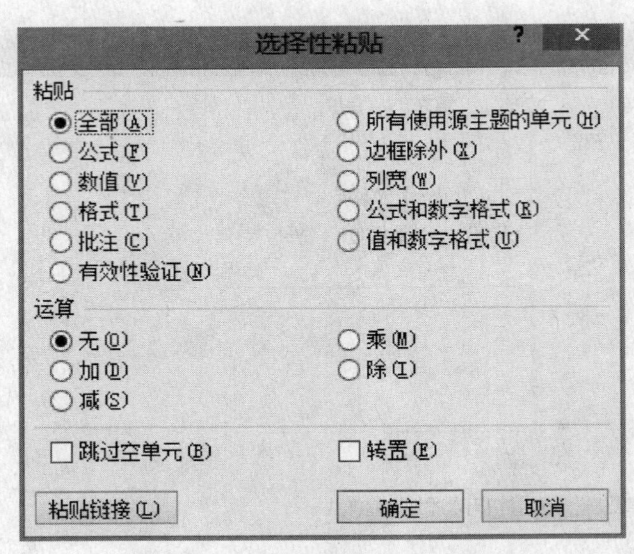

图 4-38 “选择性粘贴”对话框

4.4 公式与函数

Excel 的主要功能不在于它能显示、存储数据，更重要的是具有对数据的计算能力，它允许使用公式和函数对数据进行计算。本节简介 Excel 的公式和函数功能。

4.4.1 公式

公式是对工作表中的数据进行分析与计算的等式。利用公式可对同一工作表的各单元格、同一工作簿不同工作表中的单元格，甚至其他工作簿的工作表中单元格中的数值进行加、减、乘、除、乘方等运算及它们的组合运算。使用公式的优越性在于：当公式中引用的单元格数值发生变化时，公式会自动更新其单元格的内容（结果）。

（1）公式的语法。所有公式必须以符号“=”开始，后面跟表达式。表达式是由运算符和参与运算的操作数组成的，操作数可以是常量、单元格地址和函数等；运算符可以是算术运算符、比较运算符和文本连接符（&）等。公式中不能有空格符。

（2）公式的输入。

1）选择要输入公式的单元格。

2）在编辑栏的文本框中或在所选单元格中输入“=”及“sum（E5，E19）”，如图 4-39 所示。

图 4-39 公式输入举例

3）单击编辑公式栏中的“确认”按钮“√”，或直接按 Enter 键就可以得到计算结果。

4.4.2 函数

函数是预先定义好的公式，它由函数名、括号及括号内的参数组成。其中的参数可以是一个单元、单元区域、一个数。多个参数之间应用逗号“,”分隔。Excel 提供了一大批常用的函数，选用某个函数前应确切了解该函数及其参数的意义。

仍以上题为例，若以函数进行输入则可简化操作：

（1）选择要输入公式的单元格。

（2）在编辑栏的文本框中或在所选单元格中输入“=”，或单击编辑公式按钮 × ✓ fx 。

（3）此时，窗口的“插入函数”对话框内会出现函数列表，如图 4-40 所示。Excel 提供近 200 个函数，并按其功能分类。可从函数列表中选择需要的函数。在本例中选择了“SUM”，如图 4-40 所示，随之打开“函数参数”对话框。

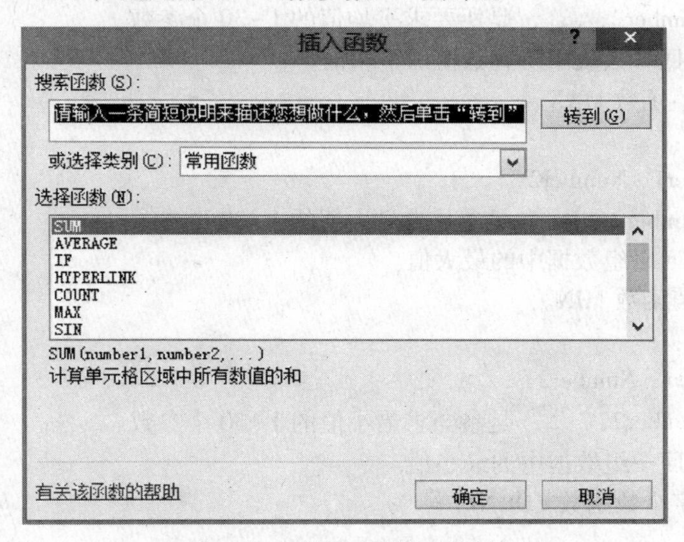

图 4-40 “插入函数”对话框

（4）在“函数参数”对话框中，根据要求输入参数，或单击按钮选择计算所需的单元格区域，如本例，单元格区域为“E5：E19”。“函数参数”对话框的下方一般都有当前选用函数的说明和参数解释，并给出计算结果。

（5）按“确定”按钮，完成函数输入操作。

对于比较简单的函数，可直接向单元格输入该函数，如图 4-41 所示。

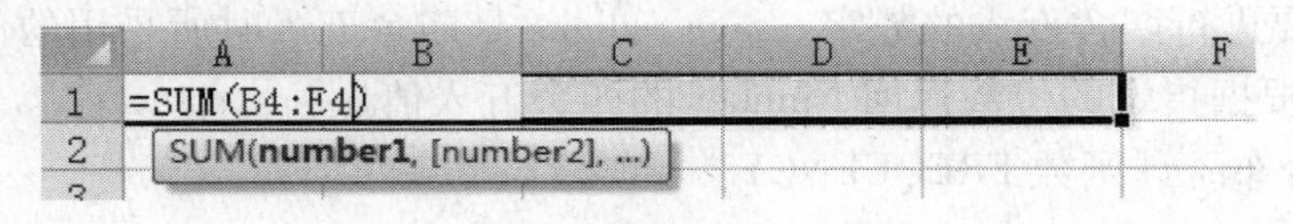

图 4-41 直接输入公式

4.4.2.1 函数

常用函数、财务函数、日期与时间函数、数学与三角函数、统计函数、查找与引用函数、数据库函数、文字函数、逻辑函数、信息函数。函数的一般格式如下：

函数名（参数 1，参数 2，参数 3，…）

激活函数功能通常有两种办法：其一是单击工具栏上的“插入函数”按钮；其二是选择“插入”|“函数”命令。

（1）求和函数 SUM。

1）函数格式：

SUM（Number1，Number2，...）

Number1，Number2，...，是所要求和的 1~30 个参数。

2）功能：返回参数表中所有数值的和。

（2）求平均值函数 AVERAGE。

1）函数格式：

AVERAGE（Number1，Number2，...）

Number1，Number2，...，是所要求平均值的 1~30 个参数。

2）功能：返回参数表中所有数值的平均值。

（3）求最大值函数 MAX。

1）函数格式：

MAX（Number1，Number2，...）

Number1，Number2，...，是参与求最大值的 1~30 个参数。

2）功能：返回一组数据中的最大值。

（4）求最小值函数 MIN。

1）函数格式：

MIN（Number1，Number2，...）

Number1，Number2，...，是参与求最小值的 1~30 个参数。

2）功能：返回一组数据中的最小值。

（5）计算数字个数函数 COUNT。

1）函数格式：

COUNT（Value1，Value2，...）

Value1，Value 2，...，是包含各种数据类型的 1~30 个参数。

2）功能：返回参数组中数字条目的个数。

（6）四舍五入函数 ROUND。

1）函数格式：

ROUND（Number，num_ digits）

Number 是要进行四舍五入的数字。num_ digits 是四舍五入时所采用的位数。

2）功能：根据指定的位数返回 Number 的四舍五入值。

（7）频率分布统计函数 FREQUENCY。

1）函数格式：

FREQUENCY（data_ array，bins_ array）

data_ array 是一个数组或对一组数的引用，这些值是要用于频率统计的值。bins_ array 是间隔点数据的数组或对间隔的数据的引用。

2）功能：返回参数 data_ array 指定的一组数在参数 bins_ array 指定的间隔区域中的频率分布数组，该数组元素的个数比参数 bins_ array 中的元素个数多 1 个。

（8）数学函数。

1）向下取整函数。

①函数格式：

INT（number）

②功能：返回参数 number 向下取舍入后的整数值。

例如，=INT（5.7）的结果为 5，=INT（-5.7）的结果为-6。

2）取余数。

①函数格式：

MOD（number，divisor）

其中，number 代表被除数，divisor 代表除数，除数的值不能为零。

②功能：计算两数相除后的余数，结果的正负号与除数相同。

3）取绝对值函数。

①函数格式：

ABS（number）

其中，参数 number 表示要计算绝对值的实数。

②功能：计算数值的绝对值。

4）求平方根函数。

①函数格式：

SQRT（number）

②功能：返回 number 的平方根值。

例如，=SQRT（25）结果为 5。

（9）统计函数。

1）统计单元格个数。

①函数格式：

COUNTA(value1,value2,...)

②功能：统计参数列表中非空单元格个数（注意内容为空格与内容为空的区别）。

2）按条件统计单元格个数。

①函数格式：

COUNTIF(range,criteria)

其中，参数 range 是一个或多个需要统计的单元格区域；criteria 代表要进行计算的条件，可以是数字、表达式、单元格引用或文本，如果条件不是数字形式的，应该使用双引号将其括起来。

②功能：统计区域中满足给定条件的单元格的个数。

例如，=COUNTIF（A1：D1，“>66”），统计>66 的单元格个数。

3）计算中值函数。

①函数格式：

MEDIAN(number1,number2,...)

其中，参数 number1，number2 等为要计算中值的数值。中值是所有的数值按大小顺序排列后最中间的数字，如果一组数字的个数为奇数，中值即为中间的数字，如果一组数字的个数为偶数，中值即为中间两个数字的平均值。

②功能：返回给定数值的中值（一组数值按序排列后居于中间位置的数值）。

4）排位函数。函数格式：

RANK（number，ref，order）

其中，参数 number 是需要找到排位的数字；参数 ref 是包含一组数字的单元格区域引用或一组数字，且在指定的参数范围内非数值型数据将被忽略；参数 order 是一数字，指明排位的方式，如果 order 值为零或省略，结果将 ref 按照降序排列，如果 order 不为零，则结果将 ref 按照升序排列。

（10）日期和时间函数。

1）显示日期函数。函数格式：

DATE(year,month,day)

其中，year 表示年份，month 表示月份，day 表示日期。如果年份值位于 0~1899 之间，则会将该值加上 1900 作为年份；若值位于 1900~9999 之间，则该值会被直接作为年份返回；如果其值在这两个范围之外则会返回错误值“#NUM!”

如果月份的数字大于 12，函数会自动将其换算为年份，加到年份数值里，仅保留所剩余的月份。如果日期的数字大于当月的天数，函数会自动将其换算为月份，加到月份的数值中，仅保留所剩的日期。

2）显示时间函数。

①函数格式：

TIME(hour,minute,second)

其中，hour，minute，second 分别表示时、分、秒。如果分和秒>59，将被进位换成适当的时或分。

②功能：显示时间。

3）显示当前日期和时间。

①函数格式：

NOW（）

②功能：返回计算机系统内部时钟的当前日期与时间。

注意：单元格格式应为自定义格式。

4）显示当前日期。

①函数格式：

TODAY（ ）

②功能：返回计算机系统当前日期。

注意：单元格格式应为日期。

5）返回某日期对应的年份。

①函数格式：

YEAR(serial_ number)

serial_ number 为一个日期值，其中包含需要查找年份的日期。可以使用 DATE 函数输入日期。如果参数以非日期的形式输入，则会返回错误值“#VALUE”。

②功能：显示日期值或日期文本的年份，返回值的范围为1900~9999之间的整数。

返回某日期对应的月份公式为：

MONTH(serial_ number)

返回某日期对应当月的天数公式为：

DAY(serial_ number)

（11）财务函数。

1）可贷款函数PV。格式：

PV(rate,nper,pmt)

其中，rate为每期的利润；nper为分期偿还的总期数；pmt为每期应偿还的金额。例如，某企业向银行贷款，其偿还能力为每月60万元，已知银行月利率为8%，计划两年还清，则该企业可向银行贷款为PV（0.08，24，60）=631.73（万元）。

2）计算贷款的每期付款额函数PMT。格式：

PMT(rate,nper,pv)

其中，rate为每期的利润；nper为分期偿还的总期数；pv为可贷款数。例如，某企业向银行贷款1800万元，准备5年还清，已知月利率为8%，则该企业应向银行偿还贷款的金额为PMT（0.08，60，1800）=145.44（万元）。

3）计算固定利率的未来值。

①函数格式：

FV(rate,nper,pmt,pv,type)

其中，rate为各期利率，nper为总投资期，pmt为各期所应支付的金额，pv为现值，type为数字0或1，如果值为0或省略代表期末，如果为1则代表期初。

②功能：基于固定利率及等额分期付款方式返回某项投资的未来值。

例如，先期存款为200000元，年利率为2%，每月存款为2000元，存款时间为36个月，则三年后的存款=FV（2%，36，2000，200000，0）为286496.92元。

4）计算折旧值。

①函数格式：

SYD（cost，salvage，life，per）

其中，cost为资产原值，salvage为资产在折旧期末的价值，life为折旧期限，per为期间。

②功能：返回某项资产按年限总和折旧法计算的指定期间的折旧值。

例如，某公司资产原值为1100000元，资产残值为10000元，折旧年限为7年，则有当年的折旧值=SYD（1100000，10000，7，1）为272，500.00元。

（12）文本函数。

1）返回左边的字符。

①函数格式：

LEFT（text，num_ chars）

其中，参数text表示包含要提取字符的文本字符串，num_ chars表示要提取的字符数。

②功能：提取字符串左边的指定字数。

例如，=LEFT（“我爱中华”，2）的结果为“我爱”。

返回右边的字符：RIGHT（text，num_ chars）和返回中间的字符：MID（text，n，num），其中参数的含义与上面返回左边的字符函数一样。

2）计算字符串的长度。

①函数格式：

LEN（text）

其中，参数 text 表示要计算其长度的文本。

②功能：计算字符串的字数。

例如，=LEN（我爱中华!）的结果为5。

3）查找文本字符串。

①函数格式：

FIND（find_ text，within_ text，start_ num）

其中，find_ text 代表需要查找的字符串，within_ text 代表包含要查找字符的字符串，start_ num 代表在字符串的第几个字开始查找。

②功能：搜索一个字符串在另一个字符串中的出现位置。

4）删除多余空格。

①函数格式：

TRIM（text）

其中，参数 text 表示需要清除空格的文本。对于中文字符串和英文字符串来说，英文字符串中存在空格是正确的，而中文字符串中存在空格则是错误的。

②功能：将字符串中的多余空格去除。

5）取出字符串。

①函数格式：

MID（num，m，n）

其中，num 为原字符串，m 为要取的字符串的起始位置，n 为个数。

②功能：取出字符串从第 m 个位置开始的 n 个字符。

另外，字符转换函数如下：

LOWER（NUM）：将字符串中所有大写字母转为小写字母。

UPPER（NUM）：将字符串中所有小写字母转为大写字母。

（13）逻辑函数。

1）按条件返回。

①函数格式：

IF（logical_ test，value_ if_ true，value_ if_ false）

其中，参数 logical_ test 表示计算结果为 TRUE 或 FALSE 的任何数值或表达式；value_ if_ true 是 logical_ test 为 TRUE 时函数的返回值；value_ if_ false 是 logical_ test 为 FALSE 时函数的返回值。

②功能：按条件返回值。

IF 函数还可以进行嵌套，从而实现多种情况的选择。

2）求随机数。

①函数格式：

RAND（）

②功能：返回≥0 且<1 的均匀分布随机数，每次计算工作表都将返回一个新值。

说明：若要返回 a 与 b 之间的随机数则使用如下公式：

$$RAND() * (b-a)+a$$

4.4.2.2 数据库函数

（1）返回记录字段（列）的数字之和。

①函数格式：

DSUM（database，field，criteria）

database 表示构成列表或数据的单元格区域，也可以是单元格区域的名称。field 表示指定函数使用的数据列。列表中的数据必须在第一行具有标志项。field 可以是文本，即两端带引号的标志项。criteria 表示一组包含给定条件的单元格区域。可以指定任意区域，只要它至少包含一个列标志或列标志下方用于设定条件的单元格。

②功能：利用 DSUM 函数，返回列表或数据库中满足指定条件的记录字段（列）中的数字之和。

（2）返回所选数据库条目的平均值。

①函数格式：

DAVERAGE（database，field，criteria）

database 表示构成列表或数据的单元格区域，也可以是单元格区域的名称。field 表示指定函数使用的数据列。列表中的数据必须在第一行具有标志项。field 可以是文本，即两端带引号的标志项。criteria 表示一组包含给定条件的单元格区域。可以指定任意区域，只要它至少包含一个列标志或列标志下方用于设定条件的单元格。

②功能：返回数据库或列表数据满足指定条件的字段中数值的平均值。

（3）返回最大数字。函数格式：

DMAX（database，field，criteria）

database 表示构成列表或数据的单元格区域，也可以是单元格区域的名称。field 表示指定函数使用的数据列。列表中的数据必须在第一行具有标志项。field 可以是文本，即两端带引号的标志项。criteria 表示一组包含给定条件的单元格区域。可以指定任意区域，只要它至少包含一个列标志或列标志下方用于设定条件的单元格。

同样的原理，返回最小数字的函数为 DMIN（database，field，criteria）。

（4）计算数据库中包含数字的单元格的数量。

①函数格式：

DCOUNT（database，field，criteria）

database 表示构成列表或数据的单元格区域，也可以是单元格区域的名称。field 表示指定函数使用的数据列。列表中的数据必须在第一行具有标志项。field 可以是文本，即两端带引号的标志项。criteria 表示一组包含给定条件的单元格区域。可以指定任意区域，只要它至少包含一个列标志或列标志下方用于设定条件的单元格。

②功能：返回数据库或数据列表的指定字段中，满足指定条件并且包含数字的单元格

个数。

以上介绍了 Excel 中比较常用的一些函数的功能和使用方法。Excel 中还有大量的函数。如果读者需要对函数有更多的了解或者在日常使用中需要用到其他的函数，可以查阅 Excel 的联机帮助或查找有关的参考书阅读。

4.5 图表绘制

4.5.1 Excel 图表功能概述

图表使相关数据体现得更加形象、直观。通过向工作表中添加图表，可以提高工作表的可读性，了解一些从数字看不出的趋势和异常情况，也可以提高用户的工作兴趣。当工作表上的数据发生变化时，图形也会相应的改变。

利用工作表中的数据就可以绘制出各种不同的图表，其中包括：条形图、柱形图、饼图、折线图、XY 散点图等 14 种类型，每种类型都有若干种子类型，有些图形还可以用三维的方式显示。在作图的同时还可以给图形加上图形标题、*X*- 轴标题、*Y*- 轴标题和图例说明等。

4.5.2 建立图表

绘制图表时首先要有数据来源。这些数据要求以列或行的方式存放在工作表的一个区域中。如果是以列的方式排列，则通常要求区域的第一列数据作为 *Y*- 轴的数据；如果是以行的方式排列，则通常要求区域的第一行数据作为 *X*- 轴数据。绘制图表的方法有：

（1）选定图表类型。

（2）指定需要用图表表示的单元区域，即图表数据源。

（3）选定图表格式，指定一些项目，如图表的方向，图表的标题，是否要加入图例等。

（4）选择要生成的图表是图表工作表还是嵌入式图表。

也可以利用“常用”工具栏的“图表向导”完成建立图表的工作。

如果要对图 4-42 所示的人数统计表中的所有数据绘制柱状图，可以通过下列步骤完成：

I4 fx

	A	B	C	D	E	F	G	H
1	香港同胞	7871.3	-0.81	123.72	174.86	76.48	2431.98	5064.26
2	澳门同胞	2116.06	-10.68	8.59	7.03	0.26	138.25	1961.94
3	台湾同胞	534.02	1.47	78.11	322.87	2.53	55.97	74.54
4	外国人	2719.16	0.29	268.86	1637.37	56.46	358.22	398.25
5	**亚洲小计**							
6	日本	351.82	-3.83	13.3	274.37	4.3	23.33	36.52
7	韩国	406.99	-2.76	48.68	320.48	2.18	10.68	24.97

图 4-42 人数统计表

（1）选择“插入”|“图表”菜单命令，或“常用”工具栏“图表向导”按钮，在如图4-42所示的“图表向导-4步骤之1-图表类型”对话框的“图表类型”工具栏中指定图表的类型（此处选择“柱形图”，见图4-43），在“子图表类型”选择区域中选择图表的子类型，按“下一步”按钮继续。

（2）在所显示的“图表向导-4步骤之2-图表数据源”对话框的“数据区域”文本框中输入A4：E9（或A4：E9），在“系列产生在”单选框中选择以“行”组织数据，按“下一步”按钮继续。

（3）在所显示的“图表向导”对话框中，选择图表类型及样式，选定后系统自动按照选定数据生成如图4-44所示的人数统计图。

可以对已经完成的图表的字体进行设置，并利用图表边上的尺寸柄调整图表的大小。

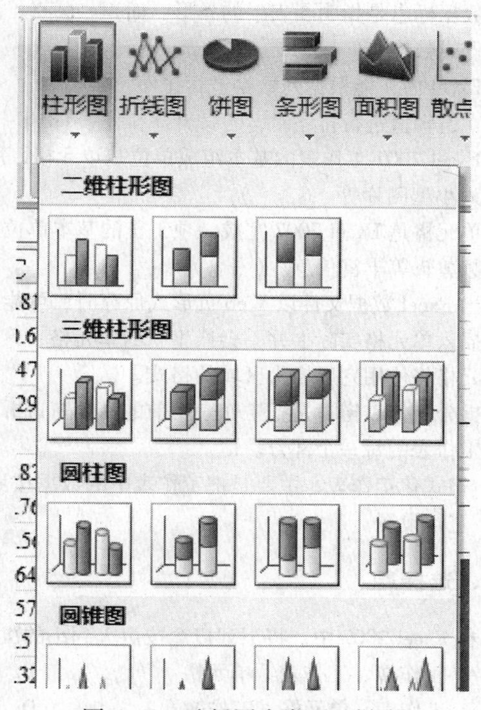

图4-43　选择图表类型及样式

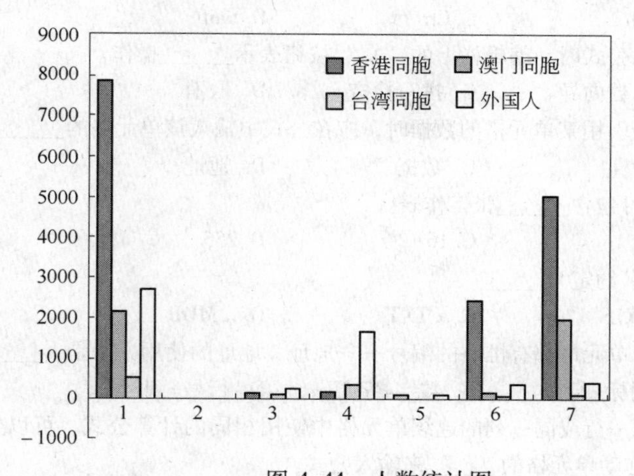

图4-44　人数统计图

习　题

一、判断题

1. 在分页预览中用户可以用鼠标直接拖动分页符来改变其在工作表中的位置。（　　）

2. 数据标志是指明图表中的条形、面积、圆点、扇区或其他类似符号，来源于工作表单元格的单一数据点或数值。(　　)
3. Excel 中只能根据列数据进行排序。(　　)
4. 在逻辑值进行排序时，若按升序排序，TRUE 排在 FALSE 之前。(　　)
5. Excel 2007 工作表的基本组成单位是单元格，用户可以向单元格中输入数据、文本、公式，还可以插入小型图片等。(　　)
6. 单元格是 Excel 2007 完成一项工作的基本单位，用户可以在其中填充字符串、数字、公式、图表、视频剪辑等丰富信息。(　　)
7. 当 Excel 数据文件以 Web 页形式保存时，可能会有某些格式和特性将被删除。(　　)
8. 插入单元格实际上并不会产生新的单元格，只是将原有的资料按用户所选择的方式移动，而插入的单元格将使用它所插入区域的格式。(　　)
9. 拆分工作表窗口是把工作表当前的活动窗口拆分成窗格，并且在每个窗格中都可以通过滚动条来显示工作表的每一个部分。(　　)
10. 格式化工作表，主要是把工作表中的数据按照人们更容易接受的形式或更符合本行业特征的形式来进行设置。(　　)

二、选择题

1. 在 Excel 2007 中，将下列概念按由大到小的次序排列，正确的次序是______。
   A. 工作簿、工作表、单元格　B. 单元格、工作簿、工作表
   C. 工作表、单元格、工作簿　D. 工作簿、单元格、工作表
2. 在 Excel 操作中，若要在工作表中选择不连续的区域时，应当按住______键再单击需要选择的单元格。
   A. Alt　B. Tab　C. Ctrl　D. Shift
3. 在 Excel 的单元格中输入公式时，编辑栏上的“√”按钮表示______操作。
   A. 确认　B. 函数向导　C. 拼写检查　D. 取消
4. 在 Excel 中，要在公式中引用某单元格的数据时，应在公式中输入该单元格的______。
   A. 格式　B. 附注　C. 数据　D. 地址
5. Excel 的工作簿窗口最多可包含______张工作表。
   A. 1　B. 8　C. 16　D. 255
6. Excel 工作簿文件的扩展名约定为______。
   A. . DOC　B. . XLS　C. . TXT　D. . MDB
7. 在 Excel 工作表中，每个单元格都有惟一的编号——地址，地址的使用方法是______。
   A. 字母+数字　B. 列标+行号　C. 数字+字母　D. 行号+列标
8. 在 Excel 中，如果要在同一行或同一列的连续单元格中使用相同的计算公式，可以先在第一单元格中输入公式，然后用鼠标拖动单元格的______来输入公式。
   A. 列标　B. 行标　C. 填充柄　D. 框
9. 在 Excel 环境中用来存储并处理工作表数据的文件称为______。
   A. 单元格　B. 工作区　C. 工作簿　D. 工作表
10. 在 Excel 中，利用填充柄可以将数据复制到相邻单元格中，若选择含有数值的左右相邻的两个单元格，左键拖动填充柄，则数据将以 ______ 填充。
   A. 等差数列　B. 等比数列　C. 左单元格数值　D. 右单元格数值

三、Excel 基本操作练习

1. 把 Sheet 改为“表一”，并输入如下的数据。在“表一”数据区域右边增加一列，该列的第一个单元

格中输入“实发工资”，其余单元格存放对应行“基本工资”、“职务津贴”和“奖金”。应用公式为实发工资=基本工资+职务津贴+奖金，如图4-45所示。

姓名	基本工资	工龄	职务津贴	奖金
王书洞	568	32	240	96
张泽民	111	5	156	15
魏军	123	17	180	51
叶枫	156	28	208	84
李云青	132	22	180	66
谢天明	230	30	310	90
史美杭	188	25	240	75
罗瑞维	111	8	156	24
秦基业	156	24	208	72
刘予予	230	38	310	114

图4-45　习题三之1. 题图

2. 将“表一”复制到Sheet2，并将Sheet2更名为“工资表”。
3. 在“工资表”中对“实发工资”按降序排列。
4. 将“工资表”中“姓名”和“实发工资”两列数据复制到Sheet3，对Sheet3设置自动套用格式为“简单”，各单元格内容居中。
5. 在工作表Sheet3中以“姓名”和“实发工资”为数据区域，创建一个饼图，显示在C1：G11区域，以“姓名”为图例项，图例位于图表“靠左”。

5 演示文稿制作软件

本章要点：

演讲是人们针对某个问题阐明观点的有效途径，对于一个好的演讲，正确、鲜明的观点固然重要，而生动的叙述手段则能起到事半功倍的效果。PowerPoint 以幻灯片的形式提供了一种演讲手段，利用 PowerPoint 可制作图、文、声、动画、电影、特技并茂的演讲稿。制作演讲稿可以在计算机上或投影屏幕上播放，也可打印成幻灯片或透明胶片。本章介绍利用 PowerPoint 制作和播放演讲稿的主要环节。内容包括：

· 建立和编辑演示文稿

· 美化演示文稿

· 放映和打印演示文稿

5.1 PowerPoint 2007 的基本知识

5.1.1 启动和退出

和 Word 一样，PowerPoint 也是 Microsoft Office 的主要组件之一。其常规启动方式如下：单击“开始”按钮，再将鼠标指针指向“程序”项，单击“程序”子菜单中的“Microsoft PowerPoint”就进入了 PowerPoint 的环境。启动后的屏幕如图 5-1 所示。或者直接单击计算机桌面上 PowerPoint 的快捷图标进入程序。PowerPoint 主界面各个部分简介如图 5-2 所示。

退出 PowerPoint 的常用操作方法为单击“文件”菜单中的“退出”选项。和退出 Word 时的情况类似，如果尚未对文稿进行过保存，屏幕上就会显示保存文件的询问框，用户可根据需要选择是否保存文件。

5.1.2 建立演示文稿

5.1.2.1 建立演示文稿的方法

从启动屏幕中可以有三种方法建立演示文稿。

（1）利用“新建”菜单。单击屏幕左上角 Microsoft Office 按钮，在打开的菜单中选择“新建”按钮，如图 5-3 所示。

（2）直接单击工具栏中的“新建幻灯片”按钮，根据所需版式选择新建幻灯片样式，还可以复制所选幻灯片，从外部大纲导入幻灯片以及重复利用之前的幻灯片模板，如图

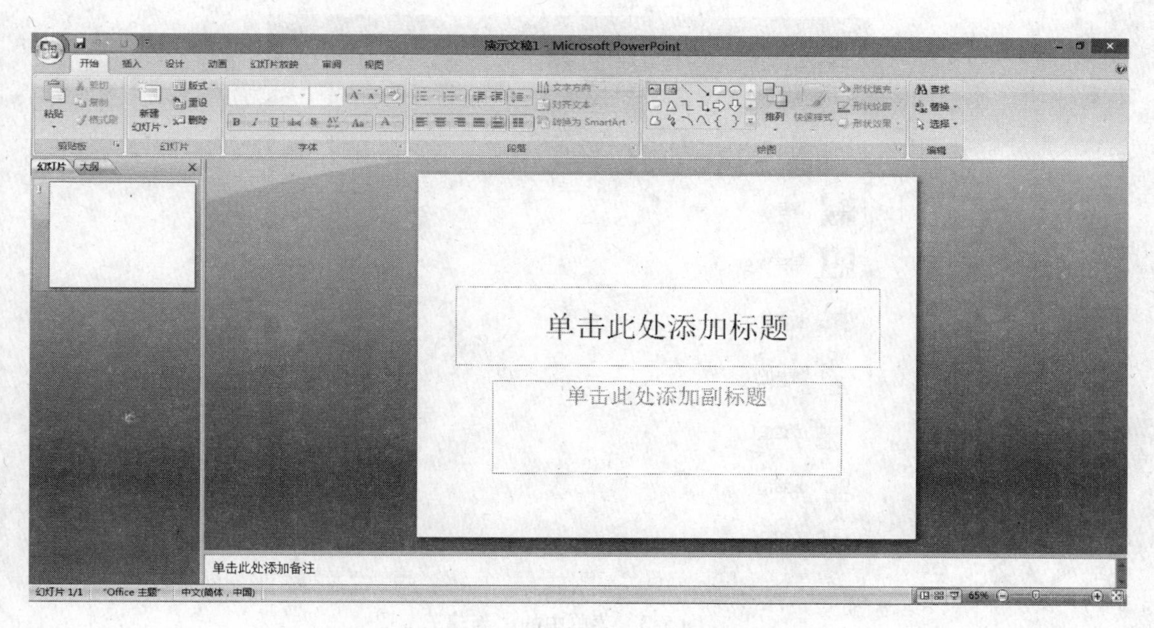

图 5-1　启动后的屏幕

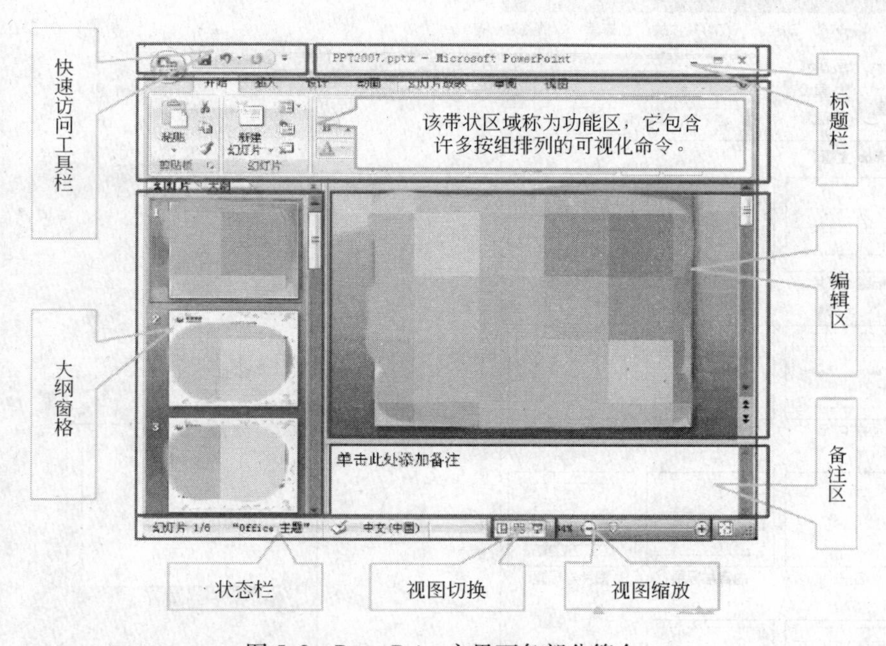

图 5-2　PowerPoint 主界面各部分简介

5-4 所示。

（3）在屏幕左侧幻灯片预览框中单击鼠标右键，在弹出的快捷菜单中选择“新建幻灯片”选项，如图 5-5 所示。

为了可以方便直观地浏览每个演示文稿，可将其用浏览视图显示。文稿大纲视图如图 5-6 所示。还可使用“幻灯片浏览”工具进行浏览，如图 5-7 所示。

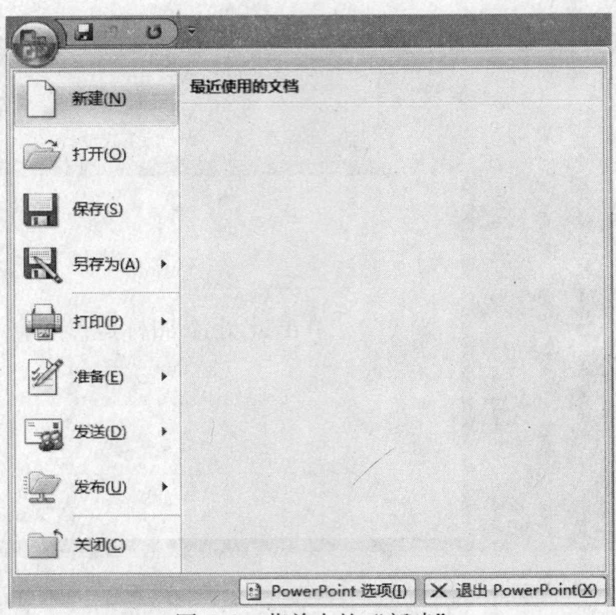

图 5-3 菜单中的“新建”

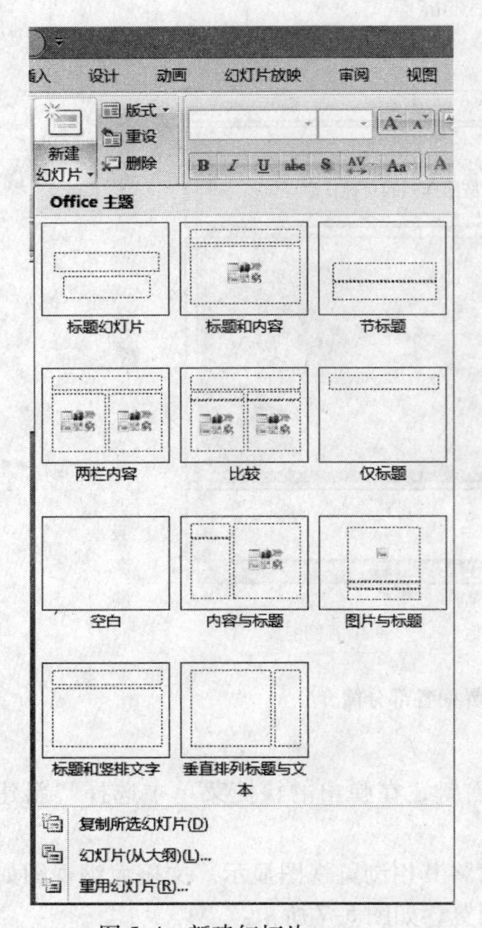

图 5-4 新建幻灯片一

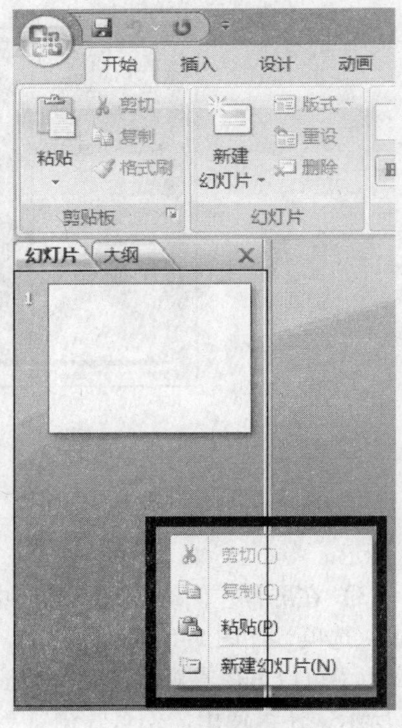

图 5-5 新建幻灯片二

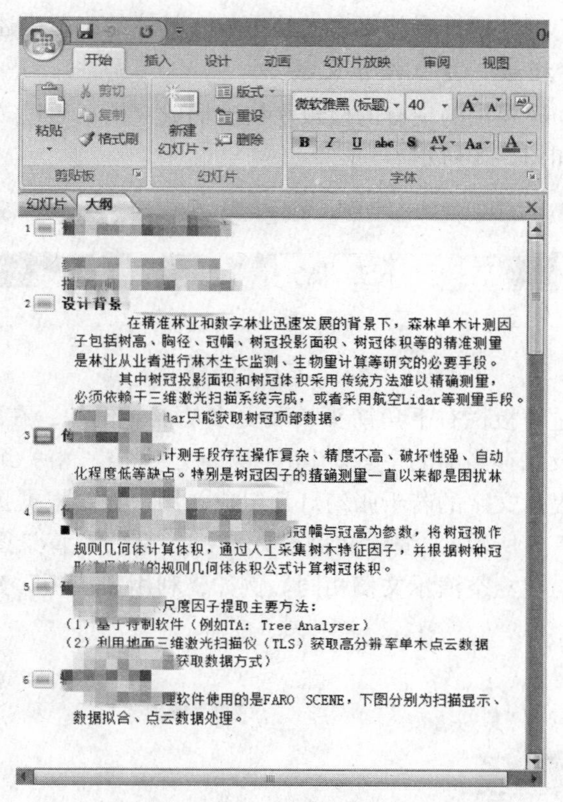

图 5-6　文稿大纲视图

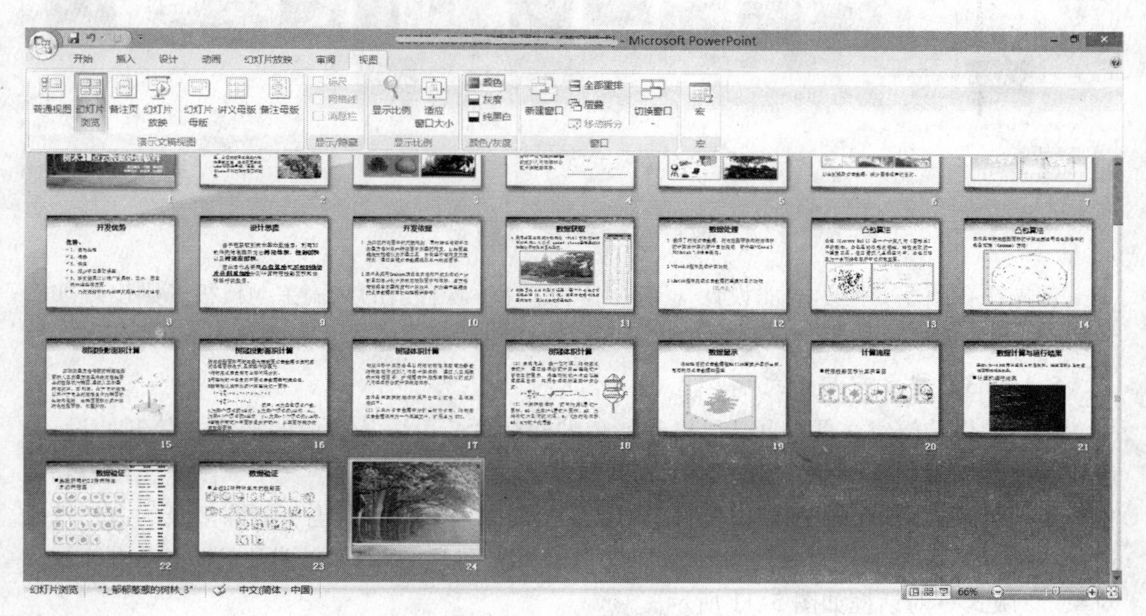

图 5-7　幻灯片浏览视图

根据“内容提示向导”建立所需文稿的主要框架，然后按照下面将要介绍的方法，把特定的信息写入每一页幻灯片并对它们进行修饰或增、删幻灯片操作。这种方法适用于展示有一定套路的工作，可使设计者将更多的精力放在具体的细节描述上。

5.1.2.2 利用“模板”建立演示文稿

可以利用 PowerPoint 提供的现有的模板来快速形成文档。通过“设计”选项卡，可选择各种类型的模板，如图 5-8 所示。

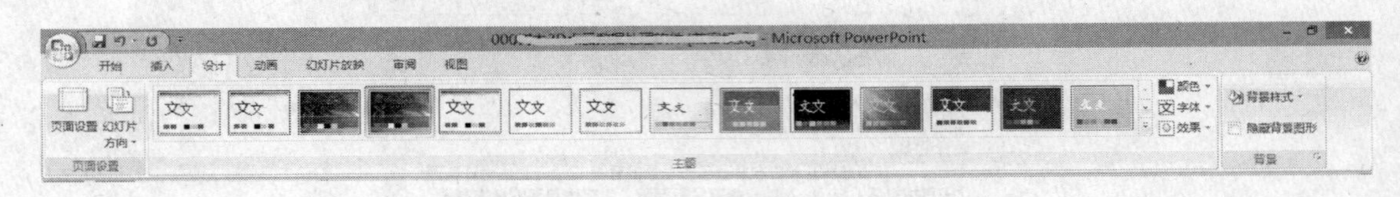

图 5-8 “设计”选项卡一

另外，还可以通过模板栏右下角箭头拓展更多功能。例如，在线获取其他主题模板、浏览本机上的主题以及保存当前的主题。其中：“演示文稿”由一组预先设计好的带有背景图案、文字格式和提示文字的若干张幻灯片组成，用户只要根据提示输入实际内容即可建立演示文稿。如图 5-9 所示。“演示文稿设计模板”是仅有背景图案的空演示文稿，以后建立幻灯片的方法与建立空演示文稿相同。例如，利用“模板”建立一个演示文稿方法如下：

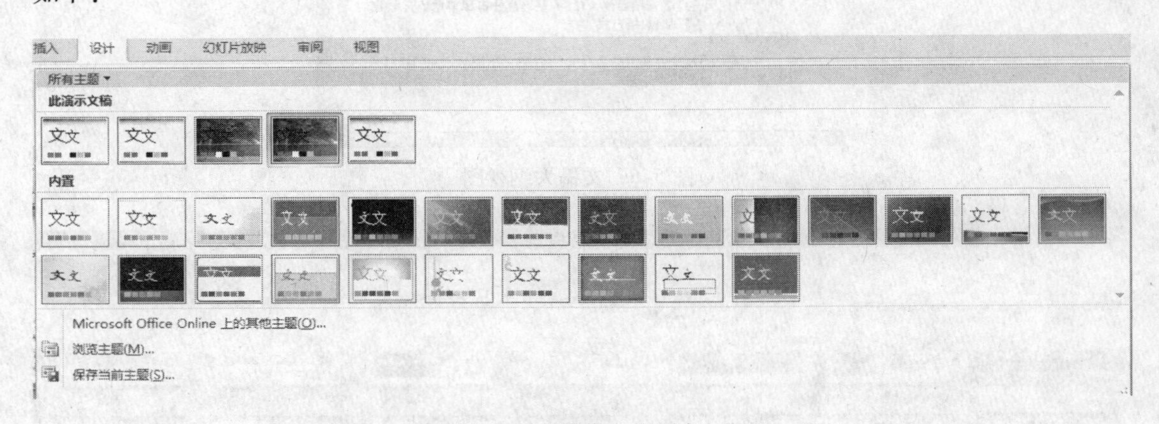

图 5-9 “设计”选项卡二

首先，在图 5-8 所示的“设计”选项卡中选择一款合适的文稿主题模板，则出现如图 5-10a 所示界面。可按照会议题目和演示人，选择浏览视图模式，如图 5-10b 所示。

5.1.2.3 建立空演示文稿

用户如果希望建立具有自己风格和特色的幻灯片，可以从空白的演示文稿开始设计。版式不包含任何背景图案，但包含了许多占位符，用于填入标题、文字、图片、图表和表格等各种对象。用户可以按照占位符中的文字提示来输入内容，也可删除多余的占位符或通过“插入”菜单的“对象”命令，插入自己所需图片、Word 文档及 Excel 表格等各种对象。“版式”对话框如图 5-11 所示。

可通过图 5-3、图 5-4 或图 5-5 所示的方式建立新的空演示文档，再选择所需版式进行设计。用户如果对插入的对象不满意，可以进行修改。例如，建立如图 5-12 所示幻灯片效果。其中背景使用模板，其他对象分别为文本框、剪贴画和艺术字。

(a)

(b)

图 5-10 利用“模板”建立演示文稿

（a）文稿幻灯片首页；（b）文稿幻灯片浏览视图

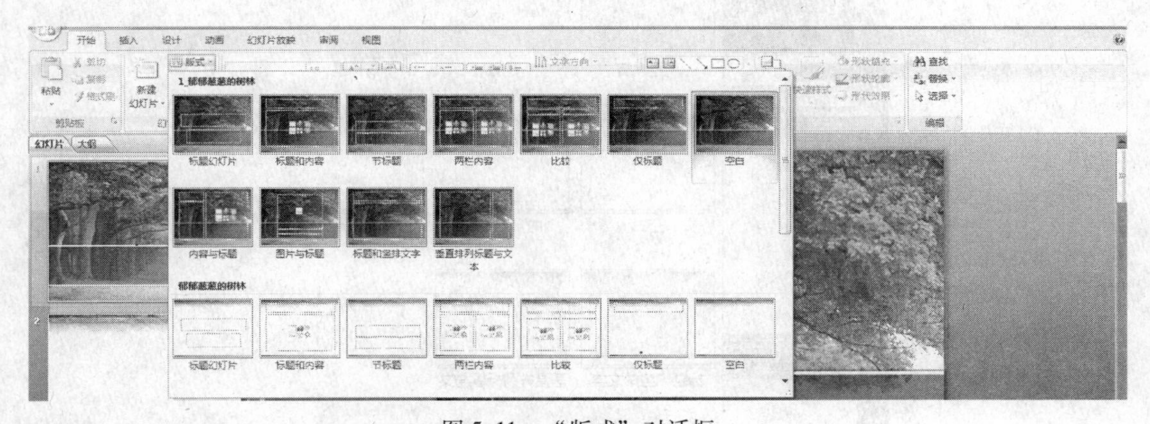

图 5-11 “版式”对话框

（1）使用如图 5-13 所示的方法，建立新空白演示文档。

（2）创立新空白演示文档后，选择所需版式，如图 5-14 所示，选择“标题、文本与剪贴画”版式。

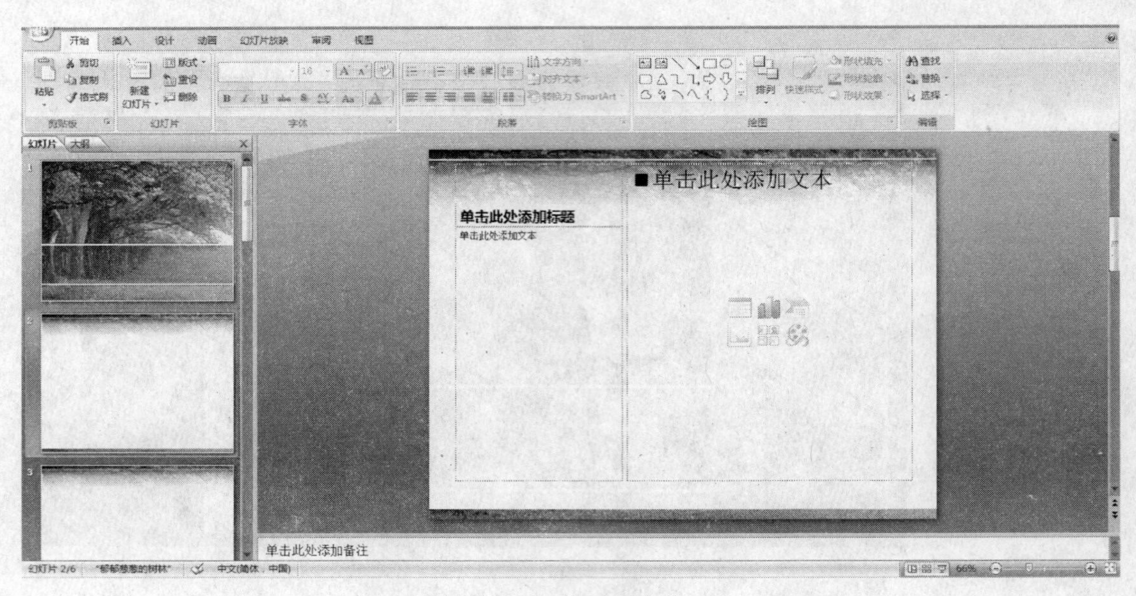

图 5-12　幻灯片效果

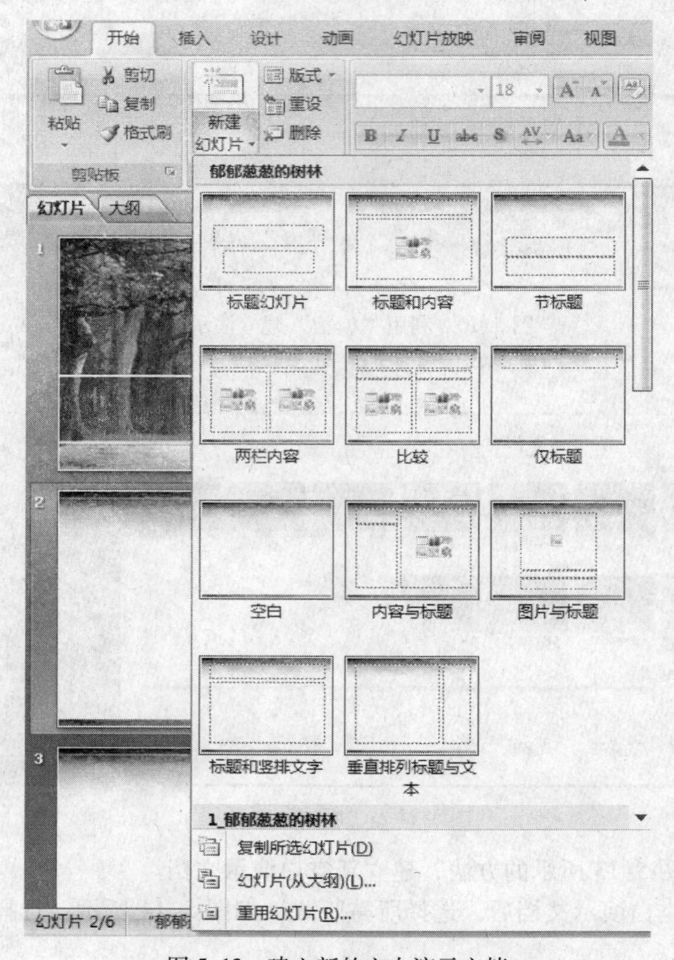

图 5-13　建立新的空白演示文档

图 5-14 选择“标题、文本与剪贴画”版式

（3）在文本框输入标题“谢谢”并居中；双击右边的图文框，在其中加入剪贴画。

（4）选中左边的文本框，按 Delete 键将其删除。

（5）单击“插入”菜单的“艺术字”选项，在其字库中选择所需艺术字类型，如图 5-15 所示。

图 5-15 “艺术字库”对话框之“插入”选项卡

（6）选择某种艺术字后可对艺术字进行必要编辑，输入相应文字及格式要求，在插入的艺术字上双击鼠标，对艺术字进行选中、修改等，如图 5-16 所示。

在指定位置插入新幻灯片还可采用另外一种方法。

1）将光标移到第二张幻灯片的上面，单击鼠标左键，选中第二张，如图 5-17 所示。

2）单击“插入”菜单的“新幻灯片”选项，在随后出现的“新幻灯片”对话框中选择一种版式，可以选择“文本与剪贴画版式”并确定。

图 5-16 编辑艺术字文字

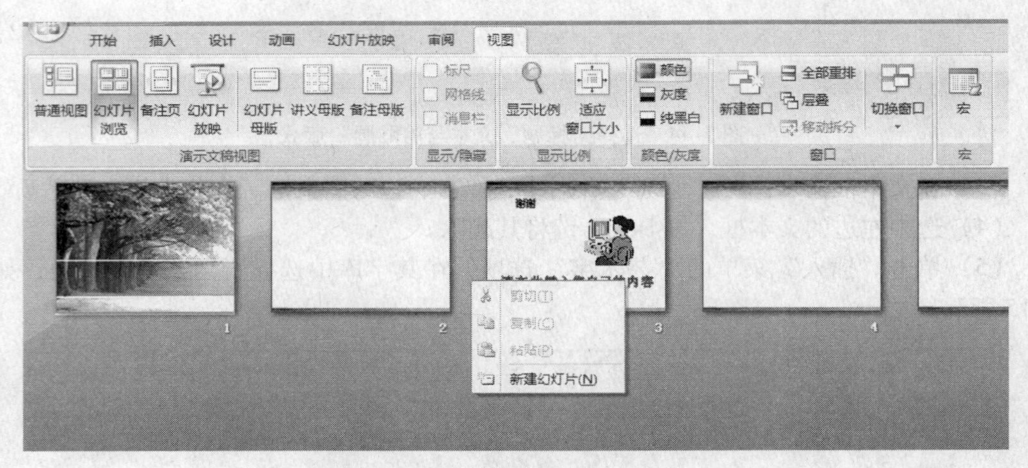

图 5-17 在指定位置插入幻灯片

3）双击第三张幻灯片，使之进入幻灯片视图，按照提示输入相应内容即可。

在大纲视图、浏览视图及幻灯片视图模式下，单击“编辑”菜单的“删除幻灯片”选项，均可删除当前幻灯片；若在浏览视图或大纲视图中选中某幻灯片后，按 Backspace 或 Delete 键也可删除该幻灯片。

5.1.3 演示文稿的浏览和编辑

5.1.3.1 视窗的切换

PowerPoint 为了建立、编辑、浏览、放映幻灯片的需要，提供了多种不同的视窗，各个视窗间的切换可以用水平滚动条左端的五个按钮来切换 。也可以打开“视图”菜单，从中挑选相应的选项进行切换。这五个从左到右的按钮是：

（1）幻灯片视图。按下“幻灯片视图”按钮即转换到幻灯片视图，幻灯片大都是在此视图下建立和编辑的。在幻灯片视图下不仅可以输入文字，还可以插入剪贴画、表格、图表、艺术字、组织结构图等图片。

（2）大纲视图。按下“大纲视图”按钮即转换到大纲视图，此时仅显示文稿中所有标题和正文，从“视图”菜单中可以调出“大纲”工具栏。用户可利用“大纲”工具栏调整幻灯片标题、正文的布局和内容、展开或折叠幻灯片的内容、移动幻灯片的位置等。例如，图 5-18 所示为以大纲视图显示的一个具有 10 张幻灯片的演示文稿，其中第 1，2 张是展开的。

将鼠标在各幻灯片前（或幻灯片标题前）单击，则选中该幻灯片（或标题），然后可通过单击“大纲”工具栏上的各按钮对所选幻灯片（或标题）进行操作，从左至右，按钮依次为“升级”和“降级”（共有五级标题）、“上移”和“下移”（幻灯片顺序的改变）、“折叠”和“展开”（指当前幻灯片的内容）、“全部折叠”和“展开”（指所有幻灯片的内容）。

（3）备注页视图。按下“备注页视图”按钮进入备注页视图模式。可以在备注页输入演讲稿提示，该提示仅供演讲者使用，不能在幻灯片上显示。备注页是演讲者对每一张幻灯片的注释。

（4）幻灯片浏览视图。按下“幻灯片浏览”按钮转换到多页并列显示，此时，所有的幻灯片缩小列在窗口中，用户可以一目了然地看到多张幻灯片，并可以对幻灯片方便地进行移动、复制、删除等操作，如图 5-19 所示。

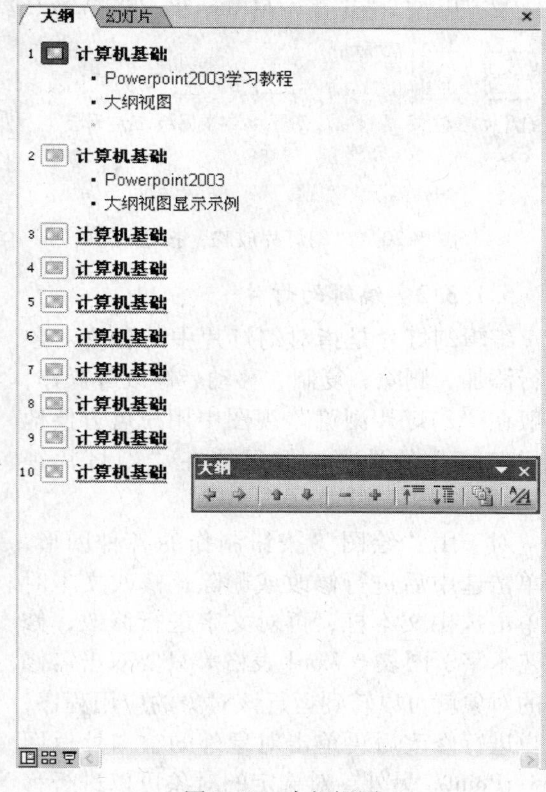

图 5-18　大纲视图

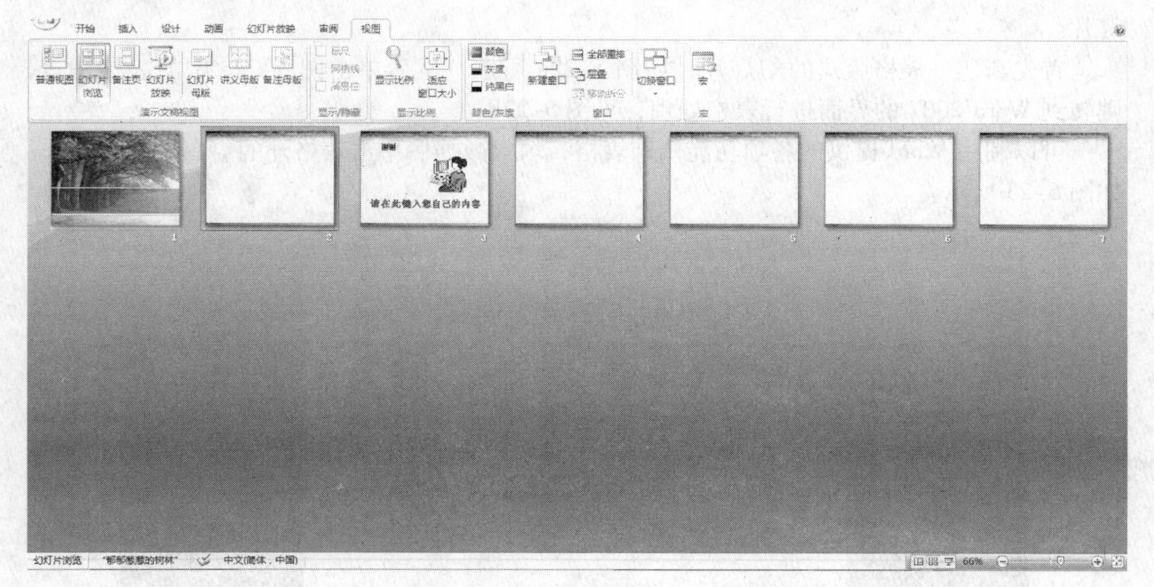

图 5-19　“幻灯片浏览”视图

1）移动：选中一张幻灯片，然后按住鼠标拖动到合适的位置放开鼠标，即完成移动。

2）复制：在进行移动操作的同时按住 Ctrl 键，即完成复制。

3）删除：选中一幻灯片，按 Delete 或 BackSpace 键即可。

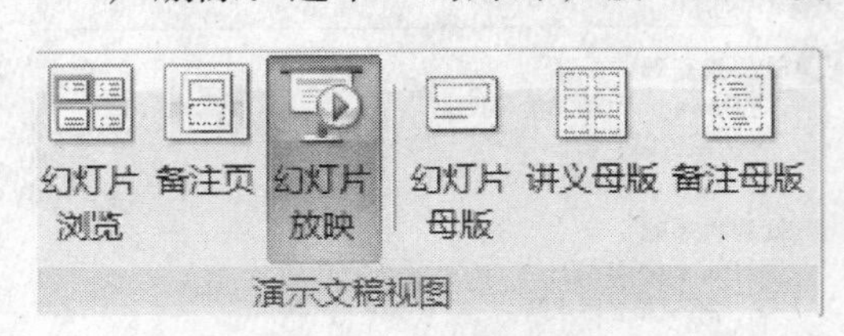

图 5-20 “幻灯片放映”按钮

（5）幻灯片放映。按下“幻灯片放映”按钮，幻灯片按顺序全屏幕显示，如图 5-20 所示。按 Enter 键或单击鼠标左键显示下一张，按 Esc 键放映完所有幻灯片恢复原样。单击鼠标右键或按幻灯片左下角的按钮，打开快捷菜单。如图 5-21 所示。

5.1.3.2 编辑幻灯片

编辑幻灯片是指对幻灯片中的各个对象进行添加、删除、复制、移动、修改等操作，一般在“幻灯片浏览”视图中用户可方便地进行幻灯片的选择，但只能在“幻灯片视图”才可编辑幻灯片。

图 5-21 快捷菜单

对于用“绘图”按钮制作的各种图形，可单击选中后进行修改或删除；修改文本时先单击选中文本框，再对文字进行修改；修改艺术字、图表、Word 表格等只要双击需修改的对象就可以转到运行该对象的应用程序，用户进行修改后再单击对象外的空白处返回 PowerPoint。另外，对选定的对象可以进行移动、复制、删除等操作。例如，制作表格幻灯片。

首先新建一表格版式的幻灯片，如图 5-22a 所示。然后单击图 5-22a 中的表格图表，则转到 Word 2007 的界面进行表格处理，见图 5-22b。

可以利用 Word 提供的各项功能修饰表格，填入数据后单击表格外的空白处完成制作，如图 5-23 所示。

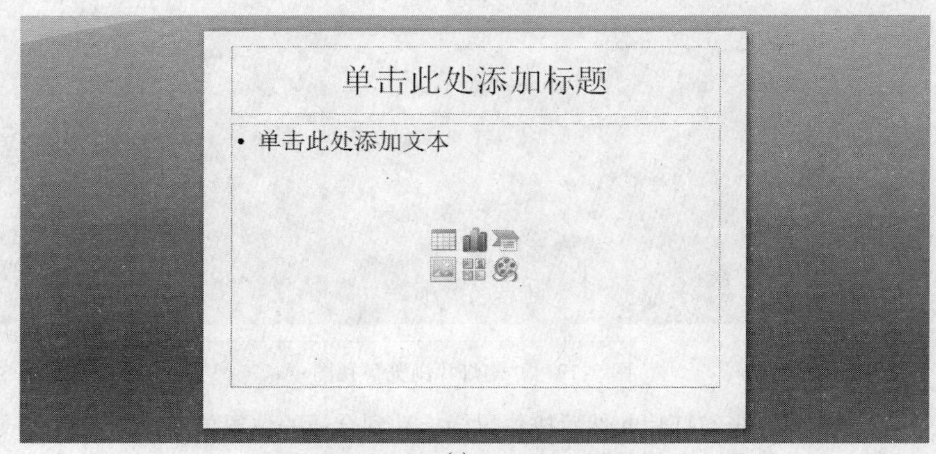

(a)

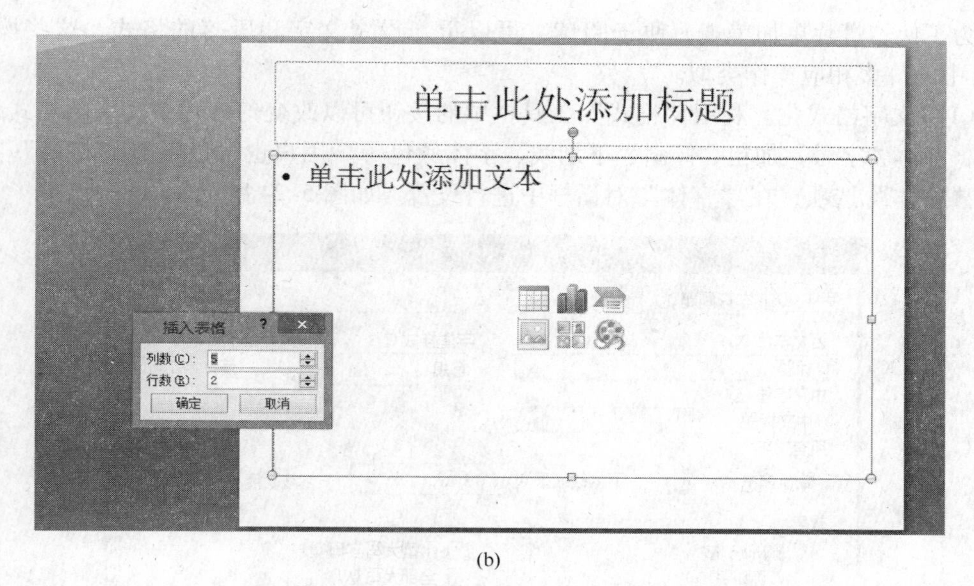

(b)

图 5-22 制作表格版式的幻灯片

(a) 插入表格幻灯片模板；(b) 进行表格处理

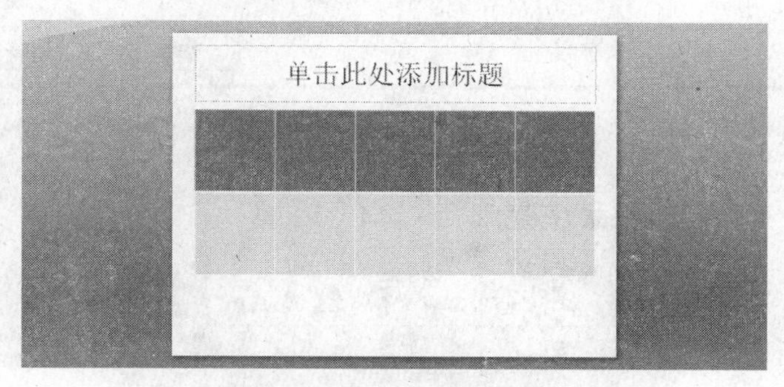

图 5-23 完成的表格幻灯片

5.1.4 保存和打开演示文稿

可使用“文件”菜单中的相应选项保存和打开演示文稿，其操作和所有 Windows 风格的应用程序相同，这里不再赘述。

5.2 制作一个演示文稿

制作好的幻灯片可以进行文字格式、段落格式、对象格式的美化。可以对文稿中的幻灯片分别进行这些操作，也可以利用母版或模板对整个文稿中的幻灯片（或部分幻灯片）进行统一的调整。通过合理地使用母版和模板，可以避免重复制作，并且能在最短的时间内制作出风格统一、画面精美的幻灯片来。

5.2.1 幻灯片格式化

用户在幻灯片中输入标题、正文之后，这些文字、段落的格式仅限于模板所指定的格式。为了使幻灯片更加美观、便于阅读，可以重新设定文字和段落的格式，这些操作与Word中的许多相应操作类似。

（1）文字格式化。利用“格式”工具栏中的按钮可以改变幻灯片中文字的格式设置，例如，字体、字号、加粗、倾斜、下划线、字体颜色等。用户也可以通过“格式”菜单，选择“字体”选项，在“字体”对话框中进行设置。如图5-24所示。

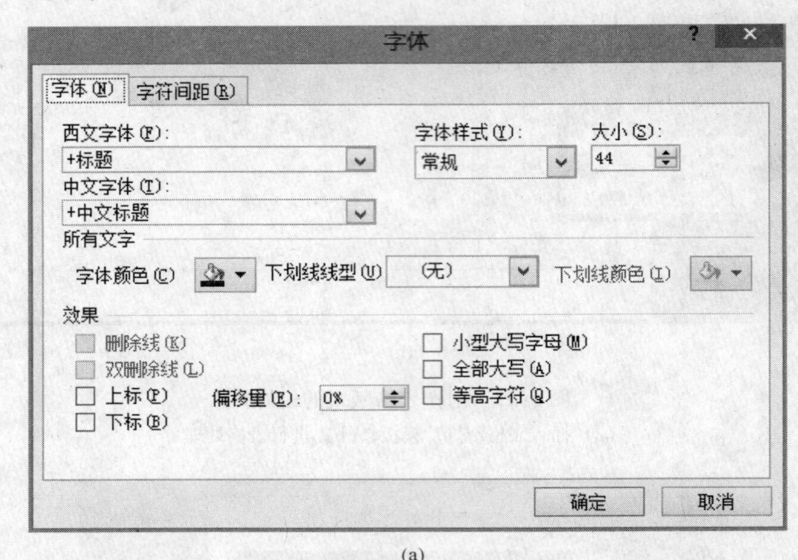

(a)

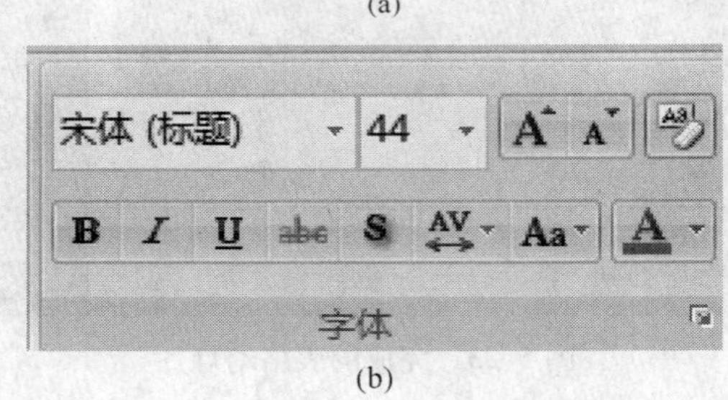

(b)

图5-24 文字格式化

(a)“字体”设置对话框；(b)“字体”菜单

（2）段落格式化。

1）段落对齐设置：演示文稿中输入的文字均在文本框内，设置段落的对齐方式，主要用来调整文本在文本框中的排列方式。先选择文本框或文本框中的某段文字，然后单击“格式”工具栏中的“左对齐”、“居中对齐”、“右对齐”或“分散对齐”按钮，或单击“格式”菜单中的“对齐方式”选项可进行对齐设置。

2）段落缩进设置：对于每个文本框，用户可以先选择要设置缩进的文本，再拖动标尺上的缩进标记为段落设置缩进。

3）行距和段落间距的设置：利用“格式”菜单的“行距”选项，可对选中的文字或段落，设置行距或段前段后的间距，也可利用“格式”工具栏中的两个按钮进行设置。

4）项目符号设置：在默认情况下，单击“格式”工具栏中的“项目符号”按钮插入一个圆点作为项目符号；用户也可用“格式”菜单中的“项目符号”选项重新进行设置。

（3）对象格式化。PowerPoint 中除了对文字和段落这些对象进行格式化外，还可以对插入的文本框、图片、自选图形、表格、图表等其他对象进行格式化操作。对象的格式化还包括填充颜色、边框、阴影等，格式化操作主要是通过“绘图”工具栏中的对应按钮或通过“格式”菜单中的对应选项进行。

（4）对象格式的复制。在对象处理过程中，有时对某个对象做了上述格式化后，希望其他对象也有相同的格式，这时并不需要重复以前的工作，只要用“常用”工具栏中的“格式刷”按钮就可以复制，方法为先选中样板对象，单击“格式刷”按钮后，再单击其他对象。

5.2.2 设置幻灯片外观

PowerPoint 的一大特点就是可以使演示文稿的所有的幻灯片具有一致的外观。控制幻灯片外观的方法有三种：母版、配色方案和应用设计模板。

5.2.2.1 使用母版

母版用于设置文稿中每张幻灯片的预设格式，这些格式包括每张幻灯片标题及正文文字的位置和大小、项目符号的样式、背景图案等。PowerPoint 母版可以分成四类：幻灯片母版、标题幻灯片母版、讲义母版和备注母版。

（1）幻灯片母版。最常用的母版是幻灯片母版，因为幻灯片母版控制的是除标题幻灯片版式以外的所有幻灯片的格式。选择“视图”菜单的“母版”命令，如图 5-25a 所示，就进入了“幻灯片母版”视图，如图 5-25b 所示。它有五个占位符，用来确定幻灯片母版的版式。

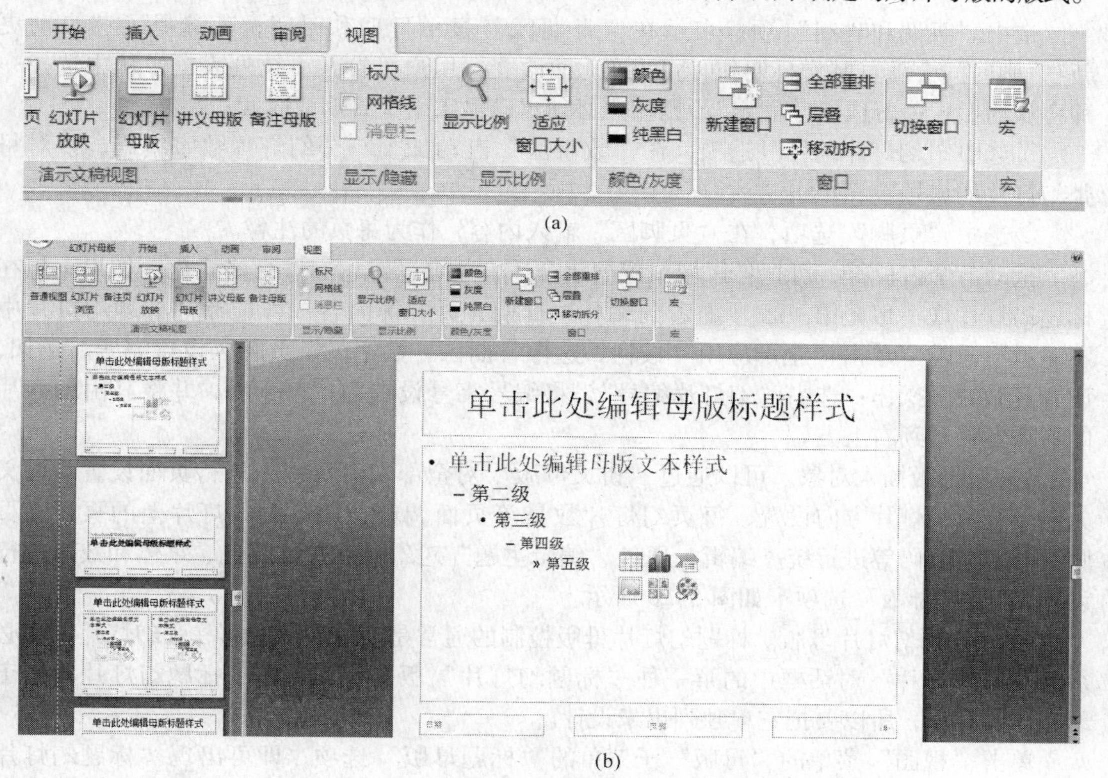

图 5-25 幻灯片母版

（a）幻灯片母版视图；（b）幻灯片母版编辑模式

1）更改文本格式。在幻灯片母版中选择对应的占位符，如标题样式或文本样式等，可以设置字符格式、段落格式等。修改母版中某一对象格式，就是同时修改除标题幻灯片外的所有幻灯片对应对象的格式。

2）设置页眉、页脚和幻灯片编号。在幻灯片母版状态选择“视图”选项卡中的“讲义母版”命令，如图5-26和图5-27所示。

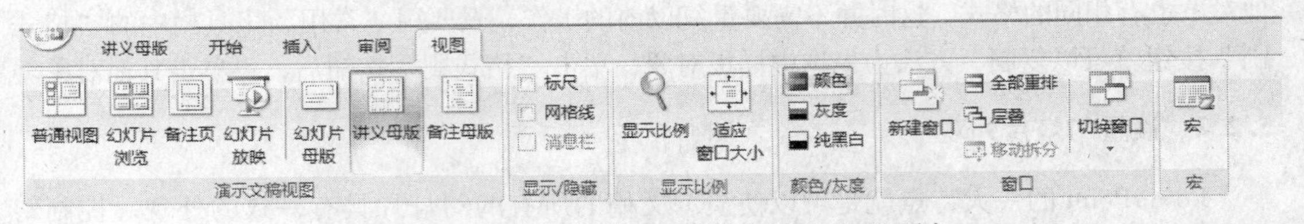

图5-26 “页眉和页脚”对话框“视图”选项卡

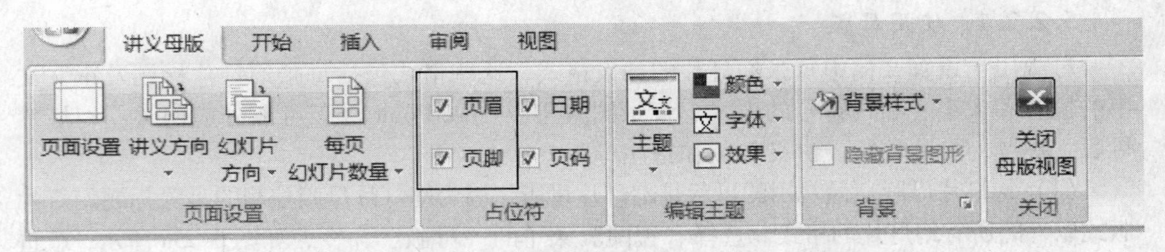

图5-27 勾选“讲义母版”的“页眉”和“页脚”功能

选中“日期和时间”项，表示在“日期区”显示日期和时间；若选择了“自动更新”，则时间会随着制作日期和时间的变化而改变，用户可打开下拉列表框，从中选择一种喜欢的形式；若选择“固定”，则用户必须自己输入一个日期或时间。

①选中“幻灯片编号”选项，在“数字区”自动加上一个幻灯片数字编码，以对每张幻灯片加编号。

②选中“页脚”选项，在“页脚区”输入内容，作为每页的注释。

拖动各个占位符，可把各区域位置摆放合适，还可以对它们进行格式化；如果不想在标题幻灯片（一般是第一张）上看到编号、日期、页脚等内容，可选择“标题幻灯片中不显示”选项。单击“全部应用”按钮，这样日期区、数字区、页脚区设置完毕。例如，读者可做如下操作：选中“幻灯片编号”，将编号字号设置为“36磅”，并将其由幻灯片的右下方移动到右上方。

3）向母版插入对象。可以通过“讲义母版”对全部幻灯片统一进行页面设置、讲义方向设置、幻灯片方向设置、每页幻灯片数量等页面调整，还可对幻灯片上的页眉、页脚、日期、页码等进行统一编辑，通过“编辑主题”对幻灯片总体配色、字体和效果进行设置。“讲义母版”选项卡如图5-28所示。

（2）标题幻灯片母版。标题幻灯片母版控制的通常是演示文稿的第一张幻灯片，它必须用“新幻灯片”对话框中的第一种“标题幻灯片”版式建立。由于标题幻灯片相当于幻灯片的封面，所以要把它单独列出来设计。

单击“视图”菜单的“母版”子菜单的“标题母版”选项，即可出现“标题幻灯片母版”，可以进行所需格式的设置。

（3）讲义母版。用于控制幻灯片以讲义形式的格式打印，如图5-29所示。

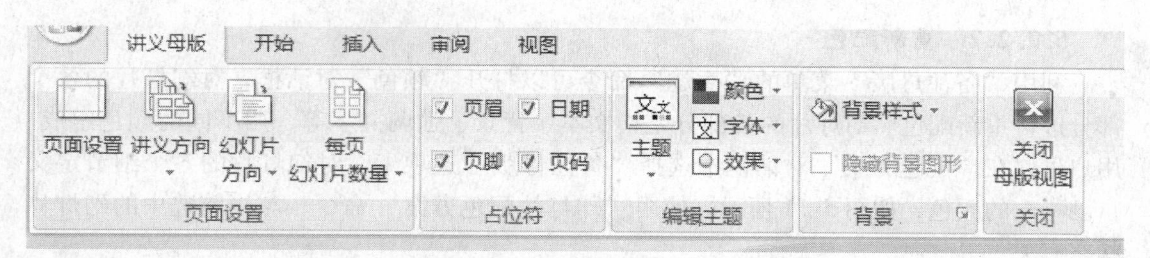

图 5-28 “讲义母版”选项卡

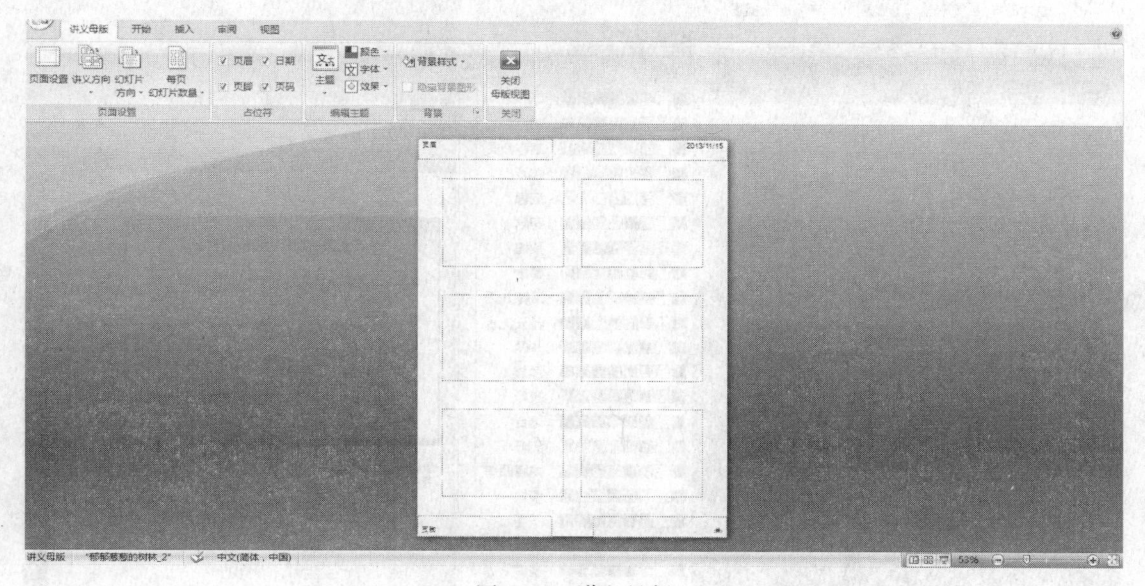

图 5-29 讲义母版

（4）备注母版。主要为演讲者提供备注使用的空间以及设置备注幻灯片的格式，如图 5-30 所示。

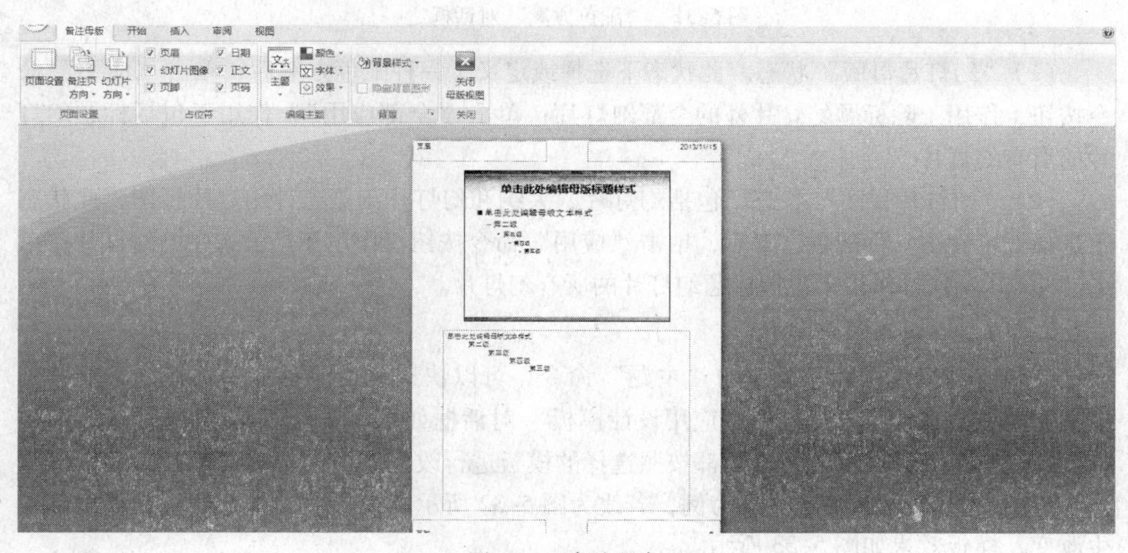

图 5-30 备注母版

5.2.2.2 重新配色

利用“备注母版”菜单的“主题”命令可以打开“颜色”对话框，对幻灯片的各个部分进行重新配色。幻灯片的各部分是指文本、背景、强调文字等，用不同的颜色组成。用户可以在“配色方案”对话框中选择“备注母版”选项卡，对幻灯片的各个细节定义自己喜欢的颜色，如图5-31所示。使用“幻灯片配色方案”命令，与当前选中的幻灯片状态有关。

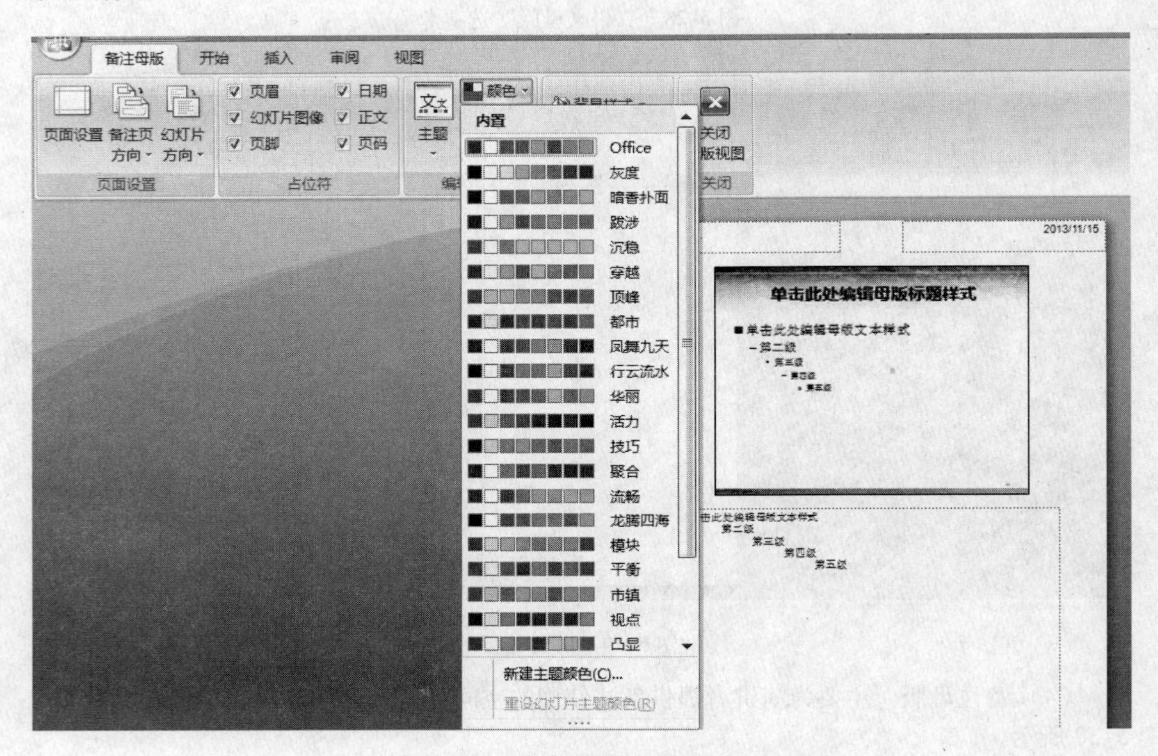

图5-31 “配色方案”对话框之一

（1）“幻灯片母版”状态。此状态下选择或定义了一种配色方案后，单击“应用”命令按钮，作用于除标题幻灯片外的全部幻灯片；单击“全部应用”，作用于包括标题幻灯片的所有幻灯片。

（2）“幻灯片视图”状态。包括幻灯片、大纲和幻灯片浏览三种幻灯片视图，此状态下选择或定义了一种配色方案后，单击“应用”命令按钮仅作用于当前选中的幻灯片；单击“全部应用”，作用于包括标题幻灯片的所有幻灯片。

5.2.2.3 应用设计模板

使用“幻灯片母版”菜单的“主题”命令，可以快速地为演示文稿选择统一的背景图案和配色方案，系统提供的“应用设计模板”对话框如图5-32所示。当选择了某一模板后，则整个演示文稿的幻灯片都按照选择的模板进行改变。

以图5-10所示的演示文稿为例，若改为图5-32所示的模板，则整个演示文稿全部发生改变，模板效果如图5-33所示。

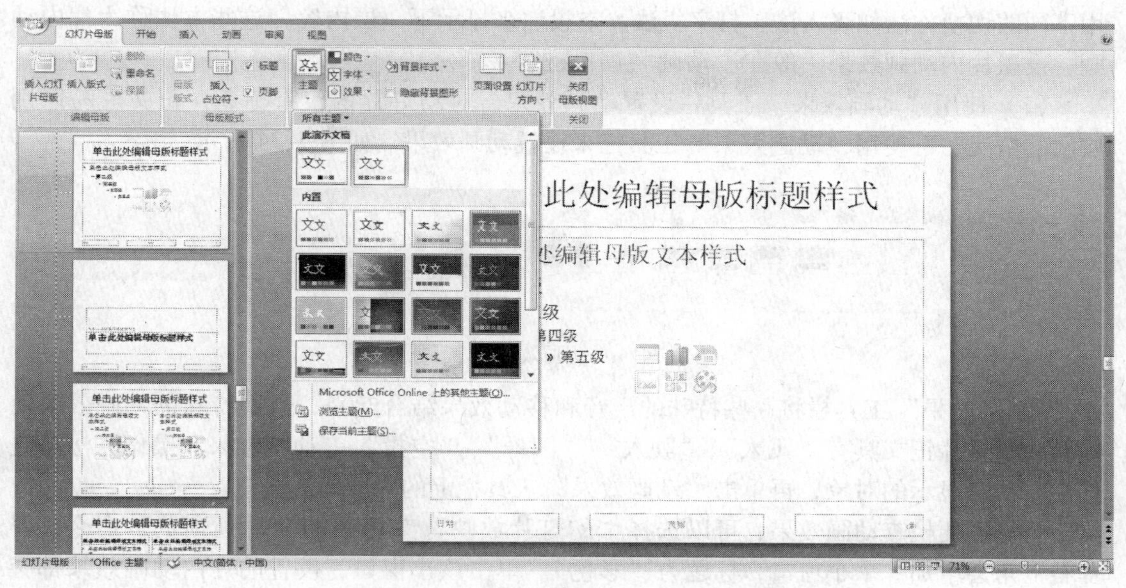

图 5-32 “应用设计模板”对话框

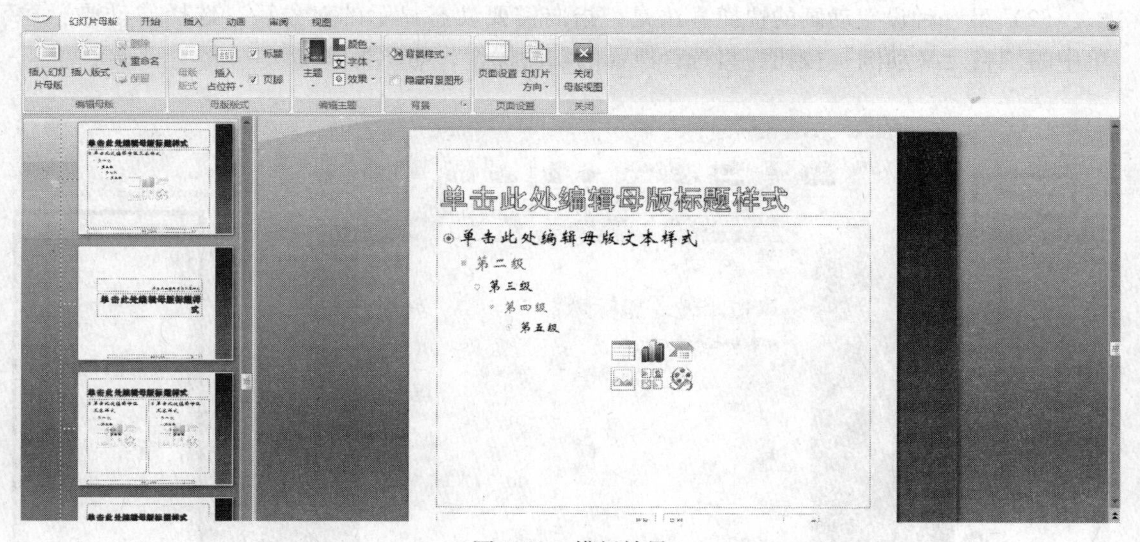

图 5-33 模板效果

5.2.3 幻灯片的动画效果设置

PowerPoint 提供的动画技术，为幻灯片的制作和演示锦上添花。用户可以为幻灯片上的文本、插入的图片、表格、图表等对象设置动画效果，这样就可以突出重点、控制信息的流程、提高演示的趣味性。

在设计动画时，有两种不同的动画设计：一是幻灯片内；另一是幻灯片间。

5.2.3.1 幻灯片内动画设计

幻灯片内动画设计是指在演示一张幻灯片时，随着演示的进展，逐步显示片内不同层次、对象的内容。如首先显示第一层次的内容标题，然后，一条一条显示正文，这时可以用不同的切换方法如飞入法、打字机法、空投法来显示下一层内容，这些方法称为片内动画。设置片内动画效果一般在“动画”窗口进行。

（1）使用“动画效果”工具栏设置动画效果。对幻灯片内仅有标题、正文等易区别层次的情况，可使用“动画效果”工具栏来设置动画效果。如图 5-34 所示。

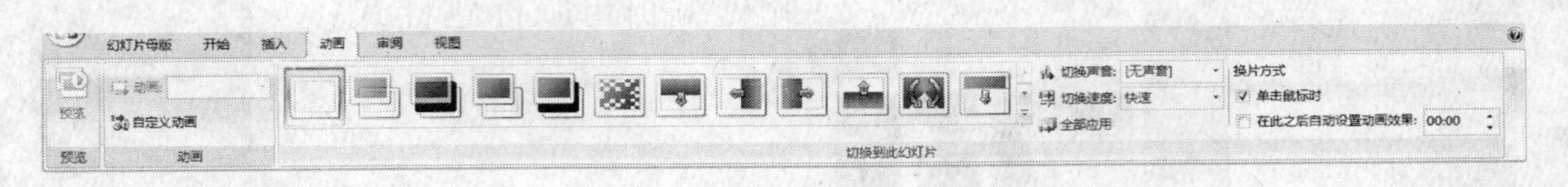

图 5-34　“动画效果”工具栏

“动画效果”工具栏将一些特殊的声音和移动效果结合起来，这些特殊的动画效果使标题、幻灯片正文具有“飞入”、“驶入”、“闪烁”、“空投”等动画效果。操作方法是先选中要动态显示的对象，再单击“动画效果”工具栏上的对应动态按钮。

为了方便检查动画效果，可以选择“幻灯片放映”菜单中的“动画预览”命令，屏幕右上角会增加一个小窗口，标题为“彩色”。单击该小窗口，设置的片内动画效果都会在窗口中连续地预演示一遍。

（2）另一种设置动画的快捷方法是，指向需要动态显示的对象后，选择“动画”菜单中的“自定义动画”按钮，再选择所需的动画操作，如图 5-35 所示。

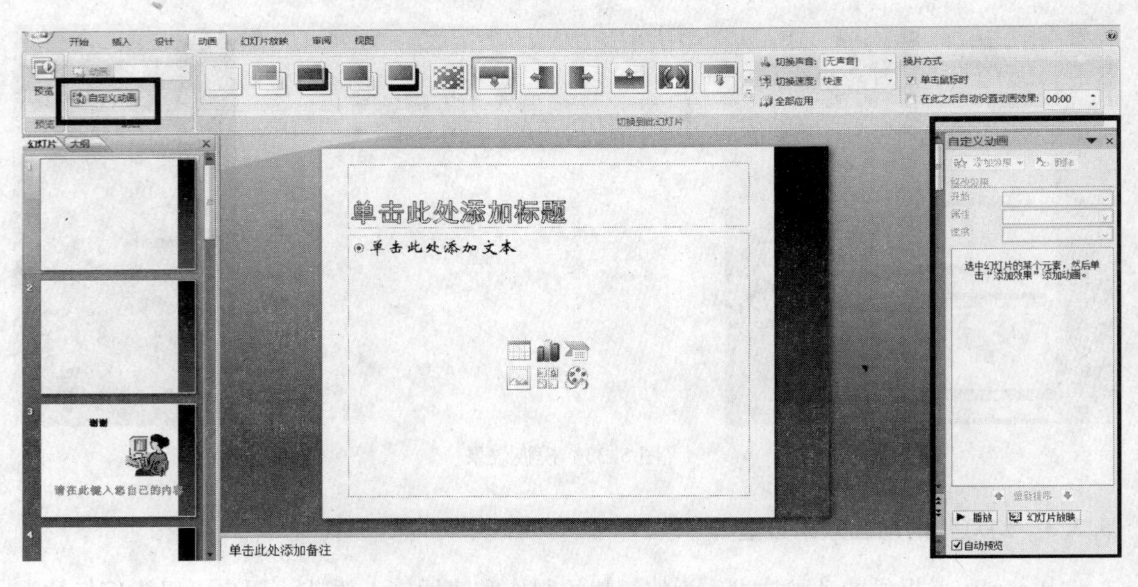

图 5-35　选择“自定义动画”按钮

如要取消动画效果，只要在选中对象情况下，单击“动画放映”菜单中的“自定义动画”对话框的“关闭”命令即可。当幻灯片中插入了图片、表格、艺术字等难以区别层次的对象时，可以利用“自定义动画”命令来定义幻灯片中各对象显示顺序。当用户选择“幻灯片放映”菜单中的“自定义动画”命令或单击“动画效果”工具栏上“自定义动画”按钮时，可以打开：

1）“计时”选项卡：设置幻灯片上各种对象出现的顺序。

2）“效果”选项卡：设置幻灯片上各种对象出现的动画效果。

如图5-35所示的幻灯片，其“自定义动画”对话框的预览框中有三个插入对象，即标题、图片框和副标题。若在幻灯片放映时要按标题、图片框、艺术字的次序显示，方法如下：在“飞入”选项中单击鼠标右键，选择“计时”选项卡，弹出如图5-36所示的“飞入”对话框。

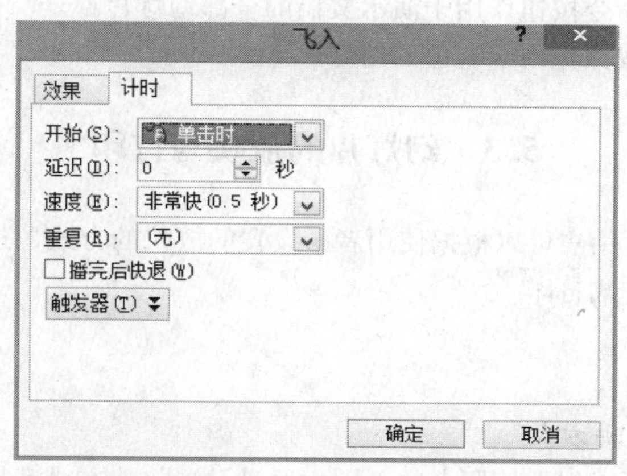

图5-36 “飞入”对话框的“计时”选项卡

在设置每个对象出现的顺序时，还可以利用“效果”选项卡为该对象选择出现的动画效果。本例对三个对象分别作了动画设置，如图5-37所示。

如果用户想取消某个对象的动画效果，可以先在“动画顺序”框中选定想取消动画效果的对象，再在“计时”选项卡的“启动动画”框中选中“无动画”按钮，则取消该对象的动画效果。

5.2.3.2 设置幻灯片间切换效果

幻灯片间的切换效果是指移走屏幕上已有的幻灯片，并以某种效果开始新幻灯片的显示。包括水平百叶窗、溶解、梯状展开、随机等效果。

设置幻灯片切换效果一般在“幻灯片浏览”视图进行。操作步骤如下：

（1）选择要进行切换效果的幻灯片，在选择多张幻灯片时需按住Shift键，再逐个单击所需幻灯片。

（2）选择“幻灯片放映”菜单中“幻灯片切换”命令，显示如图5-38所示“幻灯片切换方式”工具栏，其中：

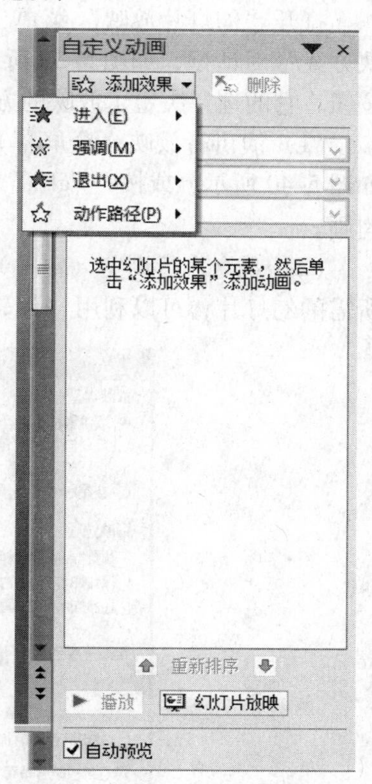

图5-37 为对象进行动画设置

1）“效果”列表框列出切换效果，三个单选按钮“慢速”、“中速”、“快速”可设置切换速度。

2）“换页方式”中，系统默认是“单击鼠标换页”，也可以输入幻灯片放映的时间。

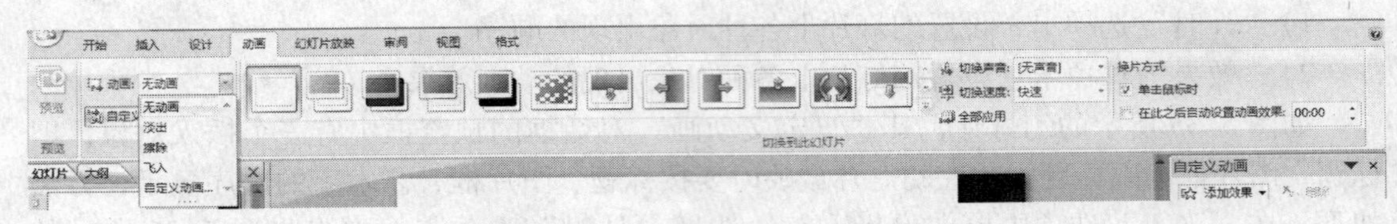

图 5-38 “幻灯片切换方式”工具栏

3）“全部应用”命令按钮作用于演示文稿的全部幻灯片。

4）“应用”命令按钮作用于选中的幻灯片。

5.3 幻灯片的放映与打印

演示文稿创建后，用户可以根据使用者所设置的放映的方式，进行所需的放映；也可以将演示文稿以各种方式打印。

5.3.1 放映演示文稿

5.3.1.1 设置放映方式

在幻灯片放映前可以根据使用者的不同，通过设置放映方式满足各自的需要。

打开“幻灯片放映”菜单，从中选取“设置放映方式”命令，就可以打开“设置放映方式”对话框，如图 5-39 所示。在对话框的“放映类型”选项组中，上部三个是单选按钮，它的选择决定了放映的方式：

（1）演讲者放映（全屏幕）：以全屏幕形式显示。可以通过单击右键激活快捷菜单，如图 5-40 所示，或按“PgDn”，“PgUp”键显示不同的幻灯片，系统还提供了绘图笔进行勾画。

（2）观众自行浏览（窗口）：以窗口形式显示。可以利用滚动条或“浏览”菜单显示所需的幻灯片，可以利用“编辑”菜单中的“复制幻灯片”命令，将当前幻灯片图像复

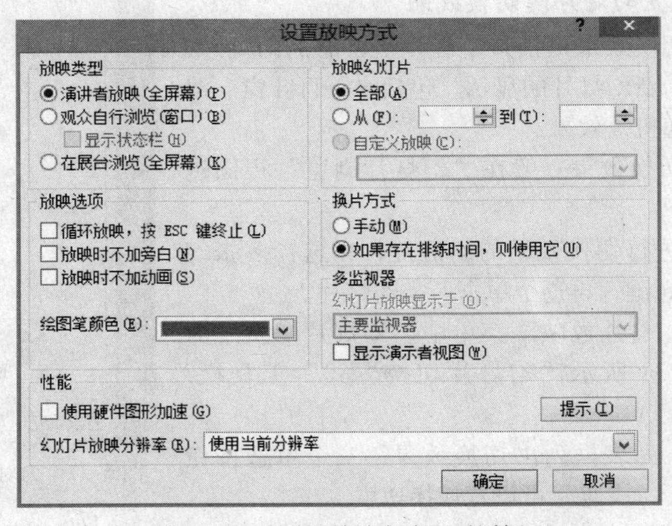

图 5-39 “设置放映方式”对话框

制到 Windows 的剪贴板上；也可以通过“文件”菜单的“打印”命令打印幻灯片。

(3) 在展台浏览（全屏幕）：以全屏幕形式在展台上做演示用。在放映过程中，除了保留鼠标指针用于选择屏幕对象外，其余功能全部失效（终止可按 Esc 键）。因为展出不需要现场修改，也不需要提供额外功能，以免破坏演示画面。

(4) “放映幻灯片”区域提供了幻灯片放映的范围：“全部”、部分及自定义幻灯片。其中“自定义放映”是通过“幻灯片放映”菜单的“自定义放映”命令，将演示文稿中的某些幻灯片以某种顺序组成并命名，然后在“放映幻灯片”区域中选择该名称，即可就近放映这组幻灯片。

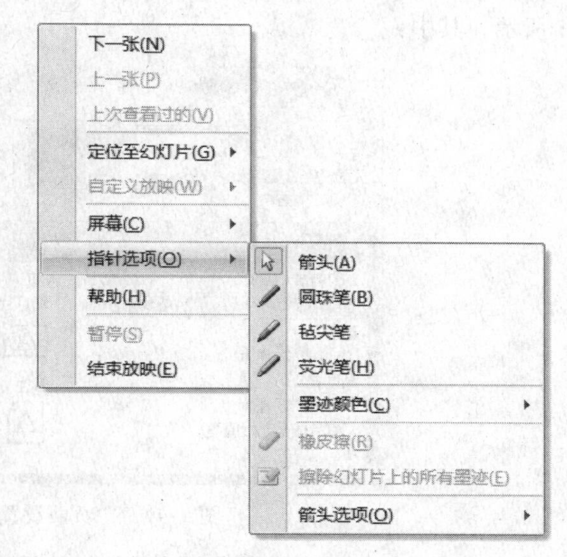

图 5-40 快捷菜单

(5) “换片方式”区域供用户选择换片方式是手动还是自动换片。

注意：若选中“循环放映，按 Esc 键终止”，可使演示文稿自动放映，一般用于在展台上自动重复地放映演示文稿。幻灯片内对象的放映速度和幻灯片间的切换速度，可通过前节介绍的“自定义动画”和“幻灯片切换”命令设置，也可以通过“排练计时”命令设置。

5.3.1.2 执行幻灯片演示

在屏幕上演示文稿可以说是展现 PowerPoint 演示文稿功能的最佳方式。此时，幻灯片可以显示出鲜明的色彩，演讲者可以通过鼠标指针给观众指出幻灯片重点内容，甚至可以通过在屏幕上面画线或加入说明文字的方法增强表达效果。用户可以在“视图”菜单的“幻灯片”、“大纲”或“幻灯片浏览”模式下，选定要开始演示的第一张幻灯片，或在“设置放映方式”对话框的“放映幻灯片”区域中选择放映的范围或自定义幻灯片，最后单击滚动条上的“幻灯片放映”命令按钮，或单击“幻灯片放映”菜单的“观看放映”选项，则当前幻灯片占满整个屏幕。

5.3.2 演示文稿的打印

建立好的演示文稿，除了可以在计算机上做电子演示外，还可以将它们打印出来直接印刷成教材或资料；也可将幻灯片打印在投影胶片上，以后可以通过投影放映机放映。PowerPoint 生成演示文稿时，辅助生成的大纲文稿、注释文稿等，如能在幻灯片放映前打印发给观众，演示的效果将更好。打印需要设置的内容如下。

(1) 页面设置。在打印之前，必须精心设计幻灯片的大小和打印方向，以便获得最好的打印的效果。

选择“设计”菜单的“页面设置”命令，此时会弹出“页面设置”对话框，如图

5-41 所示，其中：

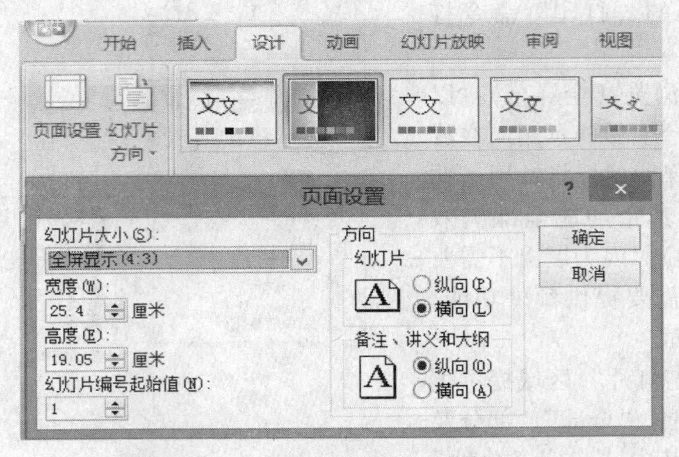

图 5-41　“页面设置”对话框

1）“幻灯片大小”下拉列表可选择幻灯片尺寸。

2）“幻灯片编号起始值”可设置打印文稿的编号起始值。

3）“方向”区域中，可设置“幻灯片”、“备注、讲义和大纲”等的打印方向。

（2）设置打印选项。页面设置后就可以将演示文稿、讲义等进行打印，打印前应对打印机进行设置，并对打印范围、打印份数、打印内容等进行设置或修改。

打开要打印的文稿，单击“文件”菜单的“打印”命令，弹出“打印”对话框，如图 5-42 所示，其中：

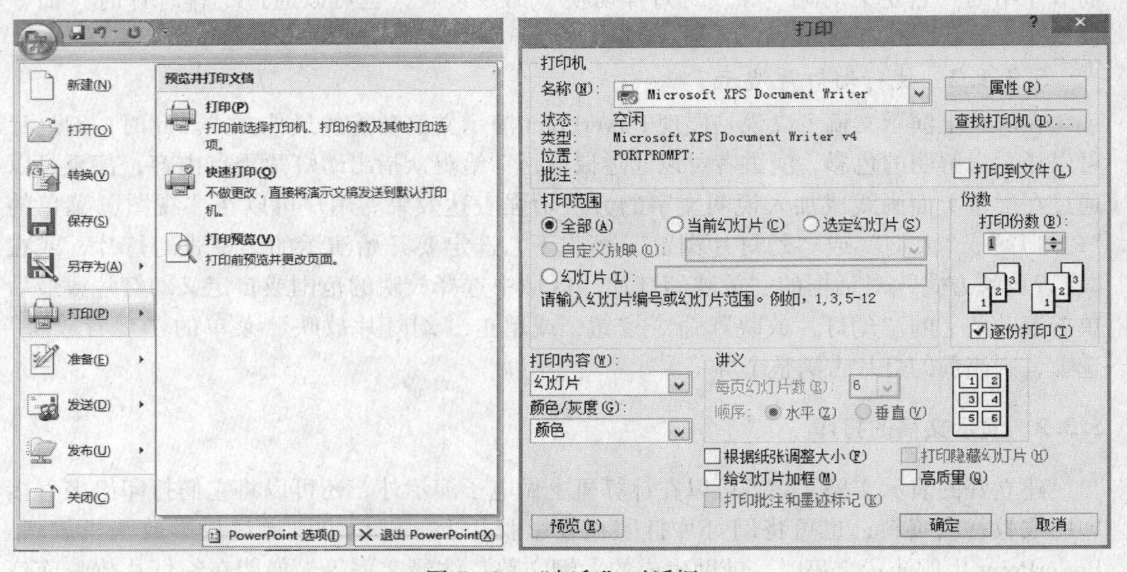

图 5-42　“打印”对话框

1）在“打印范围”选项组中，选择要打印的范围。其中“自定义放映”选项是指按“自定义放映”中定义的范围进行设置，否则，该功能失效。

2）在“打印内容”下拉列表框中，选择“幻灯片”、“讲义”、“注释”等。其中

“幻灯片（动画）”选项是指幻灯片中采用了动画效果，打印时按照屏幕出现顺序打印；“幻灯片（无动画）”选项是指打印时按照“幻灯片浏览”视图顺序进行打印，不管有无动画效果；若要以教材或资料的形式打印，应选择“讲义”，还应选择一页内要打印的幻灯片数。

若幻灯片设置了颜色、图案，为了打印得清晰，在“颜色/灰度”下拉列表框中应选择“黑白”选项。

设置完毕按“确定”按钮，就可以进行打印了。

习　题

一、判断题

1. 在 PowerPoint 中不能进行文字编辑。(　　)
2. 对幻灯片母版的修改将影响除标题幻灯片之外的所有幻灯片。(　　)
3. 备注页不可以打印。(　　)
4. 每张幻灯片在放映时的时间可以被设定。(　　)
5. 单击工具栏上的“新建”按钮图标，可插入一张幻灯片。(　　)
6. 在浏览视图中可双击选择幻灯片以进入幻灯片视图。(　　)

二、选择题

1. 在（　　）视图中，不可以编辑修改幻灯片。
   A. 浏览　　B. 普通　　C. 大纲　　D. 备注页
2. 单击“文件”菜单的“新建”选项，将首先打开（　　）对话框。
   A. 内容提示向导　　B. 应用设计模板
   C. 新幻灯片　　D. 视图选择
3. PowerPoint 在“新幻灯片”对话框中提供了若干预定义的版式，在利用这些版式进行制作时，下列说法中不正确的是（　　）。
   A. 版式中的占位符不能改动　　B. 可添加或删除占位符
   C. 可移动占位符　　D. 占位符可以是图文框、文本框

三、实习

1. 用软件自带模板制作一张产品介绍系列的幻灯片。
2. 用“模板”制作一张自我漫画式介绍。
3. 对一个完整的幻灯片进行插入、删除、修改操作。

6 计算机网络与安全

本章要点：

计算机网络是计算机应用的一个重要领域，是信息高速公路的重要组成部分。计算机网络的应用已渗透到社会生活的各个方面。Internet 是计算机技术与通信技术两大现代技术相结合的产物，代表着当代计算机网络发展的一个重要方向。由于 Internet 的成功和发展，人类社会的生活理念正在发生变化，可以毫不夸张地说，Internet 网络是人类文明史上的一个重要里程碑。随着计算机日益广泛地应用到各行各业，计算机系统的安全越来越成为人们关注的重点。本章的主要内容包括：

· 计算机网络基础
· Internet 基础知识
· 计算机安全知识
· 计算机病毒及其防治

6.1 计算机网络基础知识

所谓计算机网络是指将独立自主的、地理上分散的计算机系统，通过通信设备和通信介质互联起来，并在完善的网络软件控制下实现信息传输和资源共享的系统。

6.1.1 计算机网络的产生与发展

由于计算机能长期地存储大量的信息，并且能有效地组织和处理信息，而通信系统也能采用一切新的传输技术来传输语音、数据和图像。因此，如能将计算机系统与通信系统有机地结合起来，势必成为从信息产生到信息利用全过程中的重要组成部分。社会的需要要求计算机系统与通信系统相结合，而科学发展的水平，特别是微电子技术、计算机技术和通信技术的发展又提供了这种结合的可能。因此，计算机技术与通信技术相结合的产物——计算机网络，便应运而生了，并随着社会的发展、科技的进步而不断完善和提高，从而出现了目前计算机网络广泛普及和应用的局面。

在计算机网络出现的初期，由于计算机的功能不很强，应用也不广泛，大量从事的是科学计算。为了方便用户的应用，需要将用户跟前的终端通过通信系统与远地的计算机互联起来，从而出现了面向终端的联机系统。

由于微电子技术及软件技术的发展，计算机的性能得到很大的提高，而价格又在不断下降，使用计算机的用户越来越多。这样，若能将这些地理上分散的各用户所拥有的计算机系统互联起来，从而实现彼此之间的资源共享，可以想象，这将会给计算机用户提供一个十分理想的应用环境。在这种情况下，20 世纪 60 年代后期美国国防部高级研究计划局提出了将多个计算机系统互联组成网络的计划。这个计划通过一些大学和公司的研究与开发得到了实现，这就是著名的 ARPA 网。通过 ARPA 网的建立和发展，解决了一系列建立网络的理论和技术问题，并提出了许多新的概念，为计算机网络的发展做出了重要的贡献。

随着 ARPA 网的出现，许多大学、公司及研究机构纷纷开发了自己的计算机网络。IBM 公司提出了系统网络结构 SNA（System Network Architecture），DEC 公司提出了数字网络体系结构 DNA（Digital Network Architecture），其他一些公司也提出了自己的网络体系结构。同时，又出现了法国的 TRANSPAC、加拿大的 DATAPAC 以及北欧的 NPDN 等公用数据网络。所有这些网络，都在计算机网络的理论和实践上为网络的发展做出了自己的贡献。

20 世纪 70 年代末期，众多计算机网络已经出现在世界各地，这些系统基本上是封闭的。如何在各不相同的网络的基础上发展一个世界范围的开放的网络系统，以实现全球的信息传输和资源共享，便提到了议事日程上。在这方面，国际标准化组织 ISO 和国际电报电话咨询委员会 CCITT（现在的国际电信联盟 ITU-T 的前身）都做了许多工作。20 世纪 70 年代末和 80 年代初，ISO 提出并完善了一个国际上公认的开放系统模型，这便是有名的 OSI（Open System Interconnection）开放系统互联参考模型。ISO 与 CCITT 及其他一些国际组织继续合作，共同补充和完善这个模型，使这个模型成了计算机网络体系结构的公认的国际规范。

OSI 模型将计算机网络的硬件和软件综合在一起，根据其功能划分为七个层次，并规定了层与层之间的接口，确定了各层次之间的关系。它为设计开放式的网络系统、进行网络互联及开发应用提供了有效的理论分析依据和实现的具体途径，也是人们研究和学习计算机网络的有效方法。OSI 模型的提出对计算机网络的发展起了很好的促进作用，得到了广泛的支持。与此同时，在 20 世纪 70 年代末和 80 年代微型计算机得到了飞速的发展，伴随而来的是局域网的蓬勃兴起。以太网、令牌环网和 ARC 网等网络一个个被推向市场，出现了局域网空前的繁荣兴起。美国电子电气工程师协会 IEEE 于 1980 年 2 月成立了一个专门的小组研究局域网的标准，并提出了有名的 IEEE802 系列协议，推动了局域网的发展。目前，局域网正朝着性能更好、速度更高的方向发展，提出了若干高速局域网标准。符合这些标准的产品和设备正陆续推向市场，新型的高速局域网正逐渐地取代原有的网络。

ARPA 网经过 20 年的变化和发展，已逐渐发展成了众所周知的国际互联网 Internet。目前这个网络覆盖着世界上 180 多个国家和地区，连接着上亿台机器，成为有数亿用户使用的一个国际性的互联网络。所有入网的机器按照一个灵活而有效的 TCP/IP 协议相互连接起来。由于该协议对不同机器和网络互联的有效性，因而获得广泛应用，并已成为事实上的网络协议标准。

计算机网络将向什么方向发展？可以看到，目前的计算机网络只是一个数据传输网络，而在现实生活中，信息除了数据外还有语音和图像等。但是，传输语音的是电话，传输图像的有传真和电视，不同的系统，单独地传输不同的信息。信息传输的网络便成了一个由各种不同网络组成的十分复杂而又庞大的网络集合。显然，这种网络构成不符合发展的需要，人们有理由要求能有一个统一的能传输各种信息的网络，这便是大家关注的综合业务数字网ISDN（Intergrated Services Digital Network）。除了综合各种业务之外，人们也要求这应该是一个高品质的网络，高品质主要表现在它应有一个很宽的带宽。因此，发展网络技术，提高传输带宽，以综合业务为目标，组建一个高品质的全国乃至全球的信息高速网络，这应是计算机网络较长时间内发展的目标。美国率先提出信息高速公路的计划，其他许多国家也纷纷提出各自的发展目标，预计在不太久的将来，这个目标是能实现的。

数字技术的发展，使得将各种信息变换成数字信号成为可能，这些数字信号在同一网络中进行传输，从而实现了各种业务的综合。光纤技术的发展，提供了高品质带宽的传输媒介，为高品质、高速率的信息传输提供了有力的保障。多媒体技术和网络技术的发展，为数据、语音和图像在网络上的应用开辟了一个全新的境地。

6.1.2 计算机网络的功能

计算机网络的功能主要体现在三个方面：信息交换、资源共享、分布式处理。

（1）信息交换。这是计算机网络最基本的功能，主要完成计算机网络中各计算机之间的通信。用户可以在网上传送电子邮件、发布新闻消息、进行电子购物、开展电子贸易、实施远程电子教育等。

（2）资源共享。网络上的计算机不仅可以使用自身的资源，也可以共享网络上的资源。所谓资源是指计算机的软件、硬件资源，例如，计算处理能力、大容量磁盘、高速打印机、绘图仪、数据库、文件和其他计算机上的有关信息。因而增强了网络上计算机的处理能力。

（3）分布式处理。计算机网络能协同处理比较难于处理的大型问题，它可以发挥网络中各种机器的不同优势，共同完成单机系统难以完成的工作。另外，计算机网络与具有相同处理能力的大型机相比，价格要低廉，因而计算机网络具有比较高的性能价格比。

6.1.3 计算机网络的分类

可以从不同的角度对计算机网络进行分类，然而较为普遍的分类方法是按其地理覆盖范围来划分。一般地可将网络分为局域网、广域网和城域网三类，但是由于组网技术的变化，网络的划分也有相应的改变。

6.1.3.1 局域网 LAN（Local Area Network）

局域网是一个覆盖范围较小的网络。通常它分布在一栋大楼里或相距不远的几栋建筑物内，也可能分布在一个校园或一个企业之内。这种网络通常具有如下四个特点：

（1）地理覆盖范围的直径大约在几千米之内。

（2）信息传输的速率高，一般从每秒几兆位到每秒上百兆位。

（3）信息和传播一般采用广播的方式。

（4）网络属于一个单位所有。

6.1.3.2 广域网 WAN（Wide Area Network）

广域网是一个分布范围较大的网络。这种网络的覆盖范围可能从几千米至上千或上万千米，如国际互联网 Internet。在这种网络中，由于要进行远距离的信息传送，因此一般由电信部门提供远程信息交换的手段。又由于联入远程网的计算机都由各自单位所拥有，因此，广域网大多为许多用户所共有。这样，广域网有如下特点：

（1）地理覆盖范围大，可以从几千米至上千或上万千米。

（2）信息传输速度较低，一般从每秒几千位到每秒几兆位。

（3）信息传输采用点到点的方式。这种方式下，信息接力似地从一台机器传送到另一台机器。

（4）网络为多个单位所共有。

6.1.3.3 城域网 MAN（Metropolitan Area Network）

城域网即城市区域网。从地理范围看它介于局域网与广域网之间，但它采用的是局域网的技术，它的目标是在一个较大的地理范围内提供数据、声音和图像的集成服务。它的信息传输速率较高，一般在 1Mbit/s 以上，覆盖范围为几千米。

还可从其他角度出发划分网络。例如，可按网络内数据传输和转接系统的拥有者来划分，将网络分为公用网和专用网。公用网一般由电信部门或公司来组建，如我国邮电部建设的 CNPAC，在这个网络上用户可根据自己的需要组建各自的网络。专用网则与此相反，是由某一系统或部门根据自己的需要而组建的。

6.1.4 网络拓扑结构

网络拓扑结构是指网络连线及工作站的分布形式。常见的网络拓扑结构有星形结构、环形结构、总线结构、树形结构和网状结构五种。图 6-1 所示是这五种网络拓扑结构的示意图。

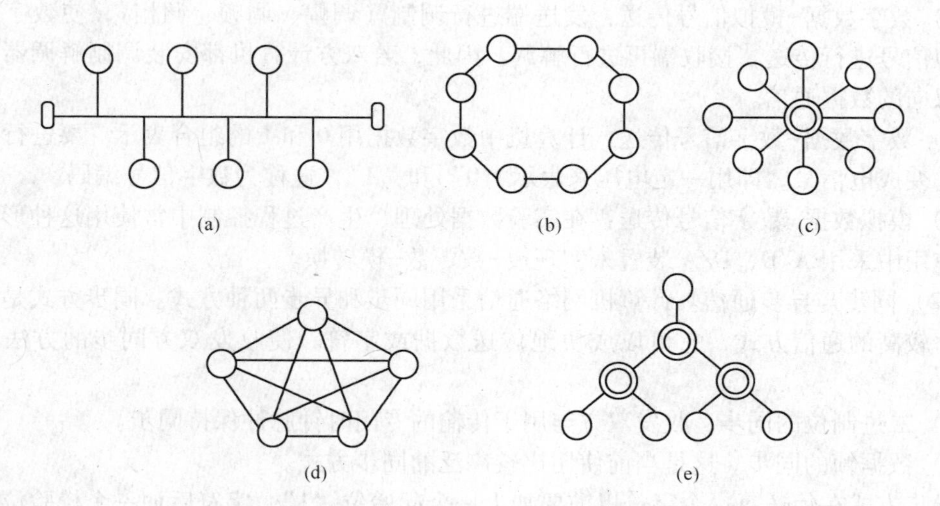

图 6-1 五种网络拓扑结构的示意图

（a）总线拓扑结构；（b）环形拓扑结构；（c）星形拓扑结构；（d）网状拓扑结构；（e）树形拓扑结构

（1）星形结构：星形结构是最早的通用网络拓扑结构形式。在这种结构中，每个工作站都通过连线（电缆）与主控机相连，相邻工作站之间所有通信都通过主控机进行。它是一种集中控制方式。这种结构要求主控机有极高的可靠性。它的优点是，当需要增加新的工作站时成本低，结构简单，控制处理也较方便。其缺点是，一旦主控机出现故障，系统将全部瘫痪，可靠性比较差。

(2) 环形结构：在这种结构中，各工作站的地位相同，互相顺序连接成一个闭合的环形，数据可以单向或双向进行传送。这种结构的优点是，网络管理简单，通信设备和线路较为节省，而且还可以把多个环经过若干交接点互联，扩大连接范围。

(3) 总线结构：在这种结构中，各个工作站均与一根总线相连。这种结构的优点是，工作站连入网络十分方便；两工作站之间的通信通过总线进行，与其他工作站无关；系统中某工作站一旦出现故障不会影响其他工作站之间的通信，即对系统影响很小。因此，这种结构的系统可靠性高，是目前局域网中最普遍采用的形式。

(4) 树形结构：这种结构是一种分层次的宝塔形结构，控制线路简单，管理也易于实现。它是一种集中分层的管理形式，但各工作站之间很少有信息流通，共享资源的能力较差。

(5) 网状结构：在这种结构中，各工作站互联成一个网状结构，没有主控机来主管，也不分层次，通信功能分散在组成网络的各个工作站中，是一种分布式的控制结构。它具有较高的可靠性，资源共享方便，但线路复杂，网络的管理也较困难。

局域网常用的拓扑结构主要是前四种。

6.1.5 网络数据通信

(1) 数据的传送。

1) 模拟数据-模拟信号传送：利用传感器获得声音、压力、温度等模拟量，再将其转化为电压或电流的变化，通过电话线进行传送。

2) 数字数据-模拟信号传送：发送端进行调制（调幅、调频、调相），使数字数据变成模拟信号进行传送，接收端再进行解调。因此，若双方计算机都安装调制解调器，即可进行双向的数据通信。

3) 数字数据-数字信号传送：计算机中数字数据用0和1的组合表示。要进行传送必须把它变成电信号，即用一定电压来表示“0”和“1”，这称为数字信号编码。

4) 模拟数据-数字信号传送：在实验数据处理、生产过程控制中常使用这种形式。计算机应用中采用A/D，D/A装置来实现模-数、数-模转换。

(2) 同步与异步通信。计算机网络通信采用同步和异步两种方式。同步方式是一种传送效率较高的通信方式，它可以成块地传送数据或字符。使收发双方同步的方法有以下两种：

1) 二进制位的同步，收发双方与用于传输的专门时钟脉冲保持同步。

2) 数据帧的同步。这是当前使用比较广泛的同步方式。

异步方式在传送每一个字符以前要加上一个起始位“1”，字符后加一个校验位和1~2位的停止位“1”。不传送字符时连续发送“1”（高电位），收方根据收到的“0”到“1”的跳变判定起始位以取得同步。在这种方式中，字符之间间隔可以不等，通信方式效率比同步方式低，但价格便宜，易于实现。

(3) 传输速率。数据通信中的信道传输速率单位是bit/s，称为比特率（bit/per second）。常用的标准有1200bit/s，24000bit/s，4800bit/s，9600bit/s，19200bit/s，56Kbit/s等。

另一种传输速率的表示方法称为波特率，它与比特率是两个不同的概念。所谓波特率是指每秒电位变化的次数，只有用二进制信号表示二进制数据时两者值才相等。

（4）通信方式。按照数据传输方向，通信方式可分为单工通信、半双工通信和全双工通信三种。

1）单工通信：指通信线路上允许数据只能按单一方向传送。

2）半双工通信：指一个通信线路上允许同时双向通信，但不允许同时双向传送。

3）全双工通信：指一个通信线路上允许同时双向传送数据。在这种通信方式中，通信设备具有完全独立的收、发功能，分别独立处理收和发的数据。

（5）分组交换技术。计算机网络中两点之间可以进行点对点的连接通信，但更一般情况是需要经过多点之间的通信才能到达目的地。网络中两点之间的路由（Route）可能有多条，为了有效利用通信网络进行信息传输，引入了交换或转接的概念。

通信网络中有线路交换方式和存储交换方式两种。前者通过电话交换机进行；后者的交换机带有缓冲存储器，交换机先接收、存储，然后通过缓冲存储器再向对方发送，这样不易产生通信阻塞现象，并可以提高转发效率和线路利用率，传输可靠性比较高。

6.1.6 网络传输介质和网络设备

网络传输介质指的是用来传输信息的通信线路。作为计算机互联的通信介质可以是有线的，如双绞线、同轴电缆、光纤、电话线等；也可以是无线的，如卫星、微波等。另外，在计算机互联网络中，还需要一定的网络设备，如集线器、网卡、调制解调器、路由器、交换机等硬件设备及网络软件。

6.1.6.1 网络传输介质

（1）同轴电缆。同轴电缆又分为基带同轴电缆（阻抗为50Ω）和宽带同轴电缆（阻抗为75Ω），有线电视采用的就是宽带同轴电缆，而基带同轴电缆被广泛地应用在一般的计算机局域网中。基带同轴电缆又分为粗缆和细缆，前者频带宽，传输距离较长，但价钱较贵，后者传输距离较短，速度较慢，价钱便宜。

（2）双绞线。双绞线就是扭合在一起的两根铜线（两芯），在电话网络中早已使用。计算机网络中使用的双绞线多为8芯的（四对双绞线），用不同的颜色把它们两两区分开来。双绞线又分为三类线和五类线，分别用于10M以太网和100M以太网，被称为10Base-T技术和100Base-T技术。与双绞线连接的物理接口被称作RJ-45口。

（3）光纤。光纤是一种新型的传输介质，通信容量比普通电缆要大100倍左右，传输速率高，抗干扰能力强，保密性好，通信距离远，因此极具应用前景。目前光纤被广泛用于建设高速计算机网络的主干网和广域网的主干道，也逐步用于建设局域网。光纤网络技术较复杂，造价高。

（4）电话线。可以利用调制解调器将计算机通过电话线连接到Internet上去。

（5）微波。微波指频率为1~10GHz的电波。微波通信是一种无线电通信，不需要架设明线或敷设电缆，借助频率很高的无线电波，可同时传送大量信息。微波通信距离在50km左右，长距离传送时，需要在中途设立一些中继站，构成微波中继系统。它的优点是容量大，受外界干扰影响少，传输质量较高，建设费用较低，一次性投资。从长远来看比较经济，尤其适合在城市中网络互联布线困难时使用。缺点是保密性能差，通信双方之间不能有建筑物等物体的阻挡。

（6）卫星通信。卫星通信是利用人造地球卫星作为中继站转发微波信号，使各地之间互相通信，因此卫星通信系统是一种特殊的微波中继系统。一颗同步地球卫星可以覆盖地球1/3以上的表面，三颗这样的卫星就可以覆盖地球的全部表面，这样地球各地面站之间可以随意通信。卫星通信的优点是容量大，距离远，可靠性高；缺点是通信延迟时间长，易受气候影响。目前Internet国际间的互联和通信大都采用卫星通信。

6.1.6.2 计算机网络设备

这里的网络设备是指单机连入网络以及网络与网络连接时通常必须使用的设备。

（1）中继器（Repeater）。中继器的作用是接收、复制和传送电路上的信号，从物理上连接两个或多个网段，用于延伸局域网的物理作用范围。例如，可以用几个中继器将粗缆局域网扩展到2.5km，或将细缆局域网延伸到1km。

（2）集线器（Hub）。集线器是在局域网上广为使用的网络设备，可以将若干计算机通过双绞线连到集线器上，从而构成一个局域网，也可以通过级联的方式扩展局域网的物理作用范围。

（3）收发器（Transiver）。收发器有多种类型，用来将计算机连接到不同的传输介质上。常用的有粗缆收发器，细缆收发器，双绞线收发器，光纤收发器。

（4）网卡（Network Adapter或Network Controller）。网卡是插在计算机中的网络接口设备，是最基本的网络设备之一，作为网络工作站与服务器之间或不同工作站之间信息交换的接口。一块网卡可能会有三种接口，即AUI（粗缆），BNC（细缆）和RJ-45（双绞线）。应根据网络所用传输介质来决定用哪一种接口，现在的网卡一般都有RJ-45接口和BNC接口。

（5）调制解调器（Modem）。调制解调器是一种特殊的信号转换设备，它将计算机发出的数字信号转换成可以在电话线上传送的模拟信号（音频信号），从电话线的这一端传送到那一端。远端的调制解调器再把模拟信号还原成数字信号，送到网络上去，从而使用户可以通过电话线使用网络。随着计算机进入普通百姓的家庭，通过调制解调器上网并接入Internet也变得越来越普及了。

（6）网桥（Bridge）。网桥用于连接两个或几个局域网，局域网之间的通信经网桥传送，而局域网内部的通信被网桥隔离，从而达到隔离子网的目的。网桥也是一种用于延伸局域网的物理设备。

（7）路由器（Router）。路由器是一种通信设备，它能在不同路径的复杂网络中自动进行线路选择，在网络的节点之间对通信信息进行存储转发，可以认为路由器也是一个网络服务器，具有网络管理功能。

（8）网关（Gateway）。网关又称信关，是不同网络之间实现协议转换并进行路由选择的专用网络通信设备。

6.1.7 网络协议

在计算机网络中实现通信必须有一些约定，对速率、传输代码、代码结构、传输控制步骤、出错控制等都制定了标准。为了使两个结点之间能进行对话，必须在它们之间建立通信工具（即接口），使彼此之间能进行信息交换。接口包括两部分：一是硬件装置，功能是实现结点之间的信息传送；二是软件装置，功能是规定双方进行通信的约定。在通信过程中，双方对通信的各种约定称为通信控制规程或协议。协议通常由三部分组成：一是语义部分，用于决定双方对话的类型；二是语法部分，用于决定双方对话的格式；三是变换规则，用于决定通信双方的应答关系。

由于结点之间的联系可能是很复杂的，因此，在制定协议时，一般是把复杂成分分解成一些简单的成分，再将它们复合起来。最常用的复合方式是层次方式，即上一层可以调用下一层，但与再下层不发生关系。通信协议的分层是这样规定的：把用户应用程序作为最高层，把物理通信线路作为最低层，将其间的协议处理分为若干层，并规定了每层的接口标准。

由于世界各大型计算机厂商都推出了各自的网络体系结构，因而国际标准化组织 ISO 于 1978 年提出“开放系统互联参考模型”（OSI，Open System Interconnection）。它将计算机网络体系结构的通信协议规定为 7 层，受到计算机界和通信界的极大关注。通过 30 多年的发展和推进已成为各种计算机网络的靠拢标准。下面简单介绍几个具体的协议。

6.1.7.1 ISO/OSI 参考标准

国际标准化组织 ISO 制定的 OSI 由 7 层组成，其规程内容有：通信双方如何及时访问和分享传输介质：发送方和接收方如何进行联系和同步，指定信息传送的目的地（方向），提供差错的检测和恢复手段，确保通信双方相互理解。

OSI 参考模型从高层到低层依次是应用层、表示层、会话层、传输层、网络层、数据链路层和物理层。OSI 要求双方通信只能在同级进行，实际通信是自上而下，经过物理层通信，再自下而上送到对等的层次。

（1）物理层：本层提供机械、电器、功能和过程特征，使数据链路实体之间建立、保持和终止物理连接。它对通信介质、调制技术、传输速率、插头等及具体的特性加以说明，实现二进制位流的交换能力。

（2）数据链路层：本层实现以帧为单位的数据块交换，包括帧的装配、分解及差错处理的管理，如果数据帧被破坏，则发送端能自动重发。因此帧是两个数据链路实体之间交换的数据单元。

（3）网络层：主要控制两个实体间路径的选择，建立或拆除实体之间的连接。在局部网中两个实体间往往只有一条通道，不存在路径选择问题，但涉及几个局部网互联时就需要选择路径。在网络层中交换的数据单元称为报文组或包（Packet）。它还具有阻塞控制、信息包顺序控制和网络记账功能。

（4）传输层：本层提供两个会话实体（又称端-端、主机-主机）之间透明的数据传送，并进行差错恢复、流量控制等，该层实现了独立于网络通信的端-端报文交换，为计算机结点之间的连接提供服务。

（5）会话层：在协同操作的情况下保持结点间交互性活动，包括建立、识别、拆除用户进程间连接，处理某些同步和恢复问题。为建立会话，双方的会话层应该核实对方是否有权参加会话，确定由哪一方支付通信费用，并在选择功能（如全双工还是半双工通信）方面取得一致。因此该层是用户连接到网络上的接口。

（6）表示层：进行数据转换，提供标准的应用接口和通用的通信服务。例如，文本压缩、数据编码和加密、文件格式转换，使双方均能认识对方数据的含义。

(7) 应用层：各种应用服务程序，如分布式数据库、分布式文件系统、电子邮件（E-mail）等，它是通信用户之间的窗口。

注意，ISO 的 OSI 仅是一个参考模型，并非标准，真正统一还需做大量工作，不过世界上的通信组织、大的计算机公司制定的某些标准或自己的体系结构都在向 OSI 靠拢。

6.1.7.2 IEEE802 网络协议

IEEE802 是局域网络协议的一种标准，是最为流行的标准。IEEE802 标准比较简单，只覆盖 OSI 模型的最低两层，它是基于局域网的体系结构特点而制定的。局域网结构简单，几何形状规整，在网络中两结点之间通信都是直接的相邻结点之间的通信，不经过中间结点，因此不存在路由选择及拥塞问题。局域网常以多点方式工作，在网络上势必会存在多点同时访问的问题，因此，必然会遇到媒体多点访问控制问题和解决多点同时访问所引起的碰撞问题。

6.1.7.3 TCP/IP 网络协议

TCP/IP（Transmission Control Protocol /Internet Protocol）协议是为美国 APPA 网设计的，目的是使不同厂家生产的计算机能在共同网络环境下运行。它涉及异构网通信问题，后发展成为 DARPA 网（Internet），要求 Internet 上的计算机均采用 TCP/IP 协议，UNIX 操作系统已把 TCP/IP 作为它的核心组成部分。TCP/IP 具有以下几个特点：

(1) 支持不同操作系统的网上工作站和主机。

(2) 支持异种机互联，如 IBM、CDC 等主机，CONVEX、DEC、HP、MIPS 等小型机，SUN、SGI、HP 等工作站及各种微型计算机。

(3) 适用于 X.25 分组交换网、各类局域网、广播式卫星网、无线分组交换网等。

(4) 有很强的支持异种网互联能力。

(5) 能支持网上运行的 ORACLE、INGRES 等数据库管理系统，为实现网络环境下的分布数据库提供基础。

TCP/IP 在网络体系结构上不同于 OSI 参考模型。TCP 是传输控制协议，它是 TCP/IP 中的核心部分，相当于 OSI 中的传输层，规定了一种可靠的数据信息流传递服务，网上两个结点间采用全双工通信，允许机器高效率地交换大量数据。TCP/IP 支持高层（应用层）的一些服务程序，传输协议，如 FTP，TELNET，SMTP 等都可在其上运行。

IP 协议又称互联网协议，是支持网间互联的数据报协议。它提供了网间连接的完善功能，包括 IP 数据报规定的互联网络范围内的地址格式，数据报的分段和拼装及允许为不同的传输层协议（如 TCP 或 OSI 的传输层）服务。但其不负责连接的可靠性、流量控制和差错控制。TCP/IP 协议与低层的数据链路层和物理层无关，这也是 TCP/IP 的重要特点。正因为如此，它能广泛地支持由低两层协议构成的物理网络结构。目前已使用 TCP/IP 连接成洲际网、全国网与跨地区网。

6.1.7.4 子网掩码

Internet 是由不同的网络连接在一起形成的，仅仅通过 IP 地址是不能进行网络标识的，即无法将某台机器划分到其中一个网络内，所以便引入了子网掩码（Subnet Mask），通过不同的子网掩码，可划分为不同的网络。同时，子网掩码也不能单独存在，它必须结合 IP 地址一起使用。子网掩码只有一个作用，就是将某个 IP 地址划分成网络地址和主机地址两部分。

6.1.7.5 路由器

通过子网掩码可以计算得到网络通信中某台计算机所属的网络，但如何完成信息在不同网络中的传输，这必须要有链接不同网络（网络地址不同）的设备，路由器（Router）就是链接因特网中各网络的设备，它会根据信道的情况自动选择和设定路由，以最佳路径，按前后顺序发送信号。因此，路由器也被称为互联网络的枢纽、“交通警察”。

路由器用于连接多个逻辑上分开的网络，当数据从一个网络传输到另一个子网时，可通过路由器来完成。因此，路由器具有判断网络地址和选择 IP 路径的功能，它能在多网络互联环境中，建立灵活的链接，可用完全不同的数据分组和介质访问方法链接各种子网，路由器只接受源站或其他路由器的信息。它不关心各网络使用的硬件设备，但要求运行与网络层协议相一致的软件。

6.1.7.6 Windows 系统中获得和设置 IP 地址

一台计算机必须正确设置了 IP 地址、子网掩码、域名服务器和网关，才能正常上网，缺一不可。以下以 Windows 系统为例说明如何完成设置。

（1）鼠标右键单击计算机桌面上的“网上邻居”，选择“属性”菜单。如图 6-2 所示。

（2）在“网络和拨号连接”窗口中选中“本地连接”，然后单击鼠标右键，选择“属性”菜单。如图 6-3 所示。

（3）选中“Internet 协议（TCP/IP）”，单击“属性”。如图 6-4 所示。

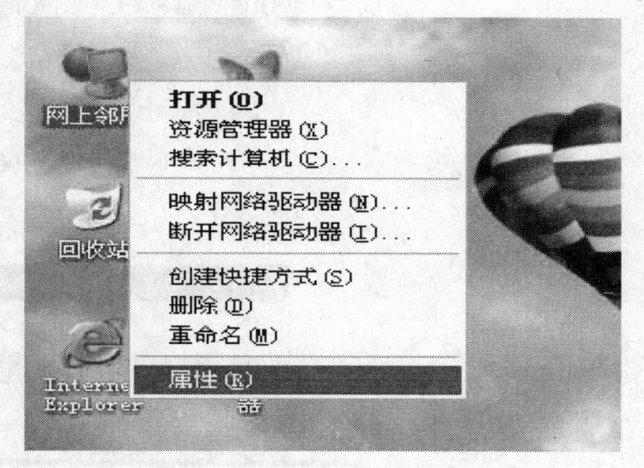

图 6-2 “网上邻居”“属性”查看操作图

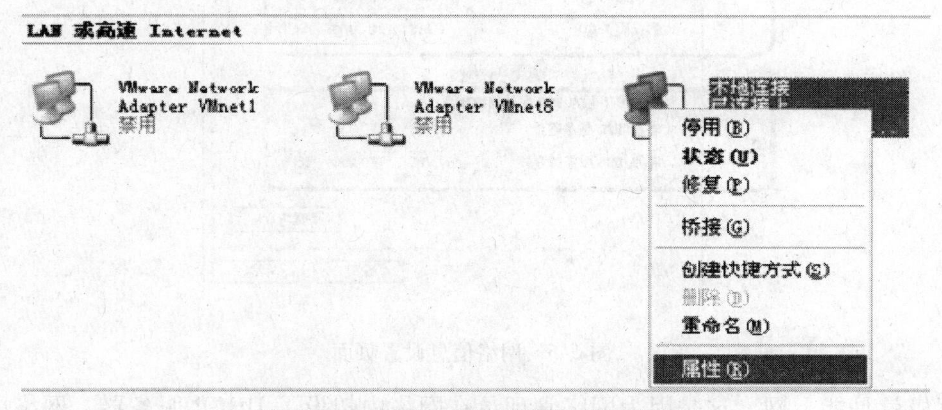

图 6-3 “本地连接”“属性”查看操作图

（4）在填入正确的 IP 地址、子网掩码、默认网关和 DNS 服务器之后，单击“确定”按钮即可。如图 6-5 所示。

但很多使用计算机网络的人从来也不知道 IP 地址之类的东西，也没有设置过，可

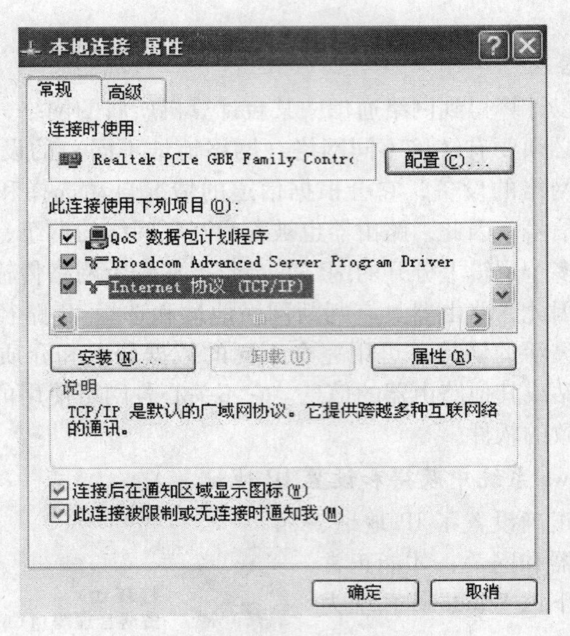

图 6-4 “本地连接 属性”对话框

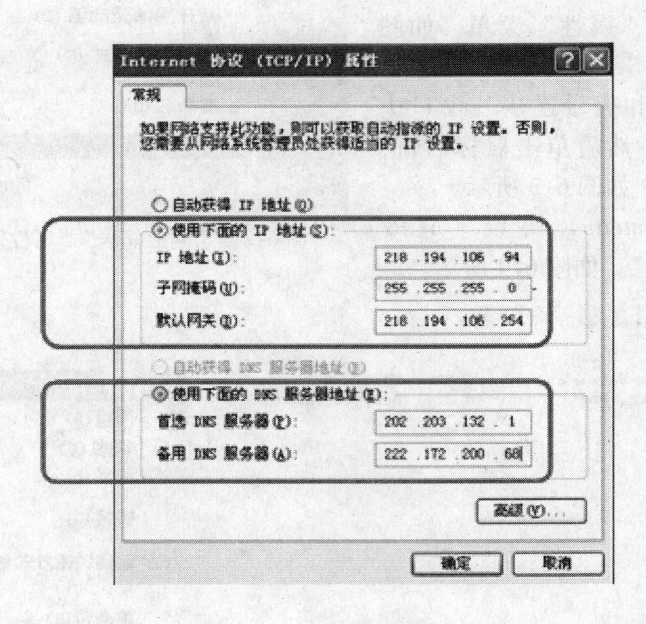

图 6-5 网络信息设置页面

是计算机就是能上网。这是因为网络管理员在网络中架设了 DHCP 服务器，网络中计算机可以在启动的时候，自动从 DHCP 服务器上获得 IP 地址等信息。在这种情况下，在 Windows 系统中可以单击“开始”按钮，选择“程序”|“附件”|“命令行提示符”，然后在命令行提示符窗口中输入“ipconfig /all”，即可得到当前的 IP 地址、子网掩码等信息。

6.2 Internet 及其使用

Internet 是一个基于 TCP/IP 协议的巨大的国际互联网络，它把世界各国、各地区、机构的数以百万计的网络，上亿台计算机连接在一起，包含了难以计数的信息资源，向全球用户提供信息服务。Internet 仍在以高速发展，它没有排他性，现存的各种网络均可与 Internet 相连，各行各业（教育科研部门，政府机关，企业及个人等）都可以加入 Internet 之中。因此，Internet 是一个理想的信息交流媒介，利用 Internet 能够快捷、便宜、安全、高速地传递文字、图形、声音、视频等各种各样的信息。

6.2.1 Internet 的起源与现状

Internet 网络是目前全世界最大的计算机互联网络。它最初是由美国国防部高级研究计划署（Advanced Research Projects Agency）在 1969 年资助建成的 ARPANET 网。最初的 ARPANET 网络只连接了美国西部四所大学的计算机，使用分散在广域地区内的计算机来构成网络。1972 年，有 50 余所大学和研究所参与了网络的连接，当时的 ARPANET 网的一个主要目标是研究用于军事目的的分布式计算机系统。

1982 年，ARPANET 网与 MILNET 网络合并，组成了 Internet 雏形。作为早期的主干网，它较好地解决了异种机网络互联的一些理论与技术问题，产生了资源共享、分布控制、分组交换、使用单独的通信协议和网络通信协议分层等思想。

1985 年，美国国家科学基金会 NSF（National Science Foundation）为现代意义的 Internet 做出了新的贡献。NSF 提供巨资，建立全美五大超级计算机中心，并且建立了基于 TCP/IP 协议的 NSFNET 网络，让全国的科学和工程技术人员共享超级计算机所提供的巨大计算能力。NSFNET 网络的基本情况是：全国划分为若干个计算机区域网，通过路由器把区域网上的计算机与该地区的超级计算机相连，最后再将各超级计算机中心互联。在主通信节点上采用高速数据专线，构成 NSFNET 主干网。这样，一个用户，只要他的计算机已与某一区域网联网，他就可以使用任一超级计算机中心的资源。由于 NSFNET 的成功，1986 年由 NSFNET 取代 ARPANET 网成为今天的 Internet 的基础。

6.2.2 万维网 WWW

6.2.2.1 什么是 WWW

WWW 是英文 Word Wide Web 的缩写，其直译为“遍布世界的蜘蛛网”，被译为全球信息网、万维网，简写作 Web。WWW 是建立在 Internet 上的使用超文本方式组织起来的多媒体信息系统，这些信息资源分布在全球数以万计的 WWW 服务器（或称 Web 站点）上，并由提供信息的专门机构进行管理和更新。用户通过一种称为 Web 浏览器的软件，就可浏览 Web 上的信息，并可单击标记为“链接”的文本或图形，随心所欲地转换到世界各地的其他 Web 站点，访问其上丰富的信息资源。

6.2.2.2 WWW 的由来

1989 年 3 月，位于瑞士日内瓦的欧洲粒子物理实验室（CERN）提出了 WWW 计划，其目的是为了满足相关高能物理学家共享信息的需要，建立一个统一管理各种资源、文件及多媒体的系统。

1990 年 Web 出现在 Internet 上，1993 年 WWW 技术有了突破性进展，建立在 Internet 上的 Web 服务器猛增。用户在通过 Web 浏览器访问信息资源时，无需关心信息的物理存储位置，而且具有友好的界面。Web 上不只有单调的文字，还有精美的图像、悦耳的音乐、生动的影视，这是 Web 出现之前所没有的。因而 WWW 迅速走红全球，Web 服务器从 1990 年的 100 多个增至今天的数千万个，并遍布世界各个角落，成为 Internet 上利用最多的资源。

6.2.2.3 Web 页、超链接与 Web 冲浪

可以形象地将 WWW 视为 Internet 上一个大型图书馆，Web 上某一特定信息资源的所在地（称为 Web 节点或 Web 站点，通常都对应某一 Web 服务器）就像图书馆中的一本本书，而 Web 则是书中的某一页，即 Web 节点的信息资源是由一篇篇称为 Web 页的文档组成的。多个相关 Web 页合在一起便组成了一个 Web 节点，用户每次访问 Web 时，总是从一个特定的 Web 节点开始的。每个 Web 站点的资源都有一个起始点，即处于顶层的 Web 页，就像一本书的封面或目录，称之为主页或称首页（即站点起始页）。Web 页组成结构如图 6-6 所示。

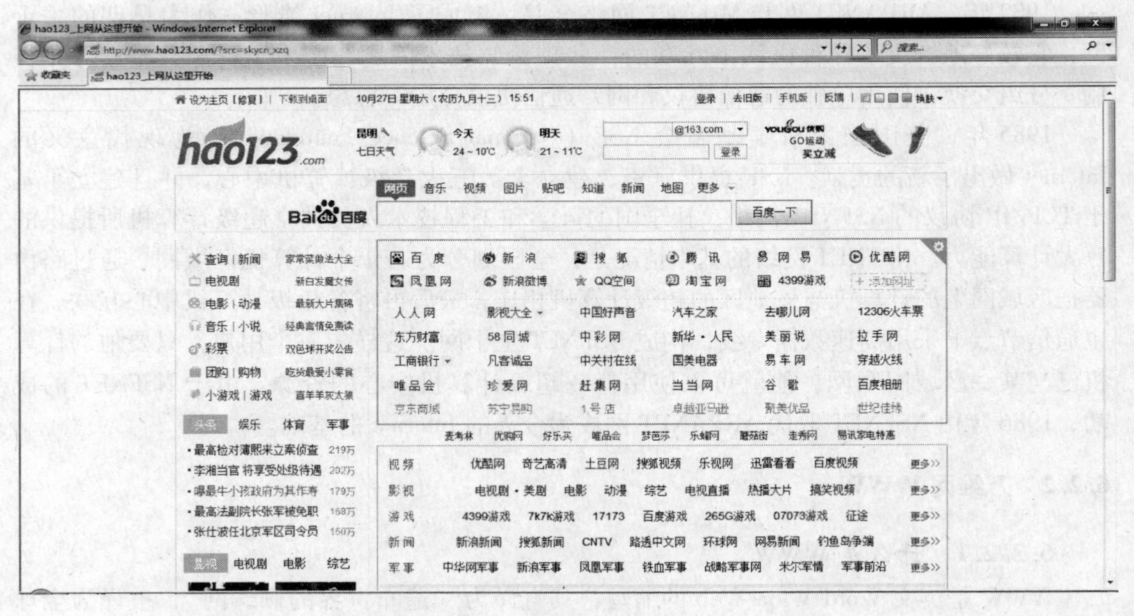

图 6-6 Web 页组成结构

WWW 上的 Web 页采用超文本（Hypertext）格式，即每份 Web 文档除包含其自身信息外，还包含指向其他 Web 页的超级链接（Hyperlink，或简称链接 Link），可以将链接理解为指向其他 Web 页的“指针”。由链接指向的 Web 页可以是在近处的一台计算机上，也可能是远在万里之外的一台计算机上，但对用户来说，通过单击超级链接，所需的信息立刻就显现在眼前，非常方便。需要说明的是，现在的超级文本已不仅仅只含有文本，还增加了多媒体内容，故有的也把这种增强的超级文本称为超媒体。

在使用浏览器软件浏览 Web 时，一些显示风格与众不同的地方大多是超级链接。例如，带下划线的词语，高亮显示或与周围文本具有明显不同颜色（或背景）的文本，显眼的小图标等。当把光标移到这些链接上时，光标的指针会变成手的形状，此时若单击鼠标即可打开其指向的 Web 页进行浏览。

现在，人们通常把浏览 Web 称为“Web 冲浪”。“Web 冲浪”是一种非常时髦流行的说法，这里的“冲浪”意味着沿超级链接转到那些你从未听说过的 Web 页和专题，会见新朋友，参观新地方以及从全球学习新的东西，即在网上进行环球旅行。

6.2.2.4 Web 浏览器与 HTTP

WWW 上的 Web 页是采用 HTML（超文本标注语言）编制的。用 HTML 创建的 Web 文档一般包含链接，文本、图形、图像、声音或视频等各种各样的信息。HTML 文档本身是文本格式（扩展名为 . html 或 . htm），用任何一种文本编辑器都可以对它进行编辑，也有更方便的专用于创建 HTML 文档的所见即所得的创作工具，如 Microsoft Frontpage 2000。

Web 浏览器是用于搜索、查找、查看网络上信息的一种带图形交互式界面的应用软件，Web 浏览器读取 Web 站点上的 HTML 文档，并根据此类文档中的描述，组织并显示相应的 Web 页面。现在最流行的浏览器是美国微软公司的 Internet Explorer 和美国网景公司的 Netscape。

HTTP（超文本传输协议）是 Web 服务器与浏览器如何发送所要求的文件的协议。

6.2.3 Internet 地址

6.2.3.1 IP 地址

由于 Internet 是成千上万台计算机互联组成的，要能正确访问 Internet 上的某台主机（在网络中，具有独立工作能力的计算机称为主机），必须通过惟一标识该计算机的一个编号来进行，这个编号就是 IP 地址（之所以称作 IP 地址，是因为在 Internet 网中寻找要访问的计算机的地址的任务由 TCP/IP 协议中的网际协议 IP 负责）。如同电话系统中，电话是靠电话号码来识别一样，在 Internet 中，IP 地址是网上的通信地址，是计算机、服务器、路由器的端口地址，每一个 IP 地址在全球是惟一的，是运行 TCP/IP 协议的惟一标识。

根据网络规模和应用的不同，IP 地址分为 A~E 类，常用的是 A，B，C 三类，其格式分别为：

（1）A 类地址：W. X. Y. Z，其中 W 为网络号（二进制表示时高位为 0），X. Y. Z 为主机号。

（2）B 类地址：W. X. Y. Z，其中 W. X 为网络号（二进制表示时高二位为 10），Y. Z 为主机号。

（3）C 类地址：W. X. Y. Z，其中 W. X. Y 为网络号（二进制表示时高三位为 110），Z 为主机号。IP 地址的分类和应用如图 6-7 所示。

另外，还有一些 IP 地址有特殊用途，不分配给主机使用。

6.2.3.2 域名地址

数字形式表示的 IP 地址，用户难以记忆，不便于使用。因此，为方便用户，Internet 中还使用一种以文字形式（英文字母）表示的地址，称为域名地址。用户在网上可以直接

图 6-7 IP 地址分类和应用

使用域名地址来访问相应的主机。域名地址与 IP 地址的关系就像一个人的姓名与身份证号码之间的关系。

域名地址由多个部分组成，中间用圆点分隔；最右边的部分称为顶级域名或一级域名，代表建立网络的部门、机构或网络所属的国家、地区；从顶级域名向左依次是网络名、机构名或地理名称、计算机名。例如，长沙交通学院 WWW 服务器的域名是：www. cscu. edu. cn，其中：

· 顶级域名：cn（代表中国）。
· 网络名：edu（代表教育科研网）。
· 单位：cscu（代表长沙交通学院）。
· 主机名：WWW（表明该主机提供 WWW 服务）。

由于 Internet 起源于美国，因此在美国，域名较简便，一般只含三部分，顶级域代表机构名称，在美国以外用于区分国别或地域。此外，Internet 对某些通用性的域名作了如下规定：

· com：工商界域名。
· gov：政府部门域名。
· edu：教育界域名。
· mil：军事部门域名。
· org：机构网域名。
· net：网络机构域名。

国家和地区的域名常用两个字母表示。例如，cn 表示中国，us 表示美国，jp 表示日本，hn 表示湖南，hk 表示香港等。

6.2.3.3 URL 地址

在 Internet 中的 WWW 服务器上，每一个信息资源，如一个文件等都有统一的且在网上是惟一的地址，该地址称为 URL 地址，URL 即英文 Uniform Resource Locator 的首字母缩写，译为“全球统一资源定位点”。URL 用来确定 Internet 上信息资源的位置，它采用统一的地址格式，以方便用户通过 WWW 浏览器查阅 Internet 上的信息资源。URL 地址的组成为：信息服务类型：//信息资源地址/文件路径。其中：

（1）“信息服务类型”表示采用什么协议访问哪类资源，以便浏览器确定用什么方法来获得资源。如：

· http：//表示超文本信息服务，即采用超文本传输协议 HTTP 访问 WWW 服务器。

· telnet：//表示远程登录服务。

· ftp：//表示文件传输服务。

· gopher：//表示菜单式的搜索服务。

· news：//表示网络新闻服务。

（2）“信息资源地址”表示要访问的计算机的网络地址，可以使用域名地址。

（3）“文件路径”表示信息在计算机中的路径和文件名。

URL 地址的例子如下：

（1）http：//www. cscu. edu. cn/home. html。

（2）telnet：//bbs. whnet. edu. cn。

（3）gopher：//gopher. bupt. edu. cn。

（4）ftp：//ftp. puk. edu. cn。

（5）news：//news. microsoft. com。

6.3 计算机安全知识

计算机系统安全是指计算机系统的硬件、软件、数据受到保护，不因偶然的或恶意的原因而遭到破坏、更改、泄露，系统能连续正常运行。为确保计算机系统的安全采用的安全技术主要有以下几方面。

6.3.1 实体安全

计算机系统实体安全主要是指为保证计算机设备和通信线路及设施（建筑物等）的安全，预防地震、水灾、雷击、火灾，满足设备正常运行环境的要求（如供电、机房温度和湿度、灰尘要求，电磁屏蔽要求）而采用的技术和方法；为维护系统正常运行而采用的监测、报警和维护技术，以及适当的安全产品和高可靠性、高技术产品等；为防止电磁辐射泄漏而采取的低辐射产品、屏蔽或反辐射技术和各种设备的备份等。

6.3.2 数据安全

数据安全主要是指为保证计算机系统中数据库（或数据文件）免遭破坏、修改、显露和窃取等威胁和攻击而采用的技术方法，包括各种用户识别技术、口令验证技术、存取控制技术和数据加密技术，以及建立备份、异地存放、妥善保管等技术和方法。

6.3.3 软件安全

软件安全主要是指为保证计算机系统中的软件（如操作系统、数据库系统或应用程序）免遭破坏、非法复制、非法使用而采用的技术和方法，包括各种口令的控制与鉴别技术、软件加密技术、软件防复制和防动态跟踪技术等。对自己开发的软件，应建立一套严格的开发及控制技术，保证软件无隐患，满足某种安全标准。此外，不要随便复制未经检测的软件。

6.3.4 网络与运行安全

网络安全是指为保证网络及其结点安全而采用的技术和方法。它主要包括报文鉴别技术，数字签名技术，访问控制技术，数据加密技术，密钥管理技术，保证线路安全、传输安全而采用的安全传输介质，网络监测、跟踪及隔离技术，路由控制和流量分析控制技术等，以便能及时发现网络中的不正常状态，并采取相应的措施。

运行安全包括安全运行与管理技术，系统的使用与维护技术，随机故障维护技术，软件可靠性与可维性保证技术，操作系统的故障分析与处理技术，机房环境的监测与维护技术，实测系统及其设备运行状态、记录及统计分析技术等，以便及时发现运行中的异常情况，及时报警，同时提示用户采取适当措施，或进行随机故障维修和软件故障的测试与维修，或进行安全控制与审计。从目前来看，计算机病毒是计算机系统安全的最大威胁。

6.4 计算机病毒及其防治

6.4.1 计算机病毒

计算机病毒是一组人为设计的小程序。这种特殊的程序隐藏在计算机内，在系统运行时能自我复制，并入侵到其他程序体内，从而给计算机造成损害甚至严重破坏。由于其活动方式类似于生物学中的病毒，故将这些程序称为计算机病毒。

6.4.1.1 计算机病毒的特征

（1）传染性：指计算机病毒能够自我复制，将病毒程序附到其他无病毒的程序体内，而使之成为新的病毒源，从而快速传播。传染性是计算机病毒最根本的特征，也是病毒与正常程序的本质区别。

（2）潜伏性：计算机病毒潜入系统后，一般并不立即发作，而是在一定条件下，激活其传染机制，才进行传染，激活其破坏机制，才进行破坏。

（3）隐蔽性：病毒程序一般都隐蔽在正常程序中，同时在进行传播时也无外部表现，因而用户难以察觉它的存在。

（4）破坏性：病毒的破坏情况表现不一，可占用计算机系统资源，干扰系统的正常运行，破坏数据，严重的可使计算机软、硬件系统崩溃。

6.4.1.2 计算机病毒的分类

（1）按寄生方式分类。

1）引导型病毒：其特点是当系统引导时，病毒程序被运行，并获得系统控制权，从而伺机发作。

2）文件型病毒：它感染文件扩展名为 COM，EXE，OVL 等可执行文件。宏病毒攻击 Microsoft Office 文档文件。当运行带病毒的程序时，病毒程序被运行，从而伺机发作。

3）复合型病毒：它既感染磁盘引导区，又感染文件。

（2）按破坏情况分类。

1）良性病毒：指只干扰用户工作，不破坏软、硬件系统的病毒。

2）恶性病毒：指发作后破坏数据，甚至导致系统瘫痪的病毒。有的即使是清除病毒，也无法恢复系统和数据。

6.4.1.3　计算机病毒的传染途径

（1）软盘传染。这是最普遍的传染方式。使用带病毒的软盘，使计算机（硬盘、内存）感染病毒，并传染给未被感染的软盘，这些带病毒的软盘在其他计算机上使用，从而造成进一步的扩散。

（2）机器传染。实际是硬盘传染，将有病毒计算机移至其他地方使用，从而导致传染。

（3）网络传染。利用网络的各种数据传输（如文件传输、邮件发送）进行传染。由于网络传染扩散速度极快，Internet 的广泛使用使得这种传染方式成为计算机病毒传染的一种重要方式。

6.4.2　计算机病毒的防范

由于计算机病毒会对系统带来破坏，必须采取有效措施防范。一般从预防、检测和清除三方面入手。

（1）预防。根据病毒的传染途径预防计算机病毒的主要措施有以下几种：

1）对所有系统软件和存有重要数据的软盘要定期备份，并加写保护。

2）对外来机器或软件先进行病毒检测，确定无病毒后方可使用。

3）不乱用来历不明的程序或软件，不使用非法复制或解密的软件。

4）对执行重要工作的机器要专机专用，专盘专用。

5）对网络上的计算机用户，要遵守网络软件的使用规定，不能随意打开来历不明软件。

6）安装病毒检测程序或计算机防病毒卡，实时监视系统的各种异常动作，一旦发现病毒入侵就报警。

（2）检测与清除。计算机病毒的检测与清除一般采用杀毒软件进行。常用的杀毒软件有：KV300，KV3000，KILL，AV95，SCAN 等。需要说明的是任何一种杀毒软件不可能检测和清除所有的病毒，因为病毒的发展总是超前反病毒软件的发展，所以做好预防还是第一位的工作。

习　题

一、判断题

1. 通过网络互联设备将各种广域网和局域网互联起来，就形成了全球范围的 Internet 网。(　　)
2. 与 Internet 相连的每台计算机都必须指定一个惟一的地址，称为 IP 地址。(　　)

3. 个人计算机接入 Internet 的主要方式是专线方式。（ ）
4. WWW 是当前 Internet 上最受欢迎、最为流行的信息检索服务程序。（ ）
5. 域名地址中包括机构名、计算机分类名和国家名三部分。（ ）

二、选择题

1. 常用的有线通信介质包括双绞线、同轴电缆和（ ）。
   A. 微波 B. 红外线 C. 光缆 D. 激光
2. 计算机网络最突出的优点是（ ）。
   A. 存储容量大 B. 资源共享 C. 运算速度快 D. 运算精度高
3. 下列叙述中，不正确的是（ ）。
   A. FTP 提供了因特网上任意两台计算机相互传输文件的机制，因此它是用户获得大量 Internet 资源的重要方法
   B. WWW 是利用超文本和超媒体技术管理信息浏览或信息检索的系统
   C. E-mail 是用户或用户组之间通过计算机网络收发信息的服务
   D. 当拥有一台 586 个人计算机和一部电话机时，只要再安装一个调制解调器（Modem），便可将个人计算机连接到因特网上了
4. 为网络提供共享资源并对这些资源进行管理的计算机称之为（ ）。
   A. 网卡 B. 服务器 C. 工作站 D. 网桥
5. 当个人计算机以拨号方式接入 Internet 网时，不是必须使用的设备为（ ）。
   A. 电话机 B. 浏览器软件 C. 网卡 D. 调制解调器

参考文献

[1] 訾秀玲. 大学计算机应用基础［M］. 北京：清华大学出版社，2009.
[2] 徐久成，王岁花，等. 大学计算机基础［M］. 北京：科学出版社，2008.
[3] 阮文江. 大学计算机公共基础［M］. 北京：清华大学出版社，2007.
[4] 顾刚. 大学计算机基础［M］. 北京：高等教育出版社，2008.
[5] 吕丹菊，王冬，周开来. 大学计算机基础及应用［M］. 北京：北京邮电大学出版社，2010.
[6] 杜煜，姚鸿. 计算机网络基础教程［M］. 北京：人民邮电出版社，2008.
[7] 卢湘鸿. 计算机应用基础［M］. 5 版. 北京：清华大学出版社，2007.
[8] 雷霖. 大学计算机基础［M］. 北京：北京邮电大学出版社，2007.
[9] 王丽君，曾子维. 大学计算机基础［M］. 北京：清华大学出版社，2007.
[10] 刘永祥. 计算机文化基础［M］. 武汉：武汉大学出版社，2010.